“绿十字”安全基础建设新知丛书

事故隐患排查治理知识

“‘绿十字’安全基础建设新知丛书”编委会　编

中国劳动社会保障出版社

图书在版编目(CIP)数据

事故隐患排查治理知识/《“绿十字”安全基础建设新知丛书》编委会编. —北京：中国劳动社会保障出版社，2016
（“绿十字”安全基础建设新知丛书）
ISBN 978-7-5167-2465-1

Ⅰ.①事… Ⅱ.①绿… Ⅲ.①企业管理-安全管理-基本知识 Ⅳ.①X931

中国版本图书馆 CIP 数据核字(2016)第 085803 号

中国劳动社会保障出版社出版发行
（北京市惠新东街 1 号 邮政编码：100029）

*

北京市白帆印务有限公司印刷装订 新华书店经销
787 毫米×1092 毫米 16 开本 17.25 印张 337 千字
2016 年 5 月第 1 版 2023 年 6 月第 3 次印刷
定价：45.00 元

营销中心电话：400-606-6496
出版社网址：http://www.class.com.cn

编 委 会

内容提要

事故隐患又称安全隐患、安全生产事故隐患，是指生产经营单位违反安全生产法律、法规、规章、标准、规程和安全生产管理制度的规定，或者因其他因素在生产经营活动中存在可能导致事故发生的物的危险状态、人的不安全行为和管理上的缺陷。

事故隐患与事故的发生之间存在着内在的联系。事故隐患的存在是引发事故的重要因素，如果在事故未发生之前，能够及时排查和消除事故隐患，就能够避免事故的发生。这已经成为人们的共识。因此，在企业安全管理和班组安全管理上，必须牢固树立预防为主的思想，积极做好事故隐患排查治理工作，及时消除各种危险与危害，有效防范各类事故，保证生产安全。

在本书中，针对企业和班组在事故隐患排查治理中遇到的问题，对事故隐患的特征与排查治理、事故隐患排查治理做法与要求、冶金企业班组事故隐患排查治理做法、煤矿企业班组事故隐患排查治理做法、化工企业班组事故隐患排查治理做法、机械制造企业班组事故隐患排查治理做法、建筑施工企业班组事故隐患排查治理做法等内容进行了全面详细的介绍。本书适合于各类企业对班组长、班组安全员的业务培训，也是各类企业生产班组进行安全管理的必备图书。

前　言

党中央、国务院高度重视安全生产工作，确立了安全发展理念和“安全第一、预防为主、综合治理”的方针，采取一系列重大举措加强安全生产工作。目前，以新《安全生产法》为基础的安全生产法律法规体系不断完善，以“关爱生命、关注安全”为主旨的安全文化建设不断深入，安全生产形势也在不断好转，事故起数、重特大事故起数连续几年持续下降。

2015 年 10 月 29 日，中国共产党第十八届中央委员会第五次全体会议通过的《中共中央十三五规划建议》指出：“牢固树立安全发展观念，坚持人民利益至上，加强全民安全意识教育，健全公共安全体系。完善和落实安全生产责任和管理制度，实行党政同责、一岗双责、失职追责，强化预防治本，改革安全评审制度，健全预警应急机制，加大监管执法力度，及时排查化解安全隐患，坚决遏制重特大安全事故频发势头。实施危险化学品和化工企业生产、仓储安全环保搬迁工程，加强安全生产基础能力和防灾减灾能力建设，切实维护人民生命财产安全。”

“十三五”时期是我国全面建成小康社会的决胜阶段，《中共中央十三五规划建议》中有关安全生产工作的论述，为这一阶段的安全生产工作指明了方向。这一阶段的安全生产工作既要解决长期积累的深层次、结构性和区域性问题，又要积极应对新情况、新挑战，任务十分艰巨。随着经济发展和社会进步，全社会对安全生产的期望值不断提高，广大从业人员安全健康观念不断增强，对加强安全监管、改善作业环境、保障职工安全健康权益等方面的要求越来越高。企业也迫切需要我们按照国家安全监管总局制定的安全生产“十三五”规划和工作部署，根据新的法律法规、部门规章组织编写“‘绿十字’安全基础建设新知丛书”，以满足企业在安全管理、安全教育、技术培训方面的要求。

本套丛书内容全面、重点突出，主要分为四个部分，即安全管理知识、安全培训知识、通用技术知识、行业安全知识。在这套丛书中，介绍了新的相关法律法规知识、企业安全管理知识、班组安全管理知识、行业安全知识和通用技术知识。读者对象主要为安全生产监管人员、企业管理人员、企业班组长和员工。

本套丛书的编写人员除安全生产方面的专家外，还有许多来自企业，他们对企业的安全生产工作十分熟悉，有着切身的感受，从选材、叙述、语言文字等方面更加注重企业的实际需要。

在企业安全生产工作中，人是起决定作用的关键因素，企业安全生产工作需要具体人员来贯彻落实，企业的生产、技术、经营等活动也需要人员来实现。因此，加强人员的安全培训，实际上就是在保障企业的安全。安全生产是人们共同的追求与期盼，是国家经济发展的需要，也是企业发展的需要。

“‘绿十字’安全基础建设新知丛书”编委会

2016 年 4 月

目 录

第一章　事故隐患的特征与排查治理

对于企业来讲，保证安全生产、预防事故发生，是企业正常生产经营的需要，也是构建社会主义和谐社会的必然要求。安全生产的理论和实践证明，只有把安全生产的重点放在建立事故预防体系上，超前采取措施，才能有效防范和减少事故的发生，最终实现安全生产。所以，企业要始终坚持“安全第一、预防为主、综合治理”的方针，全面加强安全管理，落实安全生产责任，完善安全生产制度，积极做好事故隐患排查治理工作，及时消除各种危险与危害，有效防范各类事故，夯实安全生产基础。

第一节　事故隐患基本概念与排查治理要求

事故隐患的存在是引发事故的重要因素，如果在事故发生之前能够及时排查和消除事故隐患，就能够避免事故的发生。这已经成为人们的共识。因此，在企业安全生产管理上必须牢固树立预防为主的思想，把功夫下在平时，积极排查、治理事故隐患，坚决改变重事后查处、轻事前防范的错误倾向。

一、事故隐患基本概念

1. 对事故隐患的认识

事故隐患又称安全生产事故隐患、安全隐患，是指生产经营单位违反安全生产法律、法规、规章、标准、规程和安全生产管理制度的规定，或者因其他因素在生产经营活动中存在可能导致事故发生的物的危险状态、人的不安全行为和管理上的缺陷。在事故隐患的三种表现中，物的危险状态是指生产过程或生产区域内的物质条件（如材料、工具、设备、设施、成品、半成品）处于危险状态，人的不安全行为是指人在工作过程中的操作、指示或其他具体行为不符合安全规定，管理上的缺陷是指在开展各种生产活动中所必需的各种组织、协调等行动存在缺陷。

2. 一般事故隐患与重大事故隐患

事故隐患可以分为一般事故隐患与重大事故隐患。一般事故隐患是指危害和整改难度较小，发现后能够立即整改排除的隐患。重大事故隐患是指危害和整改难度较大，应当全部或者局部停产停业，并经过一定时间整改治理方能排除的隐患，或者因外部因素影响致使生产经营单位自身难以排除的隐患。

按照《安全生产事故隐患排查治理暂行规定》（国家安全生产监督管理总局令第16号）的规定，生产经营单位应当建立健全事故隐患排查治理制度，同时生产经营单位主要负责人对本单位事故隐患排查治理工作全面负责。

3. 隐患与事故的内在联系

事故隐患与事故的发生之间存在着内在的联系。事故隐患是生产实践违背生产规律的异常运动表现，如职工违章作业的各种异常行为，工具、设备、材料、能源、环境等物质因素不符合规章制度要求的异常状态，这种生产实践异常运动的形式就是事故隐患。

事故是指造成死亡、疾病、伤害、损坏或者其他损失的意外情况，也是违背人的意志而发生的意外事件。海因里希因果连锁理论认为，事故的发生不是一个孤立的事件，尽管事故可能在某瞬间突然发生，却是一系列事件相继发生的结果。即人员伤亡的发生是事故的结果；事故的发生是由于人的不安全行为或物的不安全状态造成的；人的不安全行为或物的不安全状态是由于人的缺点造成的；人的缺点是由于不良环境诱发的，或者是由先天的遗传因素造成的。在该理论中，海因里希借助多米诺骨牌形象地描述了事故的因果连锁关系，即事故的发生是一连串事件按一定顺序互为因果依次发生的结果。如果一块骨牌倒下，则将发生连锁反应，使后面的骨牌依次倒下。而在事故发生之前，存在事故隐患没有及时发现和排查治理，通常是导致事故发生的重要因素。

4. 事故隐患是可以转化的

事故隐患是变化的，同时事故隐患在某些特定的条件下又是可以转化的，既能转化成事故，又能转化为安全。

（1）隐患转化成事故。隐患转化成事故，是指人与物在其所置于的系统中违背客观事物的异常运动，具有经过量变积累到质变飞跃而导致事故的自然属性，如有一名电工在登杆作业时没有系安全带（隐患），又没有人加以制止，结果从高处坠落到地面而死亡，这样隐患就转化成了事故。

（2）隐患改变成安全。隐患改变成安全，是指人与物违背客观事物的异常运动，具有自控调整和人为改变成规律运动的特征。自控调整有两种方式：一是人在认识到自身的异常行为具有导致事故的可能时，自我改变了异常行为；二是运用安全技术手段改变生产的异常运动，如安装在生产过程中的各种自动检测、控制装置，对生产中产生的异常运动进行自动控制，均属于自控调整。

所谓人为改变，是指运用人的自身技能发现并改变生产实践的异常运动，使之达到安全要求，如安全员发现并纠正了作业人员违章作业的异常行为，或作业人员发现并改变了设备的异常状态等，均属于人为把隐患改变成安全。

5. 事故隐患的表现形式

事故隐患具有一定的表现形式，可以有直观的表现形式，也可能有可观的表现形式，还有隐蔽的表现形式。

（1）直观的表现形式是指人运用自身技能所能发现的客观事物的异常运动的现象，如人的各种异常行为，物的各种异常状态等。

（2）可观的表现形式是指运用安全技术手段才能检查发现的一些物质内在的异常状态，如对一些无色、无味有害气体的检查，对各种材料的材质检查等。

（3）隐蔽的表现形式是指由于科学技术水平限制，目前没有认识或不能查知、查明的一些物质的异常现象。

6. 事故隐患的特征

事故隐患具有以下特征：

（1）发展性。安全隐患的发展性有两层意思。一是指除地震、雷电、台风等自然界不安全因素外，大多数安全隐患不是自然现象，是随着人们改造自然、征服自然产生的。因此，每一种新行业的出现都会有新的安全隐患出现，如航海业的发展产生海上安全隐患，汽车工业的出现便产生了公路交通安全隐患。二是指安全隐患可以从无到有，设备设施可以从安全变为危险，如煤气管道刚投产时是安全的，但随着时间的推移，管道受各种因素的影响越变越薄，当其变得不能承受煤气压力时，就成了安全隐患。类似例子不胜枚举。

（2）隐蔽性。隐蔽性是指多数安全隐患不直观，仅凭人的感觉难以发现，如金属构件的疲劳、内部裂缝，表面看上去没有什么异样，其性能却已发生了质的变化。有一些隐患虽然比较直观，能主动进入人的视觉、听觉，但是在一般情况下，只要不发生现实危险，绝大多数人会视而不见，更不会主动干涉，如歌舞厅没有安全通道与灭火设施等，这是可以用眼睛直观就能发现的隐患，但是大多数人对此并不关心，更不会因缺少安全通道等原因拒绝进歌舞厅。

（3）危害性。隐患的危害性表现为一种潜在的威胁，如不及时整改就有可能转化为现实的危害；同时，因只是“可能”转化，自然也就有“可能”不转化，并且在某种程度上或某一特定时段内，“不转化”的概率比“转化”的概率要大。这正是产生侥幸心理与对隐患整改抱消极态度的根本原因。

二、事故隐患排查治理要求

1. 隐患分级

隐患分级是以隐患的整改、治理和排除的难度及其影响范围为标准的，可以分为一般事故隐患和重大事故隐患。

2. 隐患排查与治理

隐患排查是指生产经营单位组织安全生产管理人员、工程技术人员和其他相关人员对本单位的事故隐患进行排查，并对排查出的事故隐患按照事故隐患的等级进行登记，建立事故隐患信息档案。

隐患治理就是指消除或控制隐患的活动或过程。对排查出的事故隐患，按照职责分工实施监控治理。对于一般事故隐患，由于其危害和整改难度较小，发现后应当由生产经营单位（车间、分厂、区队等）负责人或者有关人员立即组织整改。对于重大事故隐患，由生产经营单位主要负责人组织制定并实施事故隐患治理方案。

3. 对事故隐患排查整改的认识

事故隐患与事故一样，具有发展性、隐蔽性、危害性等特征。俗话说："冰冻三尺，非一日之寒。"大凡事故的发生，都因潜藏着隐患，只是有的显现，有的隐蔽，有的被发现，有的没被发现。事故隐患是企业安全的大敌，具有或早或晚必将导致事故发生的必然性，并由此给企业带来不可估量的损失。

排查事故隐患绝不仅仅是企业安全管理人员的事情，偌大的企业，只凭几个安全员的巡查是远远不够的，一双眼睛的警惕只能形成一条安全线，众人眼睛的警惕则可以织出一张安全网。企业应该发动全体职工，及时发现和消除生产作业中的隐患，这样才能使企业安全得到保证。

在隐患的排查整改上，不但要注重发现那些重点部位的隐患，而且对那些非重点部位、人们认为非常熟悉的作业过程和不会出问题的地方也不能忽视。大量的事实告诉我们：查找隐患，眼睛一定要亮，要像抓敌人一样来抓隐患。非重点部位一旦发生事故，人们往往感到出乎意料，事实上是隐患使然，只是人们没有认识到隐患的存在罢了。隐患始终在等待适合它"发作"的条件，一旦条件具备，便会一触即发，导致事故的发生。我们的工作就是要切断隐患"发作"的这种适当条件。

企业应建立严格细致的检查制度，从检查范围、检查频次到检查内容都应给出明确的规定。实行从班组检查、科队检查到公司级检查，一级级把关，一级级保证，要责任明确，实行单位一把手负责制；在检查频次方面可以分为现场检查、专项检查、综合安全检查等；在检查内容上要给出明确规定，各级检查都要明确责任人，编制规范的检查表，形成检查—责任部门确认—制定整改措施—整改—复查的闭环系统，必要时还要辅以考核，以促进整改。

对未遂事故进行分析，从中辨识出潜在的危险因素。未遂事故是未造成伤害的事故，它与伤亡事故、重伤事故的致因机理是完全相同的，所以，分析未遂事故可以从中查找出事故隐患的信息。通过调查分析可以发现：在重大伤亡事故发生之前，往往已发生多次无伤害事故，不安全因素已经暴露多次。在安全管理中，可以从收集到的无伤害事故中分析出原因，采取相应的措施，制定相应的对策，从而达到消除隐患及伤害事故发生的目的。对检查中查找的隐患进行统计分析，从而确定控制要因（最主要的隐患），在工作中予以重点控制、消除。还可以对作业条件进行危险性评价，就是对生产过程或某种操作过程的固有或潜在的危险，以及对这些危险可能造成的后果的严重性进行识别、分析和评估，以采取最经济、合理和有效的安全对策。这是一种变传统的"事后处理"为科学的"事前预测预防"的方法。

4. 事故隐患排查的主要方式

事故隐患排查（辨识）的方式主要有六种。

（1）通过借鉴事故案例查找隐患。对照同行业、同装置、同类生产工艺、类似生产场所发生的事故案例，举一反三，自我剖析，查找本岗位类似的事故隐患。

（2）通过关注异常事件分析查找事故隐患。只有关注并控制小事件、未遂事件和异常事件，才能更好地实现事故的管理，通过对异常事件的调查分析来查找隐患，以小见大，才能避免类似事件的重复发生。

（3）通过强化危险源动态管理查找事故隐患。危险源也是一种事故隐患，定期组织员工在生产岗位上开展危险源辨识活动，将辨识出的危险源进行归纳整理，并进行风险评价，制定相应的防范措施或事故预案，并对员工进行培训教育以提高员工的风险辨识水平。

（4）通过开展未遂事件征集活动查找事故隐患。发动岗位操作人员开展岗位事故危险预知预想分析活动，查找分析本岗位的未遂事件，找出管理上、设备上、工艺上存在的缺陷或隐患，并提出自我防范设想，将事故预防落实到生产运行的最前沿。

（5）通过开展现场安全检查查找事故隐患。经常性地开展全方位、全天候、多层次的现场安全检查，专项督查，专业检查，以便及早发现事故隐患。

（6）通过开展安全评价与评估查找事故隐患。可委托评价单位采用定性、定量的安全评价方法，进行建设项目预评价、验收评价和在役装置的现状安全评价；也可根据企业的实际情况定期组织风险评价，找出可能产生的事故隐患，提出防范对策措施。

5. 对事故隐患排查治理必须科学化

事故隐患排查的目的是为了查找潜在的事故隐患，但是，排查事故隐患在许多时候并不是一件容易的事情，不能过于盲目，需要讲究科学，根据国家法律法规和相关标准、规范及企业管理制度的要求制定安全检查表，使隐患排查真正做到有的放矢，避免盲目性。

对事故隐患排查治理科学化包括两个方面。

（1）对事故隐患的辨识方法必须科学。辨识事故隐患是排查事故隐患的前提。事故隐患具有一定的发展性、隐蔽性、危害性的特点，必须采用科学的方法进行深入细致的辨识，才能及时准确地查找存在的隐患。

（2）事故隐患排查方案必须科学。企业安全检查分为日常检查、专业性检查、季节性检查、节假日检查和综合性检查。通常是日常检查：班组每周一次，车间（部门）每月一次，公司每季度一次；季节性检查每年一次：防雷防静电一季度，防洪防汛、防暑降温二、三季度，防冻保暖、防火防爆防中毒四季度；专业性检查：锅炉压力容器、起重机械、电气安全、危险化学品、交通安全专项检查每季度一次，消防、气防设施专项检查每月一次；节假日检查：在每个节假日到来之前进行。企业可根据各类检查的特点并结合实际情况制定隐患排查计划和实施方案，将专业性检查、季节性检查、节假日检查和综合性检查列入安全工作计划中，如公司通常在每年 3 月开展防雷防静电接地检查、建构筑物专项检查、安全教育培训检查，每年 4 月组织进行五一节前检查、防洪防汛检查，每年 7 月开展夏季综合性检查、重大危险源专项检查、劳防用品专项检查等，车间每月进行一次综合性检查，并根据公司安排进行专业性和季节性检查。安全检查方案中应明确每一次检查范围、检查重点、牵头单位、参加人员，由牵头单位有计划、有步骤地组织实施检查，避免检查工作无序、混乱。

事故隐患时时产生、形式多样、复杂多变，排查治理工作长期而艰巨，必须运用科学化的方法抓好事故隐患排查治理工作，建立事故隐患排查治理的长效运行机制，从而不断发现隐患、消除隐患，预防事故的发生，实现企业的长治久安。

6. 建立安全隐患排查治理体系

安全隐患排查治理体系是一项系统工程，企业承担主体责任，对生产经营过程中存在的人、物、管理等各方面的隐患依据隐患排查治理标准进行主动排查，并对发现的隐患实施治理，实现安全生产。

事故隐患排查治理工作的内容主要包括以下几方面：

（1）加强领导，形成合力，强力推进隐患排查治理工作。企业要认真学习贯彻党中央、国务院关于加强安全生产工作的重大决策部署和重要指示精神，切实加强对隐患排查治理和安全生产工作的组织领导。要在对本企业一个时期来隐患排查治理工作进行回顾总结的基础上，针对目前存在的薄弱环节，突出重点行业领域和重大隐患问题，研究制定深化排查治理的具体工作方案，并认真贯彻实施；要充分发挥企业安全管理部门的组织、协调和指导作用，充分调动企业员工的积极性，形成“各司其职，各尽其能，齐抓共管”的工作局面，实现隐患排查治理无缝化管理；要加强监督检查，确保隐患排查治理工作有部署、有检查、有实效。

(2) 着眼于排查隐患，在有效防范事故上见到切实的成效。隐患客观上是有大小和轻重、缓急之分的。在排查治理工作中，必须牢牢盯住那些可能引发重特大事故的重大隐患，下决心进行治理。要深刻认识本行业、本企业事故教训，对存在重大隐患的，要立即采取整改措施，包括停产停业停运、限期整改；规定期限内不能整改到位的，要依法予以关闭；对因隐患排查治理工作不力而引发事故的，要依法按高限查处，严肃追究有关人员的责任。

(3) 学习先进经验，加快建立健全隐患排查治理体系。安全隐患排查治理体系建设要坚持抓基层、打基础，从企业这个安全生产责任主体和安全生产基础单元抓起，先把企业内部的隐患排查治理信息系统建立起来，然后逐级扩大联网，扩大覆盖面，最终形成地区范围内健全完善的排查治理体系。排查治理隐患是企业的职责和本分，各类企业尤其是中央企业、省（市）所属企业，要做安全生产的模范表率，率先加大安全投入，率先把企业内部隐患排查治理系统建立起来，率先接受政府和相关部门的监管监控。

(4) 坚持统筹兼顾，搞好“五个结合”。安全隐患排查治理是安全生产工作的有机组成部分，必须统筹兼顾，共同促进，共同提高。一是与深入开展“打非”专项行动相结合。把非法、违法生产经营建设行为作为当前最严重的安全隐患，加大打击和治理力度，坚决扭转非法、违法造成事故多发的严重态势。二是与深化重点行业领域安全专项整治紧密结合起来。把严重影响安全生产、有可能引发重特大事故的隐患和问题，作为行业领域专项整治的重点，紧紧抓住不放，务必落实整治措施。三是与企业安全生产标准化建设紧密结合起来。隐患排查治理是企业安全生产标准化建设的重要基础。要通过建立健全隐患排查治理体系，进一步规范企业安全生产行为，推动企业达标创建。四是与组织实施《安全生产“十二五”规划》、加强安全监管监察能力建设和安全生产信息化建设紧密结合起来。要把安全隐患排查治理体系建设作为安全生产信息化建设的重要内容，引导地方、部门、企业加大投入，通过信息化建设为安全隐患排查治理体系提供重要的技术支撑。五是与加强安监队伍建设紧密结合起来。通过狠抓隐患排查治理，推动各级安全监管机构和广大安监人员进一步转变作风、真抓实干，关口前移、重心下移，寓监管于服务之中，发现隐患、解决问题，更加扎实有效地推动安全生产工作。

第二节　事故基本特性与事故致因理论

一、事故基本特性

1. 事故的定义

对于事故，人们若从不同的角度出发则会对其有不同的理解。在《辞海》中给事故下的定义是“意外的变故或灾祸”。

通常所说的事故指的是安全生产事故，关于事故的定义有：事故是可能涉及伤害的、非预谋性的事件；事故是违背人的意志而发生的意外事件；事故是造成伤亡、职业病、设备或财产的损坏或损失、环境危害的一个或一系列事件；事故是在人们生产、生活活动过程中突然发生的、违反人们意志的、迫使活动暂时或永久停止，可能造成人员伤害、财产损失或环境污染的意外事件。

结合上述诸定义，可以总结出事故具有如下特点：

（1）事故是一种发生在人类生产、生活活动中的特殊事件，而人类在任何生产、生活活动过程中都可能发生事故。因此，人们若想将活动按自己的意图进行下去，就必须努力采取措施来防止事故。

（2）事故是一种突然发生的、出乎人们意料的意外事件。这是因为导致事故发生的原因非常复杂，往往是由许多偶然因素引起的，因此事故的发生具有随机性质。在一起事故发生之前，人们无法准确地预测在什么时候、什么地方、发生什么样的事故。由于事故发生的随机性，使得认识事故、弄清事故发生的规律及防止事故发生成为一件非常困难的事情。

（3）事故是一种迫使进行着的生产、生活活动暂时或永久停止的事件。事故中断、终止活动的进行，必然会给人们的生产、生活带来某种形式的影响。因此，事故是一种违背人们意志、人们不希望发生的事件。

（4）事故除了影响人们的生产、生活活动顺利进行之外，往往还可能造成人员伤害、财物损坏或环境污染等其他形式的后果。

值得指出的是，事故和事故后果是具有因果关系的两件事情，即由于事故的发生产生了某种事故后果。但是在日常生产、生活中，人们往往把事故和事故后果看成是一件事情。之所以会产生这种认识，是因为事故的后果，特别是给人们带来严重伤害或损失的后果，给人们的印象非常深刻，人们也就相应地注意了带来这种后果的事故；相反地，当事故带来的后果非常轻微，没有引起人们注意时，人们也就相应地忽略了这种事故。

2. 事故的基本特性

事故的发生具有普遍性，大多数企业都发生过未遂事故或者已遂事故。事故具有以下基本特性：

（1）事故的普遍性。由于生产活动中普遍存在可能导致人员伤亡和财产损失的危险性，因此，普遍存在发生事故的可能。这就要求从事任何工作都必须坚持“安全第一，预防为主”的方针，绝不能掉以轻心。

（2）事故的随机性。事故是偶然发生的，具有随机性特点。其发生的时间、地点、形式、规模、后果都是不确定的。人们不可能预测何时、何地、发生何种事故、何人受伤、何人死亡、损失何种财物。只能通过各种迹象，即不安全因素的存在情况及以往发生事故的规律，判断在某个时间、地区范围内可能会发生什么事故，即凭借概率统计分析确定事故发生的可能性。也就是在有统计价值的数据资料基础上，预测某一随机事件（事故）的发生概率大小，事故规模多大，损失多少。

（3）事故的必然性。按照安全系统工程的观点，人们在生产过程中必然会发生事故，只不过是时间长短、事故损失严重程度不同而已。按照海因里希法则，事故发生次数必遵循下述规律：重伤及死亡事故∶轻伤事故∶无伤害事故＝1∶29∶300，这就是说，发生多起无伤害事故，必然会有轻伤事故发生；同理，发生多起轻伤事故，必然会有重伤或死亡事故发生。轻伤事故孕育于无伤害事故之中，重伤或死亡事故孕育于轻伤事故和无伤害事故之中。

（4）事故的因果相关性。事故的发生是由于系统中造成事故的各种原因相互作用的结果。事故原因可大体分为人的不安全行为和物的不安全状态。也有按人机、环境划分系统的，原因可分为人的失误（操作失误、管理失误）、机械设备故障和环境不良因素。还有按逻辑分析原则划分的，有直接原因和间接原因等。这些原因在系统中相互作用、相互影响，在一定条件下就会发展成为事故。因此，分析事故、探索事故规律、控制事故必须从系统的错综复杂的因果相关性出发辨识事故的直接原因、间接原因、主要原因，以恰当的安全措施控制事故的发生。

（5）事故的紧急性。事故从发生、发展到结束，往往速度很快，允许组织和个人做出反应的时间很短。这就要求人们平时积累紧急对策和加强防灾训练，以便届时做出正确决策和迅速的反应，以尽量减少事故造成的损失。

（6）事故的危害性。凡是事故，特别是伤亡事故都会在一定程度上给个人、集体和社会带来损失或危害，乃至夺去人的生命，威胁企业的生存或影响社会的稳定。因此，是人们不期望发生的。

3. 事故的等级区分

在《生产安全事故报告和调查处理条例》中，根据生产安全事故（以下简称事故）造成的人员伤亡或者直接经济损失，事故一般分为以下等级：

（1）特别重大事故，是指造成30人以上死亡，或者100人以上重伤（包括急性工业中毒，下同），或者1亿元以上直接经济损失的事故。

（2）重大事故，是指造成10人以上30人以下死亡，或者50人以上100人以下重伤，或者5 000万元以上1亿元以下直接经济损失的事故。

（3）较大事故，是指造成3人以上10人以下死亡，或者10人以上50人以下重伤，或者1 000万元以上5 000万元以下直接经济损失的事故。

（4）一般事故，是指造成3人以下死亡，或者10人以下重伤，或者1000万元以下直接经济损失的事故。

4. 事故的伤害程度分类

在伤亡事故统计的国家标准《企业职工伤亡事故分类》（GB 6441—1986）中，把受伤害者的伤害分成三类。

（1）轻伤。损失工作日低于105天的失能伤害。

（2）重伤。损失工作日大于等于105天的失能伤害。

（3）死亡。发生事故后当即死亡，包括急性中毒死亡，或受伤后在30天内死亡的事故。死亡损失工作日为6 000天。

5. 事故的致害原因分类

《企业职工伤亡事故分类》（GB 6441—1986）按致害原因将事故分为20类，详见表1—1。

表1—1　　按致害原因的事故分类

序号	类别	备注
1	物体打击	指落物、滚石、锤击、碎裂、崩块、砸伤等，不包括爆炸引起的物体打击
2	车辆伤害	包括挤、压、撞、颠簸等
3	机械伤害	包括绞、碾、割、戳等
4	起重伤害	各种起重作业引起的伤害
5	触电	电流流过人体或人与带电体间发生放电引起的伤害，包括雷击

续表

序号	类别	备注
6	淹溺	各种作业中落水及非矿山透水引起的溺水伤害
7	灼烫	火焰烧伤、高温物体烫伤、化学物质灼伤、射线引起的皮肤损伤等，不包括电烧伤及火灾事故引起的烧伤
8	火灾	造成人员伤亡的企业火灾事故
9	高处坠落	包括由高处落地和由平地落入地坑
10	坍塌	建筑物、构筑物、堆置物倒塌及土石塌方引起的事故，不适用于矿山冒顶、片帮及爆炸、爆破引起的坍塌事故
11	冒顶、片帮	矿山开采、掘进及其他坑道作业发生的顶板冒落、侧壁垮塌
12	透水	矿山开采及其他坑道作业时因涌水造成的伤害
13	爆破	由爆破作业引起，包括因爆破引起的中毒
14	火药爆炸	生产、运输和储藏过程中的意外爆炸
15	瓦斯爆炸	包括瓦斯、煤尘与空气混合形成的混合物的爆炸
16	锅炉爆炸	适用于工作压力在0.07 MPa以上，以水为介质的蒸汽锅炉的爆炸
17	容器爆炸	包括物理爆炸和化学爆炸
18	其他爆炸	可燃性气体、蒸气、粉尘等与空气混合形成的爆炸性混合物的爆炸，炉膛、钢水包、亚麻粉尘的爆炸等
19	中毒和窒息	职业性毒物进入人体引起的急性中毒、缺氧窒息性伤害
20	其他伤害	上述范围之外的伤害事故，如冻伤、扭伤、摔伤、野兽咬伤等

注：在GB 6441—1986标准中为“放炮”。“放炮”在《煤炭科技名词》中已规范为“爆破”。

二、事故致因理论

事故致因理论是人们对事故机理所做的逻辑抽象或数学抽象，它是描述事故成因、经过和后果的理论，是研究人、物、环境、管理等基本因素如何起作用而形成事故造成损失的，它从因果关系上阐明引起伤亡事故的本质原因，说明事故的发生、发展和后果。它对认识事故本质、指导事故调查分析、事故预防及事故责任者的处理有着重要作用。事故致因理论比较有代表性的有十多种，其中为人们广泛采用的主要有轨迹交叉理论、能量转移理论、多米诺骨牌理论、人因事故模型理论等。

1. 轨迹交叉理论

（1）轨迹交叉理论的基本观点。轨迹交叉理论将事故的发生发展过程描述为：基本原因→间接原因→直接原因→事故→伤害。从事故发展运动的角度，这样的过程被形容为事故致因因素导致事故的运动轨迹，具体包括人的因素运动轨迹和物的因素运动轨迹。

就一般情况而言，由于企业管理上的欠缺，如领导对安全工作不重视，各级干部对安全不负责任，安全规章制度不健全，职工缺乏必要的安全教育和训练等，职工就有可能产生不安全行为（违章指挥、违章操作等人为过失）；或者对机械设备缺乏维护、检修，以及安全设备、设施不足，建筑设施、作业环境不符合安全要求等，以致形成不安全状态，进而孕育了事故的起因物，产生施害物。当采取不安全行为的行为人与因不安全状态而产生的施害物发生时间、空间的运动轨迹交叉时，就必然会发生事故。

值得注意的是，人与物两种因素又互为因果，有时物的不安全状态能导致人的不安全行为，而人的不安全行为也可能使物产生不安全状态。例如，噪声、粉尘、高温等恶劣的作业环境（不安全状态）会导致人的操作失误（不安全行为）增多；由于设计、制造、安装、检修或人为拆除安全装置（不安全行为），使设备缺少安全防护装置或失效（不安全状态）。如果考虑不安全行为和不安全状态两个系列的前置原因，又均非单纯的人的系列和物的系列。也就是说，在考察人的系列或物的系列时不能完全绝对化。

（2）轨迹交叉理论的指导作用。轨迹交叉理论也可以理解为：具有危害能量的物体的运动轨迹与人的运动轨迹，在某一时刻交叉就发生事故。按照轨迹交叉理论的观点，构成事故的要素为人的不安全行为、物的不安全状态和人与物的运动轨迹的交叉。但是，这种交叉必须有足以致害的能量转移为前提。从这一点考虑，轨迹交叉理论实际上是能量转移论的扩展。当前世界各国之所以普遍采用这种事故致因理论，是因为它能更详细、更贴切地描述事故的成因，更具有实用性。

根据这种事故致因理论及其由此而产生的事故模型，可以分析伤亡事故的原因，探索事故的发生规律，提出防止事故的具体措施。

按照演绎分析的原则，可以从伤亡事故，即有不安全行为的人与处于不安全状态下的物的时空交叉点，分别分析不安全行为和不安全状态的形成过程。

1）人的不安全行为。人的不安全行为可以从人的素质（包括先天素质和后天素质）中寻找原因。先天素质，如人的生理、心理、智力缺陷等；后天素质，如知识、技能、经验的不足，进而从教育、培训、规章制度、管理状况、家庭、社会等方面分析影响安全的不良因素。

2）物的不安全因素。物的方面可以从形成事故的反向顺序——“施害物→起因物→不安全状态”进行分析，从而查找物的更进一步的原因，如设备和机械的设计、制造、使用、维修、保养方面的缺陷及有害物质、有害因素的管理与控制问题。

(3) 控制人的不安全行为的措施。从轨迹交叉理论出发，防止事故的根本出路就是避免两者的轨迹交叉，其中控制人的不安全行为十分重要。人的不安全行为在事故形成的原因中占重要位置，同时，人的行为又是最难控制的因素。人的失误概率比任何机械、电气、电子元件的故障概率要大得多。因为人的失误是多方面原因造成的，例如，作业时间的紧迫程度，作业环境的条件好坏，作业的危险状况，个人的心理、生理素质和家庭、社会等因素。因此，要从多方面入手来解决人的不安全行为的问题。行为科学认为，只有通过采取各种手段和措施，提高操作者发现、认识危险的能力，明确危险的后果，促使其形成安全动机，掌握避免危险、防止事故的技能，才会有安全行为，并使其逐渐养成安全习惯。人机工程学的观点是：为劳动者创造安全、舒适的工作条件，是可以避免事故、提高工效的。

概括起来，控制人的不安全行为的措施主要有以下几方面。

1）职业适应性选择。选择合格的职工以适应职业的要求。由于工作的类型不同，对职工的要求也不同。尤其是职业禁忌证应加倍注意。在进行招工和作业人员的配备时，应根据工作的要求认真考虑职工素质，特别是特殊工种应严格把关。避免因生理、心理素质的欠缺而发生工作失误。

2）创造良好的工作环境。良好的工作环境，首先是良好的人际关系，积极向上的集体精神。创造融洽和谐的同事关系、上下级关系，使工作集体具有凝聚力，这样，才能使职工心情舒畅地工作，积极主动地相互配合。为此，企业要实行民主管理，使职工参与管理。另外，要关心职工生活，解决实际困难，做好职工家属的工作，形成重视安全的社会风气，以社会环境促进工作环境的改善。良好的工作环境还应包括尽一切努力消除工作环境中的有害因素，使机械、设备、环境适合人的工作，使人适应工作环境。这就要按照人机工程的设计原则进行机械、设备、环境、劳动负荷、劳动姿势、劳动方法的设计。

3）加强教育与培训，提高职工的安全素质。实践证明，事故与职工的文化素质、专业技能和安全知识密切相关。因此，企业招工应根据我国普及教育的发展情况，提出对文化程度的具体要求，而且要对在职职工进行系统的继续教育，使其进一步掌握必要的文化知识和专业知识。在许多事故的原因中职工的知识贫乏或无知占有相当比重，这是值得注意的严重问题。特别是对职工的安全教育和训练，如入厂三级教育、特种作业人员教育、中层以上干部教育、全员教育、班组长教育、资格认证等安全教育制度，必须坚持进行并提高其有效性，使广大职工提高安全素质，减少不安全行为。这是一项根本性措施。

4）健全管理体制，严格管理制度。加强安全管理是有效控制不安全行为的有力措施，加强管理必须有健全的组织，完善的制度并严格贯彻执行。企业安全不仅是安全部门的事，也是企业全体职工的事。

（4）控制物的不安全状态的措施。控制物的不安全状态主要从设计、制（建）造、使用、维修等方面消除不安全因素，创造本质安全条件。

工程设计包括工艺设计、产品设计和建筑设计等，工艺设计应考虑尽量排除或减少一切有毒、有害、易燃、易爆等不安全因素对人体的影响；产品设计应充分考虑产品的可靠性和安全性；建筑设计除根据工艺要求考虑建筑物本身的基础、结构的强度和稳定性及内装修的合理性以外，还要考虑生产和人员在安全方面的特殊要求。总之，工程设计要满足人机工程的设计要求和其他安全要求。制（建）造必须严格按照设计要求，使用合格的材料和工艺技术，在严格的技术监督下，经过认真负责的质量检验才能投入使用。特别是新建、扩建、改建项目及新工艺、新产品、新技术应用必须经过“三同时”验收。

使用应严格按照设计规定的要求精心操作，避免出现物的不安全状态。特别要反对超负荷运转和任意拆除安全装置、设施等不良行为。

维护和检修是保障机械设备正常运转的重要环节。因此，应坚持日常维护、检修制度，把物的不安全状态消灭在萌芽状态，减少因机械设备缺陷引发的事故。

2. 能量转移理论

（1）能量转移理论的基本观点。能量转移理论的基本观点是：人类的生产活动和生活实践都离不开能源，能量在受控情况下可以做有用功，制造产品或提供服务；一旦失控，能量就会做破坏功，转移到人，就造成人员伤亡，转移到物，就造成财产损失。

能量转移理论是 1961 年由吉布森（Gibson）提出，1966 年由哈登（Haddon）进一步引申而形成的，该理论的原始出发点是人身伤亡事故。他们认为：“生物体（人）受伤害的原因只能是某种能量的转移”，并提出了伤害分类的方法。哈登将伤害分为两类，第一类伤害是由于施加了超过局部或全身性损伤阈的能量引起的；第二类是由于影响了局部的或全身性能量交换引起的，见表 1—2 和表 1—3。

表 1—2　第一类伤害的举例

施加的能量类型	产生的原发性损伤	举例与注释
机械能	移位、撕裂、破裂和挤压	由于运动的物体，如子弹、皮下针、刀具和下落物体冲撞造成的损伤，以及由于运动的身体冲撞相对静止的设备造成的损伤，如在跌倒时、飞行时和汽车事故中。具体的伤害结果取决于合力施加的部位和方式。大部分的伤害属于本类型
热能	炎症、凝固、烧焦和焚化，伤及身体任何层次	一度、二度和三度烧伤。具体的伤害结果取决于热能作用的部位和方式

续表

施加的能量类型	产生的原发性损伤	举例与注释
电能	干扰神经、肌肉功能，以及凝固、烧焦和焚化，伤及身体任何层次	触电死亡、烧伤、干扰神经功能，如在电休克疗法中。具体伤害结果取决于电能作用的部位和方式
电离辐射	细胞和亚细胞成分与功能的破坏	反应堆事故，治疗性与诊断性照射，滥用同位素，放射性粉尘的作用。具体伤害结果取决于辐射能作用的部位和方式
化学能	一般要根据每一种或每一组具体物质而定	包括由于动物性和植物性毒素引起的损伤和化学烧伤，如氢氧化钾、溴、氟和硫酸，以及大多数元素和化合物在足够剂量下产生的不太严重而类型很多的损伤

注：这些伤害是由于施加了超过局部或全身性损伤阈的能量引起的。

表 1—3　　第二类伤害的举例

影响能量交换的类型	产生的损伤或障碍的种类	举例与注释
氧的利用	生理损害，组织或全身死亡	全身——由机械因素或化学因素引起的窒息（如溺水、一氧化碳中毒和氰化氢中毒）；局部——血管性意外
热能	生理损害，组织或全身死亡	由于体温调节障碍产生的损害，如冻伤、冻死

注：这些损伤是由于影响了局部的或全身性能量交换引起的。

在一定条件下，某种形式的能量能否产生伤害，造成人员伤亡事故，取决于人体接触能量的大小、接触的时间和频率、能量的集中程度，以及屏障设置的完善程度和时间的早晚。

依据能量转移理论的观点，具有能量的物质（或物体）和受害对象在同一空间范围内，由于能量未按人们希望的途径转移，而是与受害对象发生接触，这就造成了事故。

（2）能量转移理论的指导作用。能量转移理论给出的事故三要素为：失控的能量、能量转移途径和受害对象。可以以此为据，辨识危险源，选择控制措施，减少事故危害。

能量的失控转移是造成事故的根本原因，因此，可以认为一切有足够能量存在的地方和能够引起人体内部能量交换紊乱的因素，都是危险源。例如，机械的运转部位、传动部位、电的输送过程、高处的重物、高处作业的位置、锅炉压力容器、有毒有害物质、缺氧的环境、强声、强光、高温、低温等都是危险源。进行系统危险性辨识，首先要找出系统的哪个部位存在哪种形式的能，有多少，能引起哪种危害。例如，家用热水器使用的城市管道煤气中含有一定浓度的CO，有引起中毒的化学能；煤气燃烧产生热能，同时又具有着火爆炸的化学能，又由于煤气燃烧消耗空气，还会造成人体缺氧窒息。

同样，也可以根据事故的三要素分别采取预防措施。下述10种措施，1～3为控制能量的措施，4～6为控制转移途径的措施，7～10为保护受害对象的措施。

1）限制能量。例如，在危险物料的周转、储存方面，规定合理的限量，油漆作业的领料量限制，火药及爆炸物的加工量的限制，对特别危险的装置，如锅炉的高压汽包应设计得尽量小等。另外，也可以安装防止能量积累的设备和元件，如熔丝、断路器就是在电路超负荷时起保护作用，温度自动调节器可以调节温度，使系统不致发生热能的积累。

2）用较安全的能源代替危险性大的能源。如用水利采煤代替爆破，用安全电压代替较高电压等。

3）防止能量逸散。采用防护材料，使有可能逸散的能量保持在有限的空间内，如把放射性物质储存在铅容器内，电气设备和线路采用良好的绝缘材料，防止触电。另外，在登高作业中使用安全带，可以防止势能转化为动能，造成摔伤。

4）在能量转移途径上设置隔离、屏障。如防护罩、防火门、喷淋灭火隔火装置、排尘装置等。

5）延缓或减弱能量的释放。对于不能排除或阻隔能量转移的情况，可采用能量转移的缓冲措施，如在压力容器和锅炉上加装爆破板和安全阀，使爆破（炸）受到定向控制和缓冲，机械设备的减振器、消声器，使破坏性机械能、声能受到衰减和控制。

6）开辟能量释放的途径，使能量转移不致损害人或物。如电气设备的接地、避雷针、火炸药生产间的爆破墙、水库的泄洪闸等。

7）保护能量转移的受害对象。当操作者必须在有能量转移危害的环境中作业时，可使用安全帽、面具、口罩、防护服、手套等个体防护用品；另外，建隔离操作间也属于对受害对象的保护。

8）脱离能量转移的受害范围。如冲压作业和木工平刨作业，使用工具送料、取料，使手脱离危险区；搬运作业中以机械代替人工搬运，防止伤脚、伤手，以自动化代替机械操作，使人完全脱离危险区。

9）提高可能受能量转移的危害者的自我保护能力。如进行安全教育与训练，使操作者掌握安全操作和处理事故的技能。提高操作者识别危险、处理故障、紧急应变及撤离等防灾自救能力。

10）防止能量转移造成损失的扩大。事故发生后应迅速切断可能造成伤害和损失的能量，正确组织快速的抢救和急救活动，提供一切必要的自救、抢救条件。如紧急淋浴设施、紧急避难设施，事故前进行受伤、中毒、触电等急救训练、紧急避难训练，事故后对受伤害者提供有效的医疗条件等，都是减少事故损失的必要措施。

（3）能量转移理论提示的事故本质。在进行事故调查分析时，应用能量转移理论，更能提示事故的本质。例如，事故调查所用的事故原点理论，其事故原点的定义是：由事故隐患转化为事故的具有初始性突变特征的点，即事故的最初起点。这里所说的事故隐患，实际上是指接近于失控状态的具有能量的物质或物体。具有初始性突变特征则表示，能量已开始完全失控发生转移的特征。因此，这个事故原点就是能量由接近于失控到完全失控的转换点。通过事故调查分析，确定了事故原点，就可以追查造成事故原点的原因是什么，即能量是如何接近失控的，从而提示事故的直接原因、间接原因、主要原因，确定事故责任者，并对其进行恰当的处理。同时，依据事故原因和能量转移理论提供的事故控制措施，选择事故控制方案，防止事故发生。找到事故原点，还可以从能量转移的方向确定二次事故，直至最终事故结果是怎样发生的。因此，在事故调查中确定事故原点是至关重要的。这个事故原点的实质就是发生能量失控转移的最初起点。

在进行事故调查分析时，都采用从结果到原因的演绎分析方法。这时应用能量转移理论可以使分析思路更清晰，分析结果更系统、更全面，便于揭示事故的本质。一般来说，事故是由于能量失控、安全措施失效和受害者处于能量转移影响范围之内三种原因造成的。而这三种原因恰好就是能量转移理论的事故三要素。据此，可以进一步探寻三者的深层次原因，最终达到全面系统分析事故的目的。

3. 多米诺骨牌理论

（1）多米诺骨牌理论的基本观点。多米诺骨牌理论又简称为骨牌理论，最早是由海因里希提出的，所以，有的人又将之称为海因里希理论。多米诺骨牌理论是指在一个存在内部联系的体系中，一个很小的初始能量就可能导致一连串的连锁反应。客观上，它是由点到面的一种运动过程，动作是一个接着一个接力着，直到完成最后的终点动作。事实上，多米诺骨牌的摆放，静态积蓄能量，当起始点，也可能是体系中的某一位置，受到激励时，将积蓄的能量释放，就引发一场类似灾难性的“雪崩”，一旦发生就不可阻挡，像流体一样迅速冲击整个体系。

对于多米诺骨牌理论，海因里希提出的五因素顺序为：M（人体本身）→P（按人的意志进行动作）→H（潜在的危险）→D（发生事故）→A（人体受到伤害）。海因里希把这五个因素比作五张骨牌。由于人体本身的缺欠（生理、心理、知识缺欠），则导致按人的意志进行错误的动作（管理、设计、制造、使用、维修错误），使机械设备等物体产生不安全状态，即潜在危险，这种危险在一定条件下就发展为事故，而这种事故如果涉及人体，就会形成伤亡事故。

（2）多米诺骨牌理论的指导作用。大量事故证明，这一理论是符合事故发生规律的。许多事故的发生，往往与企业的安全管理水平直接相关，安全管理严格的企业，很少发生严重违章的人身伤害事故，而安全管理松懈的企业，则容易发生严重违章事故。

这是一起建筑施工单位人员高处作业坠落事故。一名作业人员在做放线工作时，跳板上的水泥影响放线，在清理水泥的过程中身体失去平衡，倒向围护的密目式安全立网，结果网体被撞破，从16层直接坠落到地面而死亡。密目网没有起到防护作用，是这起事故最主要的原因。经过对密目网试验分析，属于不合格产品，触穿网的力值是打印纸的1/3～1/2，根本无法起到任何防护作用。同时，死者死亡时所穿的是普通胶鞋，底部已完全磨平。经过询问，工人的鞋都是自己买的，企业没有按照规定进行配发。在作业现场还有大量细小水泥散粒存在，当作业人员穿着没有防滑功能的鞋走动时，极易产生滑动，即使不在高处作业，也会在用力时摔倒受伤，高处作业隐患更大。因此，作业中没有及时清理水泥散粒，企业没有按照规定配发防滑鞋，密目网不合格，以及死者高处作业未佩戴安全绳，共同的因素造成了这起事故。

多米诺骨牌理论中的不安全行为和不安全状态不是孤立的，它们是以前置两因素为基础的。如果没有社会环境和管理的欠缺为背景，没有人为过失为前提，就没有不安全行为和不安全状态的产生。因此，要消除或大幅度减少不安全行为和不安全状态，必须从根本上解决社会环境和管理欠缺问题，消除产生不安全行为和不安全状态的社会条件。企业的安全问题表现在企业，根源在社会。要解决企业的安全问题，首先要解决社会的安全问题。只有全社会（包括政府和公众）在安全意识、安全观念、安全知识技能、安全行为、安全道德标准上都有大幅度提高，企业才能有一个良好的安全氛围，创造良好的安全生产环境。一个在社会上不能奉公守法，开车喝酒、骑车闯红灯、拆毁隔离网、横跨隔离墩的人，不可能成为企业中遵章守纪的安全生产者。对一个在社会活动中要钱不要命的人，企业的规章制度又算什么？只有作为社会成员的企业职工在任何情况下都能自觉奉公守法，遵章守纪，才能在生产中随时注意安全，消除不安全状态，提高企业的整体安全素质。

多米诺骨牌理论实际上是轨迹交叉理论的进一步扩展。它在轨迹交叉理论的基础上，进一步挖掘了事故的社会根源。而能量转移理论则是事故致因的本质。没有能量转移就没有伤亡的结果。三者有着内在的联系。

4. 人因事故模型理论

（1）人因事故模型理论的基本观点。人因事故模型主要是从人的因素研究事故致因的理论。在导致事故的各种因素中，人的因素具有重要的作用。正如轨迹交叉理论所指出的，尽管事故是由于人的不安全行为和物的不安全状态共同造成的，但起主导作用的始终是人的因素，因为物是人创造的，环境是人能够改变的，整个人、物、环境系统都是由人管理的。所以，在研究事故致因理论时，必须着重对人的因素进行深入的研究。这就出现了事故致因理论的另一个分支——人因事故模型理论。

（2）威格里沃思对人因事故模型理论的见解。威格里沃思对人因事故模型有着深刻的认识。威格里沃思认为，人在从事某种活动时，会接受来自系统和外界的各种刺激（信息），凭视觉、听觉、触觉、嗅觉等感受这些刺激，通过大脑判断系统是否正常，并做出适当反应：或正确处理，不发生失误，没有危险发生；或发生失误，使系统不能正常运行，轻则造成系统故障，发生无伤害事故，重则造成能量的意外释放，波及到人就会发生伤亡事故。这取决于机会因素，即发生伤亡事故的概率。而这种伤亡事故和无伤害事故又给人以强烈刺激，促使人们对原来的错误行为进行反思，使其树立安全观念，增强安全意识，主动地去掌握安全知识、安全技能，以驾驭系统，提高其安全性。

从这种事故模型出发防止伤亡事故，需要把握以下几个要点：

一是要预先熟悉并掌握来自系统及外界的各种刺激，能够正确辨识系统存在的各种危险因素，例如，声、光、温度、压力、颜色、烟雾等都意味着什么；什么样的信息表示系统正常，什么样的信息表示系统不正常；系统发生过什么事故，是什么原因造成的，事故前有哪些症状等。这要求行为者有熟练的危险因素辨识能力，特别是对行为者无刺激，或刺激力很弱的危险因素，要使其刺激作用加强，使其能够为行为者所辨识。

二是熟练掌握对各种刺激做出正确反应的能力，防止失误发生。因为事故从发现苗头到发生，直至结束，时间往往很短，如果没有熟练的甚至形成条件反射的反应能力，事故来不及控制就已经发生了。这就要求行为者具备很强的事故紧急处理能力。因此，企业除了要进行必要的安全知识、安全技能教育外，还应经常进行紧急反事故演练，把危险操作过程中可能出现的各种事故情况都纳入演练内容，使操作者牢记，遇到什么情况应当如何处理，怎样才能把事故消灭在萌芽状态。这样就可以避免一些不必要的事故损失。例如，压力容器超压时紧急卸压，初期着火时紧急灭火，毒气泄漏时紧急处理，中毒、窒息、触电情况发生时的急救等。如果事先能够熟悉这些情况，许多事故发生时就不会束手无策，许多事故就不会产生那么严重的后果。

三是对于因危险辨识失误，反应错误而不可避免地发展为可能造成人员伤亡的危险因素，则应当从工艺技术、设备结构上考虑防止事故的最后一道防线。如联锁、紧急开关、自动灭火、触电保安等。同时注重工艺改造、设备更新等，使事故发生朝无伤亡的方向发展。

（3）瑟利对人因事故模型理论的见解。瑟利对人因事故模型做了深入的研究，并将人因事故模型进一步具体化。瑟利根据人因事故模型，把事故过程分为两个阶段：第一阶段是人会不会面临危险，第二阶段是危险会不会造成伤害、损失。

人在某一环境中从事某种活动，可能会有各种危险因素，这些危险因素有各种表现形式，如声、光、温度、压力显示等信息。这些信息，有的是显在的，可以发现的，构成“危险的警告”；有的是潜在的，不能发现，就不能构成“危险的警告”，于是，“危险出现"，使人"面临危险"。当警告发出，通过人的感觉器官，接收了警告信号，则进入了"警告的知觉"；但也可能因种种原因，人体并未接收这种信号，就没有"警告的知觉"，人又进入"面临危险"状态。当人知道警告时，还要认识警告是什么意思（"警告的认识"），知道如何排除或避免危险（"回避的认识"），下决心采取措施避免危险（"回避的决心"），而且也有回避危险的能力（"回避的能力"），然后才会有"无危险"的后果。其中任何一个过程被否定，都会使人"面临危险"。这一系列过程描述的是人的活动会不会面临危险，也就是隐患会不会发生和继续存在。

下面的系列过程则是隐患能否造成伤害的事故结果，即能否构成"危险释放"。所谓"危险释放"，就是危险的物质（或物体）所携带的能量失控，转移到受害者的能量释放。从人因角度分析，这一过程也要经历上述六个环节，只有六个环节都得到肯定，危险才会有"无伤害"结果，其中任何一个失误（否定），都会造成"伤害、损失"。

根据这种事故模型，防止事故，第一，要防止"危险出现"。第二，当"面临危险"时，使其不发展为"伤害、损失"事故。为此，首先要使危险可知，即能发出"危险的警告"，特别是那些不易被发现的潜在危险。例如，反应器内部压力过高，外面是看不到的，通过压力表在外面显示，就可以给人以警告。其次，要使人知道发出的警告。例如，压力表显示是无声无光的，人的注意力是有限的，如果辅之以压力报警器，就可以使人知道警告。第三，要使人能够确认警告的内容是什么。例如，采用不同形式的声、光信号标明什么是超压报警，什么是其他报警。第四，要使人明确，危险出现时采取什么措施可以避免危险，防止危险发展为伤亡事故。例如，操作者应当知道，当压力上升，接近超压时，应立即停止投料，中止反应，加大冷却水流量；超压时应及时撤料等。这就要求操作工熟练掌握操作技能，特别是要具备在紧急状态下的处理能力。第五，要采取各种措施，提高操作者的责任意识和安全意识，精心操作，及时采取恰当措施，避免事故的发生。

严格地讲，人因事故模型属于安全行为科学研究的范畴，因为它们仅限于对人的因素的研究，不是对事故的系统研究。

（4）人因事故模型理论的指导作用。对于企业所发生的伤亡事故，目前人们比较一致的认识是：80%的事故发生在班组，80%的事故属于人因事故，即由于人为因素造成的事故。从发生事故的原因分析，人为因素即班组在生产中违章指挥、违章操作或事故隐患未能及时发现和消除的占事故总数的90%以上，居事故原因之首位。类似的统计资料情况，不同的企业可能由于生产性质的不同、机械设备的不同、人员结构的不同等原因，在具体数据上有所出入，但是，人因事故是主要事故，人为因素是导致事故发生的主要原因，这一结论是可以确定的。

应该说明的是，在事故中，受到伤害的主要是生产作业的一线人员，包括班组长、工段长等。这是因为，在工业场所存在着各种危险，距离危险最近的人员最容易受到伤害，班组是企业生产作业的第一线，距离危险最近，因此发生事故的概率也就最高。80%的事故发生在班组，应该有两个含义：一是说班组生产作业的危险性，二是说班组预防事故的重要性。班组生产作业的危险性是客观存在、无法改变的，不管是过去、现在还是将来，大多数事故还将发生在班组。

按照人因事故模型理论的指导作用，如果企业能够加强班组安全建设，提高职工的安全技术水平和增强职工遵章守纪的自觉性，那么就会减少人因事故的发生率，也就减少了事故的发生率。在这方面，有大量的事例可以证明，许多企业的安全生产管理经验也说明了这一点。

事故致因理论除了轨迹交叉理论、能量转移理论、多米诺骨牌理论、人因事故模型理论以外，还有一些事故致因理论，如流行病学理论、扰动起源论、管理失误和风险树模型等，也受到了人们的关注。到目前为止，尽管对事故致因理论的研究成果不少，但是作为安全工程的理论基础还尚显薄弱，还有待于进一步研究与认识。

三、对预防和控制事故的认识

事故预防与控制管理包括两部分内容：一方面是着眼于事故未发生之前，尽可能地通过安全评价．安全检查、事故隐患排查整改、安全技术应对措施等，消除事故发生的基础和条件，从而避免事故的发生；另一方面则是通过工伤保险、人身伤害保险、财产保险等措施，在事故发生后降低事故造成的损失，减少事故的严重后果。

1．对企业安全观的认识

国家有国家的安全观，企业有企业的安全观，各不相同，但是在本质上是一致的，那就是积极追求保障自身的安全。

安全观是对安全的作用、地位、价值等总的看法。不同时代、不同历史时期的人们安全观是不同的。同时，不同的人群，由于所从事的职业、所受教育程度的不同，其安全观也是不同的。从安全的科学发展史可以看出，安全观是一直伴随着人们的世界观的发展而发展、世界观的改变而改变的。可以说，安全观是世界观的一个重要组成部分。

企业安全观是企业精神文明建设的组成部分，它与企业文化有着同样重要的作用。安全观是企业的一个重要方面，推行安全观来改变管理者和职工的思维方式，不失为一种行之有效的方法。安全观对安全生产的影响力，不仅表现在规章制度上，而且要落实到行动中，扎根在心里，时刻将“安全第一、预防为主”的思想渗透到生产活动所有过程中，使全体职工把各自肩负的安全职责自觉地放在首位，认真贯彻执行安全生产责任制，自觉抵制违章蛮干行为，把遵章守纪、按安全操作规程作业视为高尚的道德行为，把不按规定要求穿戴和使用劳防用品等不规范行为视为丑恶的行为。反之，如果一个企业事故频发，职工连最起码的生存权都不能保证，何谈保障职工的利益。一起安全事故不仅给企业带来经济损失，同时给劳动者带来痛苦，给家庭带来不幸，给社会安定造成负面影响。人人都爱惜生命，个个都做到安全生产，这样家庭才会更加美好，人们的生活才会充满阳光。安全理念和行为应通过弘扬、宣传和学习，有目的、有意识地培养和塑造，才能达到自律安全。

安全观的核心是为了人，这就需要企业把实现生产的价值和实践人的价值统一起来。要始终坚持以人为本，以实现人的价值、保护人的生命安全为宗旨，要求职工广泛参与企业安全观的建设，并在参与过程中让职工体会到人格被尊重的感觉，培养员工对岗位的责任感。通过交流，把职工的个人追求融入企业的长远发展，形成大家认同的企业价值准则。要想使职工尽职尽责，必须使职工能分享企业发展带来的好处，只有当职工价值追求和企业价值追求和谐一致时，职工才能树立积极的工作价值观，发扬敬业精神。

安全观是安全管理工作的灵魂，也是一种管理文化。管理的层次是多方面的，一个企业可以通过构建复合体系实现安全生产的正常运行，通过奖罚形成激励、监督和约束机制，建立教育体系，培养职工遵章守纪的自觉性，构建培训体系，提高全员自我防范能力，加强专业技术岗位培训。通过不断学习掌握设备的安全技术参数、运行状态、性能指标，提高设备的可靠性，向管理要效益，向管理要安全。

2. 对预防和控制设备事故的认识

设备是企业生产的物质技术基础，也是企业生产的基本手段。设备安全运行能促进生产发展，使企业获得经济效益；设备的异常状态能导致事故发生，破坏生产发展，使企业失去经济效益，因此，设备是重要的安全管理对象。在设备管理上，要对预防和控制设备事故有一个正确的认识。

（1）认识设备事故的一般规律是预防、控制设备事故的前提。设备事故的一般规律，是指导致同类设备事故重复发生的普遍性。例如，设备由于设计制造异常、选用布局异常、维修保养异常、操作使用异常等，违背了生产规律而导致重复发生的事故，就是此类设备事故的一般规律。主要有四种类型。

1）设备与选用相关的事故。在设备制造上先天不足，回转机械无防护装置、冲剪设备无保险装置；在技术性能、质量上达不到要求的非标准设备；在易燃、易爆场所选用了非防爆设备；以及选用了老、旧、杂、容量不足、已被淘汰的设备导致重复发生的事故，均属于设备选用异常导致的同类事故。

2）设备与环境相关的事故。固定设备由于布局不合理，环境污染和温度、湿度、光线等异常；流动性设备，如汽车的道路异常，飞机、船舶在航行中气象因素发生了异常变化而导致重复发生的事故，均属于环境异常导致的同类事故。

3）设备与维修相关的事故。由于设备没有按规定的时间进行定时检查，定期试验、检修和做好日常维护保养，致使设备的异常状态（故障因素）没有及时排除而导致重复发生的事故，均属于维修异常导致的同类事故。

4）设备与使用相关的事故。由于安全法规不健全和人们安全技术素质较差，缺乏预防、控制事故的能力，以及违章指挥、违章作业、超性能使用等，而导致重复发生的事故，均属于使用异常导致的同类事故。

（2）设备事故的预防、控制要点。现代化生产的一个突出特点，是人与设备成为不可分割的统一体，没有人的作用设备是不会投入运行的，同样没有设备也难以进行生产。但是，人与设备不是等同的关系，而是主从的关系。人是主体，设备是客体，设备不仅是人设计制造的，而且由人操纵使用，执行人的意志。因此，依据设备事故的规律和保证设备安全运行的经验，对设备事故的预防和控制要以人为主，通过开展预防性安全科学管理达到保证设备安全运行的目的。主要抓好以下环节：

1）选购合格设备。首先，要根据生产需要、技术要求、产品质量，选购合格设备。同时，在设计制造上要有安全功能。

2）做好设备的安装、调试和验收。凡是新投入使用的设备，不论是选购的，还是自制的，不论是需要安装、调试的，还是不用安装就能使用的，都要按设计规定，对设备的技术性能、质量状态、安全功能进行全面严格的验收。发现问题时必须加以解决，并要经过试运行确认无误时，才能正式投入使用。

3）为设备安全运行提供良好的环境。良好的环境是设备安全运行必备的条件。例如，固定设备的布局要合理，有必要的防污染、防腐、防潮、防寒、防暑等设施，从而使环境中的温度、湿度、光线等都能达到设备安全运行的要求。流动性设备的环境因素也非常重要，如汽车的路面、火车的轨道，船舶、飞机的航线，均要达到保证安全运行要求。

4）为设备安全运行提供人的素质保证。凡是从事设备管理的工程技术人员、操作使用人员和维修人员，都要努力学习管理、使用、维修设备的知识，具有自我预防、控制设备事故的技能。其中，危险性较大设备，如锅炉、起重设备、汽车司机等特种作业人员，还要经过专业培训，使其成为爱护设备、熟悉性能、懂维护保养、会操作使用、能排除故障、具有应变能力的人，并经过考试合格后，持证方可上岗作业。

5）建立安全法规，保证设备安全运行。建立健全安全法规用于规范人们的行为，是强化设备安全管理、保证设备安全运行的法制手段。例如，建立设备管理机构和责任制，明确法定职责；建立设备安全运行规程，做好设备运行记录，掌握设备情况，发现问题及时处理；建立设备检修规程和安全技术操作规程等，并要做到有章必循、违章必究、执法必严。严禁违章指挥、违章作业，从而确保设备安全运行。

6）做好设备的定期修理。按照设备事故的变化规律定期做好设备修理，是保证设备性能、延长使用寿命、巩固安全运行可靠性的重要环节。设备修理的种类，按照修后设备性能恢复程度一般分为小修、中修和大修三种类型；同时又分为检查后修理、定期修理和标准修理。其中，标准修理适用于危险性较大的设备，如汽车、锅炉、起重设备，到了规定时间不论设备技术状态怎样，都必须按期进行强制性修理。关于设备修理的具体内容和方法，各行业均有各自的具体规定，要严格执行，从而确保设备安全运行。

7）做好设备的日常维护保养。设备的维护保养是为防止设备劣化、保持设备性能而进行的以清扫、检查、润滑、紧固、调整等为内容的日常维修活动。各行业设备的维护保养内容有各自不同的规定，可根据实际需要进行。例如，该保暖的保暖、该降温的降温、该去污的去污、该注油的注油，使之保持安全运行状态。

8）做好设备运行中的检查。设备检查可分为日常检查和定期检查。日常检查是指操作工人每天对设备进行的定项、定时检查，通过检查及时发现、消除设备异常，保证设备持续安全运行。定期检查是指由专业维修工人协同操作工人按期进行的检查。通过检查查明问题，以便确定设备的修理种类和修理时间，从而消除设备异常状态，确保设备安全运行。

9）吸取事故教训，避免同类事故重复发生。设备事故发生之后，要按“四不放过”原则进行讨论分析，从中确认是设计问题，还是使用问题；是日常维护问题，还是长期失修问题；是技术问题，还是管理问题；是操作问题，还是设备失灵问题等。从而有针对性地采取安全防范措施，如健全安全法规、改进操作方法、调整设备检修周期，以及对老旧设备更新改造等，避免同类事故重复发生。

10）做好设备的更新改造。根据需要和可能，有步骤、有重点地对老旧设备进行更新改造，并按规定做好设备报废工作，是保证设备安全运行、提高经济效益的重要措施。设备使用至老化期，由于性能严重衰退，不仅影响正常生产，会导致事故发生，而且由于延长了设备的使用时间，相应增加了检修次数和材料消耗；同时，由于精度降低，也会导致质量事故。因此，该报废的设备必须报废。

3. 对预防和控制人因事故的认识

依照人机工程学原理分析，生产中事故的原因主要受人、机、环境和管理因素的制约，表现在人—机生产系统中，事故发生的直接原因是人的不安全行为和机器、环境的不安全状态；机器、环境的不安全状态同时也会引发人的不安全行为。管理缺陷通常是事故发生的间接原因，当然管理状况的好坏也是由管理者来决定的，因此管理状况的问题也属于人的因素问题，即不可靠的管理行为。分析事故发生的原因，证实事故在很大程度上取决于人的行为性质。据专家统计，约90%的事故与人的行为有关，这也印证了人机工程学原理对人的不安全行为产生条件及原因的演绎。

（1）不安全行为产生的条件和原因分析。从人机工程学的观点看，事故的发生往往是由于机器和作业环境对操作者的要求在瞬间超过了操作者的负荷能力——客观上产生了不安全行为。不安全行为产生的机器因素、环境因素和人自身的因素，主要体现在以下几方面。

1）机器防护缺陷因素。设计不良的机器是带有事故隐患的机械设备。机器在设计、制造时未充分考虑安全防护装置的重要性。例如，设计不符合人的生理、心理特性及操作习惯的定型的显示器与控制器，安装位置不当的显示器和控制器，对于机器的危险部位未设计安全防护装置等都极有可能引发人的不安全行为。

2）环境不良因素。不良的作业环境会对人造成不同程度的生理、心理压力，会导致操作者产生不良的生理、心理状态，从而降低人的行为的可靠性，诱发各类人为差错。不良生产作业环境包括高温、振动、噪声、寒冷、不良的照明、有毒物质、粉尘、作业空间狭窄、通风不良、作业地面脏乱、潮湿、地面滑等。高温对人体的影响很明显，在高温情况下，人体的血液处于体表循环状态，而内脏与中枢神经则相对缺血，这时人的大脑反应能力降低，注意力分散，心境不佳，易发生人为差错；作业场所采光照明条件不良时，作业人员不能准确迅速地接受外界信息；噪声干扰会使作业人员的注意力分散，感到心烦意乱，特别是报警信号、行车信号，在噪声干扰下不易被注意；强烈的振动会引起作业人员视觉模糊，影响手的稳定性，使操作者观察仪表时增加误读率，操作机器时控制力降低，甚至失控；狭小、拥挤的作业空间，原材料、半成品、成品和各种工具、器具杂乱无章地堆放，作业地面脏乱、有油污或积水等不良作业环境，不仅使作业人员感到紧张、压抑、烦躁不安，而且使作业人员在处理和躲避危险时失去应有的空间和安全通道，从而增加了事故的严重程度。以上都是触发不安全行为产生的环境不良因素。

3）员工自身的生理、心理因素。在生产作业中，造成员工失误的因素很多，但是可能造成事故的不安全行为产生的因素主要有：不安全的操作动作、不良的情绪状态、过度疲劳等。需要注意的是，人的生理疲劳可导致肌肉酸痛，操作速度变慢，动作的协调性、灵活性、准确性降低，工作效能下降，人为差错增多，进而易导致事故发生。心理疲劳可导致思维迟缓、注意力分散、工作混乱、效率下降、人为差错增多，易导致事故发生。疲劳长时间得不到完全解除就会发生疲劳积累效应，可造成过度疲劳，将导致一系列心理、生理功能的变化，致使各种差错和事故增多。

（2）预防事故的对策措施。预防事故的对策措施主要有以下几方面：

1）合理设计机器的安全防护装置。机器安全防护装置是确保机器本质安全，防止事故发生的重要措施。对于人机系统而言，从预防人的不安全行为的角度出发，必须进行操作安全设计。操作安全设计主要包括按人机工程学原理设计和配置显示及控制装置，也就是从人体角度考虑足够的进出通道的横向纵向尺寸、设备的最佳操作区域和净距，充分考虑采取站立、坐、跪、卧等姿势操作或控制时的适宜安装高度、角度等，以及使用各种工器具时的安全空间及防护措施，进而使显示、控制装置的设计满足易看、易听、易判断、易操作的要求。

2）创造良好的作业环境。作业环境是指在劳动生产过程中的大自然环境和因生产过程的需要而建立起来的人工环境。这里所谈的创造良好的作业环境是指为生产需要而建立的人工环境。创造一种令人舒适而又有利于工作的环境条件是必要的。

3）人为差错原因及预防措施。常见的人为差错原因主要有：操作者注意力不集中、违反安全操作规程、未按规定使用劳动防护用品、没有注意一些重要的显示、操作控制不精确等。对于这些人为差错原因，可以根据人机工程学原理采取相应的对策措施加以克服和消除。对于操作者注意力不集中的问题，可在机器设备重要的位置安装引起注意的装置，在各工序之间消除多余的间歇，并应提供不分散注意力的作业环境。对于违反安全操作规程的问题，应对有关人员进行全面深入的安全教育培训，使操作者意识到生产过程的危险并自觉遵守避免危险的程序；应把安全技术培训纳入整个技术培训计划之中，使操作者熟练掌握本岗位安全操作技术，并能严格遵守安全操作规程；对操作难度大而复杂的工种，应建立稳定有效的安全操作行为模式，注意操作者的操作动作，并给予及时纠正和指导。

4）安全教育和安全管理。安全生产的实践说明提高人的素质是非常重要的，因为一切生产活动都是通过人来实现的。人的素质包括技术素质、文化素质、安全素质、职业道德、工作责任心、工作态度和身体素质等。为了提高人的素质，就必须进行教育，包括基础文化教育、安全教育、道德教育和专业技术教育，提高人的素质可以提高人在工作中的可靠性。安全管理工作的主要任务有宣传、执行安全生产方针、政策、法规和规章，并监督相关部门安全职责的落实情况，审查安全操作规程并对执行情况进行检查，参与干部、职工的安全教育与培训等工作。可见，安全管理工作同样对预防不安全行为具有重要的主导作用。

对员工不安全行为要采取积极的对策措施，从构建和谐社会、树立和落实安全生产科学发展观的高度，充分认识应用人机工程学原理预防不安全行为工作的重要性，将安全人机工程学的研究和传统的方法相结合，这对预防事故将起到积极的作用。

第二章　事故隐患排查治理做法与要求

事故隐患是事故形成的前兆，是事故发生的温床，事故隐患与事故发生之间存在因果关系。从大量事故案例来看，许多事故的发生，都是由于隐患未能及时发现并消除而引起的，因此，消除事故隐患是预防事故的有效措施，也是保证安全生产的有效措施。对于企业来讲，排查治理事故隐患是一项长期的任务，企业只有建立完善事故隐患排查治理的常态机制，坚持不懈地开展好隐患治理工作，才能远离事故灾害，确保安全生产。

第一节　事故隐患排查治理相关规定与要求

对于事故隐患排查治理，2007 年国家安全生产监督管理总局公布《安全生产事故隐患排查治理暂行规定》（国家安全生产监督管理总局令第 16 号），其目的是建立安全生产事故隐患排查治理长效机制，强化安全生产主体责任，加强事故隐患监督管理，防止和减少事故，保障人民群众生命财产安全。2012 年 1 月 5 日，国务院安全生产委员会办公室下发《关于建立安全隐患排查治理体系的通知》（安委办〔2012〕1 号）。在《通知》中，国务院安委会办公室决定在全国推广北京市顺义区等地区深入开展安全隐患排查治理、有效防范事故的先进经验和做法，并争取用 2～3 年时间，在全国基本建立先进适用的安全隐患排查治理体系。为此，国务院安委会办公室组织制定了《安全生产事故隐患排查治理体系建设实施指南》。在此，对相关内容进行介绍。

一、《安全生产事故隐患排查治理暂行规定》相关要点

2007 年 12 月 28 日，国家安全生产监督管理总局公布《安全生产事故隐患排查治理暂行规定》（国家安全生产监督管理总局令第 16 号），自 2008 年 2 月 1 日起施行。

《安全生产事故隐患排查治理暂行规定》分为五章三十二条，各章内容为：第一章总则，第二章生产经营单位的职责，第三章监督管理，第四章罚则，第五章附则。制定本规定的目的，是根据安全生产法等法律、行政法规，为了建立安全生产事故隐患排查治理长效机制，强化安全生产主体责任，加强事故隐患监督管理，防止和减少事故，保障人民群众生命财产安全。

1. 总则中的有关规定

在“第一章　总则”中，对相关事项作了规定。

◆生产经营单位安全生产事故隐患排查治理和安全生产监督管理部门、煤矿安全监察机构（以下统称安全监管监察部门）实施监管监察，适用本规定。

有关法律、行政法规对安全生产事故隐患排查治理另有规定的，依照其规定。

◆本规定所称安全生产事故隐患（以下简称事故隐患），是指生产经营单位违反安全生产法律、法规、规章、标准、规程和安全生产管理制度的规定，或者因其他因素在生产经营活动中存在可能导致事故发生的物的危险状态、人的不安全行为和管理上的缺陷。

事故隐患分为一般事故隐患和重大事故隐患。一般事故隐患，是指危害和整改难度较小，发现后能够立即整改排除的隐患。重大事故隐患，是指危害和整改难度较大，应当全部或者局部停产停业，并经过一定时间整改治理方能排除的隐患，或者因外部因素影响致使生产经营单位自身难以排除的隐患。

◆生产经营单位应当建立健全事故隐患排查治理制度。

生产经营单位主要负责人对本单位事故隐患排查治理工作全面负责。

◆各级安全监管监察部门按照职责对所辖区域内生产经营单位排查治理事故隐患工作依法实施综合监督管理；各级人民政府有关部门在各自职责范围内对生产经营单位排查治理事故隐患工作依法实施监督管理。

◆任何单位和个人发现事故隐患，均有权向安全监管监察部门和有关部门报告。

安全监管监察部门接到事故隐患报告后，应当按照职责分工立即组织核实并予以查处；发现所报告事故隐患应当由其他有关部门处理的，应当立即移送有关部门并记录备查。

2. 有关生产经营单位职责的规定

在“第二章　生产经营单位的职责”中，对相关事项作了规定。

◆生产经营单位应当依照法律、法规、规章、标准和规程的要求从事生产经营活动。严禁非法从事生产经营活动。

◆生产经营单位是事故隐患排查、治理和防控的责任主体。

生产经营单位应当建立健全事故隐患排查治理和建档监控等制度，逐级建立并落实从主要负责人到每个从业人员的隐患排查治理和监控责任制。

◆生产经营单位应当保证事故隐患排查治理所需的资金，建立资金使用专项制度。

◆生产经营单位应当定期组织安全生产管理人员、工程技术人员和其他相关人员排查本单位的事故隐患。对排查出的事故隐患，应当按照事故隐患的等级进行登记，建立事故隐患信息档案，并按照职责分工实施监控治理。

◆生产经营单位应当建立事故隐患报告和举报奖励制度，鼓励、发动职工发现和排除事故隐患，鼓励社会公众举报。对发现、排除和举报事故隐患的有功人员，应当给予物质奖励和表彰。

◆生产经营单位将生产经营项目、场所、设备发包、出租的，应当与承包、承租单位签订安全生产管理协议，并在协议中明确各方对事故隐患排查、治理和防控的管理职责。生产经营单位对承包、承租单位的事故隐患排查治理负有统一协调和监督管理的职责。

◆安全监管监察部门和有关部门的监督检查人员依法履行事故隐患监督检查职责时，生产经营单位应当积极配合，不得拒绝和阻挠。

◆生产经营单位应当每季、每年对本单位事故隐患排查治理情况进行统计分析，并分别于下一季度 15 日前和下一年 1 月 31 日前向安全监管监察部门和有关部门报送书面统计分析表。统计分析表应当由生产经营单位主要负责人签字。

对于重大事故隐患，生产经营单位除依照前款规定报送外，应当及时向安全监管监察部门和有关部门报告。重大事故隐患报告内容应当包括：

（1）隐患的现状及其产生原因。

（2）隐患的危害程度和整改难易程度分析。

（3）隐患的治理方案。

◆对于一般事故隐患，由生产经营单位（车间、分厂、区队等）负责人或者有关人员立即组织整改。

对于重大事故隐患，由生产经营单位主要负责人组织制定并实施事故隐患治理方案。重大事故隐患治理方案应当包括以下内容：

（1）治理的目标和任务。

（2）采取的方法和措施。

（3）经费和物资的落实。

（4）负责治理的机构和人员。

（5）治理的时限和要求。

（6）安全措施和应急预案。

◆生产经营单位在事故隐患治理过程中，应当采取相应的安全防范措施，防止事故发生。事故隐患排除前或者排除过程中无法保证安全的，应当从危险区域内撤出作业人员，并疏散可能危及的其他人员，设置警戒标志，暂时停产停业或者停止使用；对暂时难以停产或者停止使用的相关生产储存装置、设施、设备，应当加强维护和保养，防止事故发生。

◆生产经营单位应当加强对自然灾害的预防。对于因自然灾害可能导致事故灾难的隐患，应当按照有关法律、法规、标准和本规定的要求排查治理，采取可靠的预防措施，制定应急预案。在接到有关自然灾害预报时，应当及时向下属单位发出预警通知；发生自然灾害可能危及生产经营单位和人员安全的情况时，应当采取撤离人员、停止作业、加强监测等安全措施，并及时向当地人民政府及其有关部门报告。

◆地方人民政府或者安全监管监察部门及有关部门挂牌督办并责令全部或者局部停产停业治理的重大事故隐患，治理工作结束后，有条件的生产经营单位应当组织本单位的技术人员和专家对重大事故隐患的治理情况进行评估；其他生产经营单位应当委托具备相应资质的安全评价机构对重大事故隐患的治理情况进行评估。

经治理后符合安全生产条件的，生产经营单位应当向安全监管监察部门和有关部门提出恢复生产的书面申请，经安全监管监察部门和有关部门审查同意后，方可恢复生产经营。申请报告应当包括治理方案的内容、项目和安全评价机构出具的评价报告等。

3. 有关监督管理的规定

在“第三章　监督管理”中，对相关事项作了规定。

◆安全监管监察部门应当指导、监督生产经营单位按照有关法律、法规、规章、标准和规程的要求，建立健全事故隐患排查治理等各项制度。

◆安全监管监察部门应当建立事故隐患排查治理监督检查制度，定期组织对生产经营单位事故隐患排查治理情况开展监督检查；应当加强对重点单位的事故隐患排查治理情况的监督检查。对检查过程中发现的重大事故隐患，应当下达整改指令书，并建立信息管理台账。必要时，报告同级人民政府并对重大事故隐患实行挂牌督办。

◆已经取得安全生产许可证的生产经营单位，在其被挂牌督办的重大事故隐患治理结束前，安全监管监察部门应当加强监督检查。必要时，可以提请原许可证颁发机关依法暂扣其安全生产许可证。

◆安全监管监察部门应当会同有关部门把重大事故隐患整改纳入重点行业领域的安全专项整治中加以治理，落实相应责任。

◆对挂牌督办并采取全部或者局部停产停业治理的重大事故隐患，安全监管监察部门收到生产经营单位恢复生产的申请报告后，应当在10日内进行现场审查。审查合格的，对事故隐患进行核销，同意恢复生产经营；审查不合格的，依法责令改正或者下达停产整改指令。对整改无望或者生产经营单位拒不执行整改指令的，依法实施行政处罚；不具备安全生产条件的，依法提请县级以上人民政府按照国务院规定的权限予以关闭。

4. 有关罚则的规定

在“第四章　罚则”中，对相关事项作了规定。

◆生产经营单位及其主要负责人未履行事故隐患排查治理职责，导致发生生产安全事故的，依法给予行政处罚。

◆生产经营单位违反本规定，有下列行为之一的，由安全监管监察部门给予警告，并处三万元以下的罚款：

（1）未建立安全生产事故隐患排查治理等各项制度的。

（2）未按规定上报事故隐患排查治理统计分析表的。

（3）未制定事故隐患治理方案的。

（4）重大事故隐患不报或者未及时报告的。

（5）未对事故隐患进行排查治理擅自生产经营的。

（6）整改不合格或者未经安全监管监察部门审查同意擅自恢复生产经营的。

◆生产经营单位事故隐患排查治理过程中违反有关安全生产法律、法规、规章、标准和规程规定的，依法给予行政处罚。

二、《关于建立安全隐患排查治理体系的通知》相关要点

1. 深刻认识建立安全隐患排查治理体系的重大意义

安全隐患排查治理体系，是以企业分级分类管理系统为基础，以企业安全隐患自查自报系统为核心，以完善安全监管责任机制和考核机制为抓手，以制定安全标准体系为支撑，以广泛开展安全教育培训为保障的一项系统工程，包含了完善的隐患排查治理信息系统、明确细化的责任机制、科学严谨的查报标准及重过程、可量化的绩效考核机制等内容。

安全生产的理论和实践证明，只有把安全生产的重点放在建立事故预防体系上，超前采取措施，才能有效防范和减少事故，最终实现安全生产。建立安全隐患排查治理体系，是安全生产管理理念、监管机制、监管手段的创新和发展，对于促进企业由被动接受安全监管向主动开展安全管理转变，由政府为主的行政执法排查隐患向企业为主的日常管理排查隐患转变，从治标的隐患排查向治本的隐患排查转变，实现安全隐患排查治理常态化、规范化、法制化，推动企业安全生产标准化建设工作，建立健全安全生产长效机制，把握事故防范和安全生产工作的主动权具有重大意义。

2. 建立安全隐患排查治理体系的主要内容

（1）掌握企业底数和基本情况。根据企业规模、管理水平、技术水平和危险因素等条件，掌握企业底数和基本情况，对企业进行分类分级，建立“按类分级、依级监管”的模式。

（2）制定隐患排查标准。依据有关法律法规、标准规程和安全生产标准化建设的要求，结合各地区、各行业（领域）实际，以安全生产标准化建设评定标准为基础，细化隐患排

查标准，明确各类企业每项安全生产工作的具体标准和要求，使企业知道“做什么、怎么做”，使监管部门知道“管什么、怎么管”，实现安全隐患排查治理工作有章可循、有据可依。

(3) 建立隐患排查治理信息系统。包括企业隐患自查自报系统、安全隐患动态监管统计分析评价系统等内容，形成既有侧重又统一衔接的综合监管服务平台，实现安全隐患排查治理工作全过程记录和管理。利用该系统，企业对自查隐患、上报隐患、整改隐患、接受监督指导等工作进行管理；安全监管部门对企业自查自报隐患数据、日常执法检查数据和监管措施执行到位等情况进行统计分析，对重大隐患治理实施有效监管。

(4) 明确安全监管职责。在地方党委、政府的统一领导下，进一步理顺和细化有关部门和属地的安全监管职责，明确“管什么、谁来管”。一是要明确安全监管部门组织、协调、监督、考核各行业主管部门和属地政府的综合安全监管职责。二是要明确行业主管部门的监督、指导、协调和服务职能，有安全监管行政处罚权的行业主管部门依法承担包括行政处罚在内的安全监督管理职责，没有安全监管行政处罚权的行业主管部门承担对有关行业或领域安全生产工作的日常指导、管理职责。三是要明确消防、质监等专项监管部门及时处理属地和行业主管部门移送的安全隐患的监管职责。

(5) 明确监管监察方式。在分类分级的基础上，对企业在监管频次、监管内容等方面实行差异化监管监察，提高监管工作的针对性和有效性。

(6) 制定安全生产工作考核办法。突出工作过程和结果量化，将有关部门和企业建立安全隐患排查治理体系、日常执法检查等相关工作完成情况的过程管理指标，纳入安全生产工作年终考核，提高安全监管的约束力和公信力。

3. 完善工作机制，狠抓责任落实，确保安全隐患排查治理体系建设取得实效

(1) 加强组织领导，统筹安排部署。各地区要切实加强对深化安全隐患排查治理工作的组织领导，紧密结合本地区实际，制定切实可行的安全隐患排查治理体系建设方案，周密安排，科学实施。要充分发挥地方各级安委会的组织、协调和指导作用，调动各职能部门、行业主管部门等方面的积极性，全面推进安全隐患排查治理工作。

(2) 落实安全责任，完善考核机制。一是地方各级安委会要积极推动出台相关规定和办法，进一步理顺部门、属地的安全监管职责，明确职责范围、内容和要求，各司其职，各负其责，齐抓共管，实现安全隐患排查治理工作的全覆盖和无缝化管理。二是要进一步完善安全生产目标考核制度，突出工作过程和结果量化，将安全隐患排查治理等过程管理的内容纳入年度考核指标，提高绩效考核的科学性和约束力。三是要严格绩效考核和责任追究，对责任不落实、考核不达标的单位或个人，要给予通报、严肃处理；对在深化隐患排查治理工作成绩突出的，要予以公开表彰和奖励。

（3）创建典型示范，发挥榜样作用。一是各地区要积极发现、培养和树立深化安全隐患排查治理工作的典型地区、典型企业和先进事例，在隐患排查治理体制机制、法规制度、标准规程、方式方法、程序内容等方面形成可学、好学和管用的经验做法。二是通过组织召开先进典型经验交流会、座谈会和加强宣传报道等形式，广泛推广典型经验，全面深化安全隐患排查治理工作。三是要把安全隐患排查治理的示范地区和典型企业与安全生产标准化建设的示范地区和典型企业有机结合起来，互相促进，共同提高。四是要加强对建立安全隐患排查治理体系进展情况的检查和指导，确保工作有部署、抓落实、见实效，提高安全隐患的整改率。

（4）注重统筹兼顾，构建长效机制。一是各地区要将深化安全隐患排查治理工作与日常安全监管、“打非治违”专项行动、安全专项整治、安全生产标准化建设、安全责任保险、“金安”工程等工作有机结合起来，统一部署，协同推进。二是要以建立安全隐患排查治理体系为契机，实现安全隐患排查、登记、上报、监控、整改、评价、销号、统计、检查和考核的全过程管理。三是要将安全隐患排查治理工作积极纳入本地区安全生产立法和规划中，以法规或规范性文件的方式明确有关制度，推动安全隐患排查治理长效机制建设。四是要优先制定急需的安全生产标准，及时修订或废止过时的标准，促进安全隐患排查治理工作科学化、规范化。

（5）加强舆论宣传，广泛发动群众。一是要充分利用广播、电视、报纸、互联网等新闻媒体，加大宣传力度，营造有利的社会舆论氛围，引导各有关单位深刻认识建立安全隐患排查治理体系的重要性、必要性和紧迫性，增强做好安全隐患排查治理工作的主动性和自觉性。二是要加强职工安全培训，提高职工排查事故隐患的意识和能力；建立健全监督和激励机制，组织和鼓励职工结合本职工作查找各类事故隐患。三是对安全隐患排查治理不认真、走过场的单位，要予以公开曝光，督促其抓紧整改。

三、《安全生产事故隐患排查治理体系建设实施指南》相关要点

2012 年 7 月 3 日，国务院安全生产委员会办公室下发《关于印发工贸行业企业安全生产标准化建设和安全生产事故隐患排查治理体系建设实施指南的通知》（安委办〔2012〕28 号）。《安全生产事故隐患排查治理体系建设实施指南》分为五章，各章内容为：第一章概述，第二章政府监管工作，第三章企业隐患排查治理工作，第四章隐患排查治理标准，第五章隐患排查治理信息系统。其相关要点主要有如下内容。

1. 安全生产事故隐患排查治理概述

安全生产的理论和实践证明，只有把安全生产的重点放在建立事故预防体系上，超前

采取措施，才能有效防范和减少事故，最终实现安全生产。

为指导和规范隐患排查治理工作的深入开展，国家安全监管总局先后颁布了《煤矿重大安全生产隐患认定办法》(安监总煤矿字〔2005〕133号)、《安全生产事故隐患排查治理暂行规定》(安全监管总局令2007年第16号)等办法、规定。

北京市顺义区从2008年开始推动安全隐患排查治理体系的建立工作，建立了以企业分级分类、信息化管理为基础，以企业自查自报为核心，以健全完善隐患排查报送标准为支撑，以检查考核为手段，以培训教育为保障的安全隐患排查治理体系，把隐患排查治理和安全生产工作逐步纳入了科学化、制度化、规范化的轨道，实现了以政府排查治理隐患为主向企业排查治理隐患为主的转变。广东省珠海市在顺义区的基础上，紧密结合本地实际，以企业基础信息平台、隐患排查治理平台和绩效考核平台为基础，建立了生产经营单位事故隐患自查自报系统，明确了企业隐患排查治理主体责任和政府部门管理职责，在隐患排查治理工作方面取得了良好效果。

为总结推广北京顺义等地的经验和做法，2011年10月26日，全国安全隐患排查治理现场会在北京市顺义区召开，并且反响热烈，有力推动了各地的隐患排查治理工作，全国约60个单位前往顺义区考察学习。2012年1月，国务院安委会办公室印发了《关于建立安全隐患排查治理体系的通知》(安委办〔2012〕1号)，决定在全国推广北京市顺义区等地深入开展安全隐患排查治理、有效防范事故的先进经验和做法。

2. 安全生产事故隐患排查治理基本概念

(1) 安全生产事故隐患。安全生产事故隐患(以下简称隐患、事故隐患或安全隐患)，是指生产经营单位违反安全生产法律、法规、规章、标准、规程和安全生产管理制度的规定，或者因其他因素在生产经营活动中存在可能导致事故发生的物的危险状态、人的不安全行为和管理上的缺陷。在事故隐患的三种表现中，物的危险状态是指生产过程或生产区域内的物质条件(如材料、工具、设备、设施、成品、半成品)处于危险状态，人的不安全行为是指人在工作过程中的操作、指示或其他具体行为不符合安全规定，管理上的缺陷是指在开展各种生产活动中所必需的各种组织、协调等行动存在缺陷。

(2) 隐患分级。隐患的分级是以隐患的整改、治理和排除的难度及其影响范围为标准的，可以分为一般事故隐患和重大事故隐患。一般事故隐患，是指危害和整改难度较小，发现后能够立即整改排除的隐患。重大事故隐患，是指危害和整改难度较大，应当全部或者局部停产停业，并经过一定时间整改治理方能排除的隐患，或者因外部因素影响致使生产经营单位自身难以排除的隐患。

(3) 隐患排查。隐患排查是指生产经营单位组织安全生产管理人员、工程技术人员和其他相关人员对本单位的事故隐患进行排查，并对排查出的事故隐患按照事故隐患的等级进行登记，建立事故隐患信息档案。

（4）隐患治理。隐患治理就是指消除或控制隐患的活动或过程。对排查出的事故隐患，应当按照事故隐患的等级进行登记，建立事故隐患信息档案，并按照职责分工实施监控治理。对于一般事故隐患，由于其危害和整改难度较小，发现后应当由生产经营单位（车间、分厂、区队等）负责人或者有关人员立即组织整改。对于重大事故隐患，由生产经营单位主要负责人组织制定并实施事故隐患治理方案。

3. 安全隐患排查治理体系

（1）安全隐患排查治理体系的构成。事故源于隐患，隐患是滋生事故的土壤和温床。“预防为主、综合治理”的前提，就是首先通过主动排查，全范围、全方位、全过程地去发现存在的隐患，然后综合采取各种有效手段，治理各类隐患和问题，把事故消灭在萌芽状态。只有这样，“安全第一”才能得到真正的实现。从这个意义上说，排查治理隐患是落实安全生产方针的最基本任务和最有效途径。

安全隐患排查治理体系是一项系统工程，由政府及其有关部门推动，对企业（包括各类生产经营单位、机关事业单位和团体，下同）开展分级分类管理，并编制各行业的隐患排查治理标准；由企业承担主体责任，对生产经营过程中存在的人、物、管理等各方面的隐患依据隐患排查治理标准进行主动排查，并对发现的隐患实施治理，通过隐患排查治理信息系统上报、跟踪督导和统计分析，保证监管力度与效果，实现安全生产。具体来说，安全隐患排查治理体系由以下几个部分形成：

◆摸清企业底数，实行分级分类监管。摸清生产经营单位的底数，根据生产经营单位的性质和安全生产状况分类分级，负有安全生产职责政府部门对监管职责范围内的生产经营单位按照不同等级进行监督管理。其核心内容概括为“各司其职，各负其责，按类分级，依级监管”，明确了企业、行业、属地、专项以及综合监管部门各方的安全生产工作职责。

◆制定科学严谨的隐患排查治理标准。按照科学性、全面性和系统性的原则，考虑不同类别的企业可能存在隐患的区别，将隐患特点相近的企业归为一类，制定隐患排查标准。

◆建立清晰明确的工作职责。通过理顺生产经营单位、行业管理部门、属地管理部门、专项监管部门以及综合监管部门的安全生产工作职责，明确履行安全职责的范围、内容和要求，解决职责空缺、职责不清、职能交叉等问题，形成“分工负责、齐抓共管”的安全监管工作格局，从而实现安全隐患排查治理监管工作的全覆盖和无缝化管理。

◆建立隐患排查治理考核制度。安全生产考核主要分为政府部门绩效考核和对生产经营单位的考核。对各级政府及各职能部门的绩效考核是推动政府各项政策措施贯彻执行的重要手段；对生产经营单位奖惩机制的建立是推动企业主体责任落实，真正开展隐患排查治理自查自报工作的重要保障。

◆开发功能完善的信息系统。隐患排查治理信息系统是实现隐患自查自报工作的基础平台，需围绕各级安全监管部门、煤矿安全监察机构（以下简称安全监管部门）监管监察工作和生产经营单位隐患排查治理的需求进行建设，以起到联通政府部门和生产经营单位的“桥梁”作用。隐患排查治理信息系统建设主要包含政府端系统建设和企业端系统建设两个部分。其中政府端系统从纵向的各级安全生产综合监管部门，横向扩展到各级安委会成员单位。企业端系统则对企业的隐患自查自报工作进行了明确。

◆开展隐患自查自报。企业应逐级建立并落实从主要负责人到每个从业人员的隐患排查治理责任制、隐患治理登记及隐患治理专项资金使用等制度，并明确自查自报管理机构和责任人、联络人。根据相关行业监管部门出台的生产经营单位事故隐患自查标准，开展日常隐患排查、治理工作。建立隐患治理登记制度，留存登记档案。企业要及时落实行业和属地管理部门提出的工作要求，实时更新本单位的基本信息。对排查出的事故隐患和治理情况，由生产经营单位负责人或者有关人员，如实在网上向政府安全生产监管部门汇报。

（2）建立安全隐患排查治理体系的意义。安全生产事故隐患排查治理工作是《安全生产法》所规定的重要内容之一，是安全生产标准化建设的重要基础。《安全生产事故隐患排查治理暂行规定》（国家安全生产监督管理总局第16号令）（以下简称《规定》）对此项工作做出了具体的规定。建立健全安全隐患排查治理体系，贯彻落实了以人为本的科学发展观，充分体现了“安全第一、预防为主、综合治理”的方针，是安全生产工作理念、监管机制、监管手段和方法的创新与发展，把隐患排查治理和安全生产工作逐步纳入了科学化、制度化、规范化的轨道。

◆建立安全隐患排查治理体系有助于落实企业安全主体责任。企业是安全生产的责任主体，理所当然地也是隐患排查治理的主体。通过建立隐患排查治理体系，实现了对企业安全生产的动态监控，使隐患排查治理从以政府为主向以企业为主转变，可以充分调动企业积极性，促使企业由被动接受监管变为主动排查治理隐患，主动加强安全生产。北京市顺义区建立隐患排查治理体系以来，企业安全生产责任主体意识明显提高，安全隐患自查自报率达到93.3%，有效地防范了各类事故。

◆建立安全隐患排查治理体系有助于加强和改进政府安全监管。从顺义区的情况看，建立安全隐患排查治理体系进一步明晰了监管职责，安全生产综合监管部门、行业监管部门和相关部门，在隐患排查治理体系中都有自己特定的位置和明确的职责，解决了政府部门在隐患排查治理和安全生产工作中“管什么，怎么管，谁去管”一系列实际问题；其次是改善了监管手段，提高了监管效率，有了体系和信息平台，就可以随时掌控企业隐患排查治理等基本情况，对相关信息进行实时统计，及时做出分析判断和督促指导，有效防止隐患恶化和事故发生。

◆建立安全隐患排查治理体系有助于综合推进安全生产工作。隐患排查治理是一项涉及广泛、综合性很强的工作。隐患排查治理体系涵盖了安全生产责任制、安全监管信息化建设、企业安全生产标准化建设、打击非法违法和治理违规违章、群众参与和监督、安全培训教育等方面的工作。借助于这个抓手，可以把安全生产各方面工作都带动起来。顺义区、珠海市所建立的隐患排查治理体系中，包含了不同类型企业的隐患排查标准等内容，是开展安全培训教育的现成教材。他们举办了大量安全隐患知识培训班，对生产经营单位负责人和安全管理人员进行全覆盖的培训，既保证了隐患自查自报系统的顺利推行，又推动了安全教育培训工作。

各地在建立安全隐患排查治理体系时，顶层设计要系统全面，并为以后的工作留下接口，提供扩展的可能，具体工作要突出重点，先易后难，分步实施，稳步推进。首先应把事故多发、危险程度较高的煤矿、非煤矿山、危险化学品、烟花爆竹、建筑施工、交通运输、冶金、机械等行业、领域的企业纳入体系，实现隐患自查自报。对于危险程度较低的企业及事业单位、机关团体等，在统一规划设计后，根据工作实际，逐步推动。

(3) 与安全生产标准化建设工作的关系。隐患排查治理工作是安全生产标准化建设的基础，贯穿于安全生产标准建设的全过程，建立安全隐患排查治理体系为安全生产标准化建设提供了坚实的基础保障。

◆安全隐患排查治理体系是安全生产标准化工作的重要内容。安全生产标准化建设工作是我国安全生产领域当前的重点工作，其实施的主要依据是《企业安全生产标准化基本规范》及各行业的安全生产标准化评定标准。《企业安全生产标准化基本规范》第八项要素即为隐患排查和治理，对隐患排查、排查范围与方法、隐患治理和预测预警四个方面提出了基本要求和原则性规定。安全隐患排查治理体系作为一个具有依据明确、结构完整、内容充实和可操作性强的独立运行的系统，为企业提供了隐患排查治理标准，指导企业开展隐患排查治理工作，是安全生产标准化的进一步细化和深化。

◆安全隐患排查治理体系反映了安全生产标准建设的动态过程。建立安全隐患排查治理体系可以更好地促进企业全面、深入地做好隐患排查治理工作，使政府有关监管部门能及时、准确地掌握其安全生产状况，为政府及其有关部门为企业做好服务工作提供了保证。安全生产标准化工作通常要求企业每年至少进行一次自评，安全生产标准化企业证书和牌匾有效期为3年，到期时企业可按有关规定申请延期，换发证书、牌匾。

4. 政府监管工作

企业是安全生产的责任主体。搞好安全生产管理工作，必须逐步解决企业自律问题，让企业主体责任的落实有载体。在建立隐患排查治理体系过程中，要明确政府与企业的职责定位，各级政府要充分发挥指导、监督、管理的作用，通过政府监管（管理）职责的落实推动企业隐患排查治理主体责任的落实。

5. 企业隐患排查治理工作

企业是隐患排查治理工作的主体，是隐患排查治理工作的直接实施者。企业隐患排查治理工作主要包括四个方面：自查隐患、治理隐患、自报隐患和分析趋势。自查是为了发现自身所存在的隐患，保证全面而减少遗漏；治理是为了将自查中发现的隐患控制住，防止引发后果，尽可能从根本上解决问题；自报是为了将自查和治理情况报送政府有关部门，以使其了解企业在排查和治理方面的信息；分析趋势是为了建立安全生产预警指数系统，对安全生产状况做出科学、综合、定量的判断，为合理分配安全监管资源和加强安全管理提供依据。

（1）企业自查隐患。企业自查隐患就是在政府及其部门的统一安排和指导下，确定自身分类分级的定位，采用其适用的隐患排查治理标准，通过准备、组织机构建设、建立健全制度、全面培训、实施排查、分析改进等步骤形成完整的、系统的企业自查机制。尤其是大型企业集团，应在企业内部形成连接所有管理层级和各个生产单位，以及当地安全监管部门的隐患排查治理体系。

◆准备工作。为保证隐患自查工作能够打下坚实的基础，企业必须做好与之相关的准备工作。隐患排查治理是涉及企业所有部门、所有生产流程、所有人员的一项系统工程，如果不做好全面的准备，那么所建立的隐患排查治理机制将缺乏系统性和可操作性，结果必然是“一阵风”式地开展一次“运动”，不能做到深入和持久地开展自查工作。准备工作主要包括：①收集信息。由企业安全生产主管部门和有关专业人员，对现行的有关隐患排查治理工作的各种信息、文件、资料等通过多种行之有效的方式进行收集。此项工作也可以委托与企业有合作关系的服务方来实施。②辅助决策。将收集信息形成的有关材料向企业管理层汇报，并说明有关情况，使企业管理层的领导能够全面、正确理解和认识隐患排查治理工作，对企业建设隐患排查治理工作做出正确决策。③领导决策。高、中层领导需要从思想意识中真正解决为什么要实施隐患排查治理工作的问题，并为此项工作提供充分的各类资源，隐患排查治理工作才会在企业得到有效和完全的实施。

◆组织机构建设。由企业一把手担任隐患排查治理工作的总负责人，以安全生产委员会或领导班子为总决策管理机构，以安全生产管理部门为办事机构，以基层安全管理人员为骨干，以全体员工为基础，形成从上至下的组织保证。形成从主要负责人到一线员工的隐患排查治理工作网络，确定各个层级的隐患排查治理职责。

领导层：主要负责人是隐患排查治理工作的第一责任人，通过安委会、领导办公会等形式，将隐患排查治理工作纳入到其日常工作的范围中，亲自定期组织和参与检查，及时准确把握情况，发出明确的指令。主管负责人要在其职责中明确有关隐患排查治理的内容，将有关情况上传下达，做好主要负责人的帮手。其他有关领导也要在各自管辖范围内做好隐患排查治理工作，至少要知道、过问、督促、确认。

管理层：安全生产管理机构和专职安全管理人员是隐患排查治理工作的骨干力量，编制有关制度、培训各类人员、组织检查排查、下达整改指令、验证整改效果等是主要的工作内容。还要通过监督方式对各部门和下属单位及所有员工在隐患排查治理工作方面的履职情况进行了解，纳入考核，全力推动隐患排查治理工作的全方位和全员化。

操作层：按照责任制、相关规章制度和操作规程中明确的隐患排查治理责任，在日常的各项工作中，员工要有高度的隐患意识，随时发现和处理各种隐患和事故苗头，自己不能解决的及时上报，同时采取临时性的控制措施，并注意做好记录，为统计分析隐患留下资料。

◆建立健全规章制度。制度是企业管理的基本依据，需要企业将法律法规和标准规范以及上级和外部的其他要求全面掌握，将其各项具体的规定结合自身的实际情况，通过编制工作将外部的规定转化为企业内部的各项规章制度，再经过全面的执行和落实，变成企业的管理行动。隐患排查治理工作也不例外，也基本按这一思路展开。企业需要建立的制度主要有：《隐患排查治理和监控责任制》《事故隐患排查治理制度》《隐患排查治理资金使用专项制度》《事故隐患建档监控制度》（事故隐患信息档案）、《事故隐患报告和举报奖励制度》等。

◆隐患排查治理标准的细化。企业应根据其适用的政府部门制定颁布的隐患排查治理标准，结合自身的实际情况，对标准的内容和要求应当进行细化，例如，对企业主要负责人的安全生产职责中规定“督促、检查安全生产工作，及时消除生产安全事故隐患”的内容，企业就应当提出更具体的要求：明确督促的方式方法、检查的方式方法（对矿山等企业领导来说可能就要与下井带班作业相结合）、检查的频率（是每周还是每月参加一次）等。

（2）人员全面培训。在全面铺开工作之前，应对有关人员进行初步的培训，使其掌握“谁来干、干什么、如何干、工作质量有什么要求”等内容。企业隐患排查治理体系建设的初期培训对象分为两种，一是对领导层（高层与中层）人员进行背景培训，二是对承担推进工作的骨干人员进行全面培训。对领导（高层与中层）进行背景培训，通过培训，使相关领导充分认识到企业实施隐患排查治理体系的重要意义、作用，让他们了解整个实施过程，知道自己在整个过程中的工作职责，以及应该给予隐患排查治理工作的支持和保障。对承担推进工作的骨干人员进行全面培训，主要内容包括背景（可与领导层培训合并进行）、相关政策法规、隐患排查标准内容详解、制度编写、隐患排查治理过程等方面。

隐患排查的主体是企业的所有人员，包括从领导到一线员工直到在企业工作范围内的外部人员，以保证排查的全面性和有效性。在颁布隐患排查治理制度文件之后，组织全体员工，按照不同层次、不同岗位的要求，学习相应的隐患排查治理制度文件内容。所有人员能不能或者会不会隐患排查是关键，必须对其进行有针对性和有效果的教育培训。在各种安全生产教育培训工作中要将隐患排查的内容纳入，并根据需要做专门的培训，还要确认培训的效果，以保证所有人员有意识、有能力地开展隐患排查。

（3）实施排查。排查的实施是一个涉及企业所有管理范围的工作，需要有计划、按部就班地开展。

◆排查计划。排查工作涉及面广、时间较长，需要制订一个比较详细可行的实施计划，确定参加人员、排查内容、排查时间、排查安排、排查记录等内容。为提高效率也可以与日常安全检查、安全生产标准化的自评工作或管理体系中的合规性评价和内审工作相结合。

◆隐患排查的种类。隐患排查种类包括以下内容：①专项排查。专项排查是指采用特定的、专门的排查方法，这种类别的方法具有周期性、技术性和投入性。主要有按隐患排查治理标准进行的全面自查、对重大危险源的定期评价、对危险化学品的定期现状安全评价等。②日常排查。日常排查是指与安全生产检查工作的结合，具有日常性、及时性、全面性和群众性。主要有企业全面的安全大检查、主管部门的专业安全检查、专业管理部门的专项安全检查、各管理层级的日常安全检查、操作岗位的现场安全检查等。

◆排查的实施。以专项排查为例，企业组织隐患排查组，根据排查计划到各部门和各所属单位进行全面的排查，流程及关键点如图 2—1 所示。排查时必须及时、准确和全面地记录排查情况和发现的问题，并随时与被检查单位的人员做好沟通。

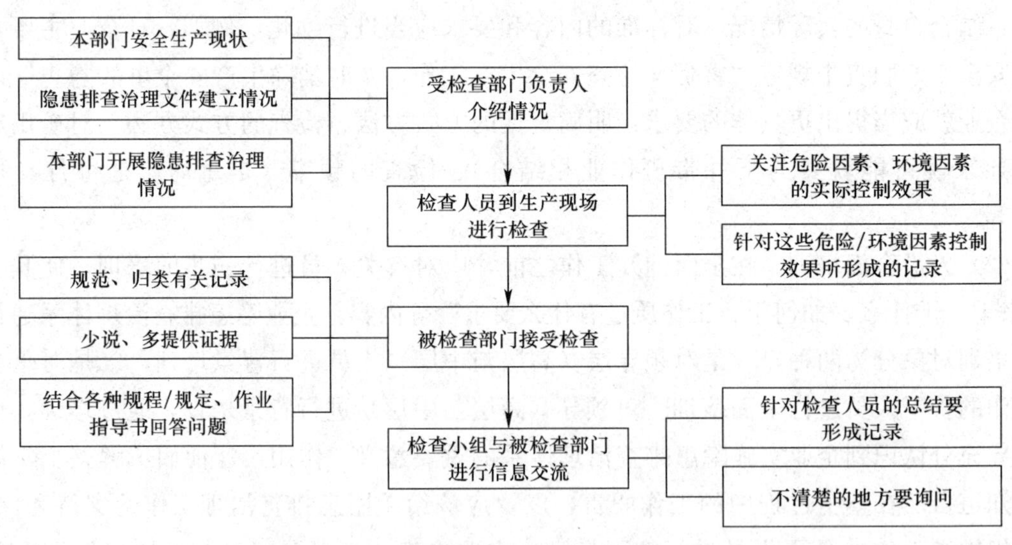

图 2—1　在各部门的排查流程及关键点

◆排查结果的分析总结。一是评价本次隐患排查是否覆盖了计划中的范围和相关隐患类别；二是评价本次隐患排查是否做到了“全面、抽样”的原则，是否做到了重点部门、高风险和重大危险源适当突出的原则；三是确定本次隐患排查发现：包括确定隐患清单、隐患级别以及分析隐患的分布（包括隐患所在单位和地点的分布、种类）等；四是做出本次隐患排查治理工作的结论，填写隐患排查治理标准表格；五是向领导汇报情况。

（4）纳入考核和持续改进。为了确保顺利进行隐患排查治理工作，领导必须责成有关部门以考核手段为基本的保障。必须规定上至一把手、下至普通的员工以及所有的检查人员的职责、权利和义务，特别是必须明确规定企业中、高层领导在此项工作中的义务与职责。因为，企业的中、高层领导是实施与开展隐患排查治理工作的重要保障力量。

隐患排查治理机制的各个方面都不是一成不变的，也要随着安全生产管理水平的提高而与时俱进，借助安全生产标准化的自评和评审、职业健康安全管理体系的合规性评价、内部审核与认证审核等外力的作用，实现企业在此工作方面的持续改进。

另外隐患排查治理也为整体安全生产管理提供了持续改进的信息资源，通过对隐患排查治理情况的统计、分析，能够为预测预警输入必要的信息，能够为管理的改进提供方向性的资料。

6. 企业隐患治理

对隐患排查所发现的各种隐患进行治理，才能真正解决企业生产经营过程中的问题，降低风险，提高安全管理水平。

（1）一般隐患治理

◆一般隐患分级。一般隐患是指危害和整改难度较小，发现后能够立即整改排除的隐患。为更好地有针对性地治理在企业生产和管理工作中存在的一般隐患，要对一般隐患进行进一步的细化分级。事故隐患的分级是以隐患的整改、治理和排除的难度及其影响范围为标准的。根据这个分级标准，在企业中通常将隐患分为班组级、车间级、分厂级直至厂（公司）级，其含义是在相应级别的组织（单位）中能够整改、治理和排除。其中的厂（公司）级隐患中的某些隐患如果属于应当全部或者局部停产停业，并经过一定时间整改治理方能排除的隐患，或者因外部因素影响致使企业自身难以排除的隐患应当列为重大事故隐患。

◆现场立即整改。有些隐患，如明显地违反操作规程和劳动纪律的行为，这属于人的不安全行为式的一般隐患，排查人员一旦发现，应当要求立即整改，并如实记录，以备对此类行为统计分析，确定是否为习惯性或群体性隐患。有些设备设施方面的简单的不安全状态如安全装置没有启用、现场混乱等物的不安全状态等一般隐患，也可以要求现场立即整改。

◆限期整改。有些隐患难以做到立即整改的，但也属于一般隐患，则应限期整改。限期整改通常由排查人员或排查主管部门对隐患所属单位发出“隐患整改通知”，内容中需要明确列出如隐患情况的排查发现时间和地点、隐患情况的详细描述、隐患发生原因的分析、隐患整改责任的认定、隐患整改负责人、隐患整改的方法和要求、隐患整改完毕的时间要求等。限期整改需要全过程监督管理，除对整改结果进行“闭环”确认外，也要在整改工作实施期间进行监督，以发现和解决可能临时出现的问题，防止拖延。

（2）重大隐患治理。针对重大隐患，就需要“量身定做”，为每个重大隐患制定专门的治理方案。由于重大隐患治理的复杂性和较长的周期性，在没有完成治理前，还要有临时性的措施和应急预案。治理完成后还有书面申请以及接受审查等工作。

◆制定重大事故隐患治理方案。重大事故隐患由生产经营单位主要负责人组织制定并实施事故隐患治理方案。重大事故隐患治理方案应当包括以下内容：①治理的目标和任务；②采取的方法和措施；③经费和物资的落实；④负责治理的机构和人员；⑤治理的时限和要求；⑥安全措施和应急预案。根据相关规定，企业在制定重大事故隐患治理方案时还必须考虑安全监管监察部门或其他有关部门所下达的“整改指令书”和政府挂牌督办的有关内容的指示，也要将这些指示的要求体现在治理方案里。

◆重大事故隐患治理过程中的安全防范措施。生产经营单位在事故隐患治理过程中，应当采取相应的安全防范措施，防止事故发生。事故隐患排除前或者排除过程中无法保证安全的，应当从危险区域内撤出作业人员，并疏散可能危及的其他人员，设置警戒标志，暂时停产停业或者停止使用；对暂时难以停产或者停止使用的相关生产储存装置、设施、设备，应当加强维护和保养，防止事故发生。

◆重大事故隐患的治理过程。企业在重大事故隐患治理过程中，还要随时接受和配合安全监管部门的重点监督检查。如果企业的重大事故隐患属于重点行业领域的安全专项整治的范围，就更应落实相应的整改、治理的主体责任。

◆重大事故隐患治理情况评估。地方人民政府或者安全监管监察部门及有关部门挂牌督办并责令全部或者局部停产停业治理的重大事故隐患，治理工作结束后，有条件的生产经营单位应当组织本单位的技术人员和专家对重大事故隐患的治理情况进行评估；其他生产经营单位应当委托具备相应资质的安全评价机构对重大事故隐患的治理情况进行评估。这种评估主要针对治理结果的效果进行，确认其措施的合理性和有效性，确认对隐患及其可能导致的事故的预防效果。评估需要有一定条件和资质的技术人员和专家或有相应资质的安全评价机构实施，以保证评估本身的权威性和有效性。

◆重大事故隐患治理后的工作。重大事故隐患治理后并经过评估，符合安全生产条件的，生产经营单位应当向安全监管监察部门和有关部门提出恢复生产的书面申请，经安全监管监察部门和有关部门审查同意后，方可恢复生产经营。申请报告应当包括治理方案的内容、项目和安全评价机构出具的评价报告等。对挂牌督办并采取全部或者局部停产停业治理的重大事故隐患，安全监管监察部门收到生产经营单位恢复生产的申请报告后，应当在 10 日内进行现场审查。审查合格的，对事故隐患进行核销，同意恢复生产经营；审查不合格的，依法责令改正或者下达停产整改指令。对整改无望或者生产经营单位拒不执行整改指令的，依法实施行政处罚；不具备安全生产条件的，依法提请县级以上人民政府按照国务院规定的权限予以关闭。

（3）隐患治理措施。隐患治理及其方案的核心都是通过具体的治理措施来实现的，这些措施大体上分为工程技术措施和管理措施，再加上对重大隐患需要做的临时性防护和应急措施。

◆治理措施的基本要求。基本要求主要包括以下内容：①能消除或减弱生产过程中产生的危险、有害因素；②处置危险和有害物，并降低到国家规定的限值内；③预防生产装置失灵和操作失误产生的危险、有害因素；④能有效地预防重大事故和职业危害的发生；⑤发生意外事故时，能为遇险人员提供自救和互救条件。

隐患治理的方式方法是多种多样的，因为企业必须考虑成本投入，需要最小代价取得最适当（不一定是最好）的结果。有时候隐患治理很难彻底消除隐患，这就必须在遵守法律法规和标准规范的前提下，将其风险降低到企业可以接受的程度。可以这样说："最好"的方法不一定是最适当的，而最适当的方法一定是"最好"的。

◆工程技术措施。工程技术措施的实施等级顺序是直接安全技术措施、间接安全技术措施、指示性安全技术措施等；根据等级顺序的要求应遵循的具体原则应按消除、预防、减弱、隔离、联锁、警告的等级顺序选择安全技术措施；应具有针对性、可操作件和经济合理性并符合国家有关法规、标准和设计规范的规定。

◆安全管理措施。安全管理措施往往在隐患治理工作受到忽视，即使有也是老生常谈式的提高安全意识、加强培训教育和加强安全检查等几种。其实管理措施往往能系统性地解决很多普遍和长期存在的隐患，这就需要在实施隐患治理时，主动地和有意识地研究分析隐患产生原因中的管理因素，发现和掌握其管理规律，通过修订有关规章制度和操作规程并贯彻执行来从根本上解决问题。

（4）闭环管理。"闭环管理"是现代安全生产管理中的基本要求，对任何一个过程的管理最终都要通过"闭环"才能最后结束。隐患治理工作的收尾工作也是"闭环"管理，要求治理措施完成后，企业主管部门和人员对其结果进行验证和效果评估。验证就是检查措施的实现情况，是否按方案和计划的要求一一落实了；效果评估是对完成的措施是否起到了隐患治理和整改的作用，是彻底解决了问题还是部分的、达到某种可接受程度的解决，是否真正能做到"预防为主"。当然不可忽略的还有是否隐患的治理措施会带来或产生新的风险也需要特别关注。

7. 企业隐患自报

企业将隐患排查治理的结果自行上报给政府主管部门，将政府部门的监管与企业生产经过的实际联系在一起，是隐患排查治理体系的重要环节，必须给予足够的重视。

◆自报的内容。企业开展隐患排查治理工作，包含了很多内容，有机制的、管理的、技术的、记录的、设备设施的，等等，自报并不是要求企业将这些内容都上报，而是按规定的内容、方式、时限等要求进行上报。

◆自报的方式。隐患排查治理信息系统中对隐患自报的信息管理做了说明，但企业的类型、规模和管理等方面有着千差万别的情况，所以其所采用的自报方式也不尽相同。

◆自报的程序。无论企业规模大小还是行业不同或者管理方式有异，其隐患自报的程度大体上是相同的，主要有以下几个步骤：①统计。将各种方式的隐患排查工作所发现的隐患进行汇总、统计和整理，得到隐患清单，形成隐患整改通知，将这些集合为一套完整的材料。②“对接”分类。按隐患排查治理标准的格式，将企业的隐患材料按其顺序分门别类地“对接”入位，每个隐患都给予适当的标识。③审查批准。根据管理层级和权限，由有关领导对隐患上报的内容进行审阅，批准后方能上报。④上报。根据企业实际，采取相应的上报方式，按政府及其部门规定的时间和形式进行上报。

◆基于信息系统自报。有条件的企业，要将自己的信息管理系统与政府隐患信息管理系统进行接口，定期接通上报网络，按信息管理系统的提示和要求进行填报。大型集团型企业需要在集团内部层层上报下属单位的隐患情况，方式与隐患排查治理标准的格式相同，进行汇总整理后，将整体情况以总结的方式向有关主管部门上报。其下属单位的隐患上报仍按属地监管原则向有关政府部门报送。

◆小微企业自报。很多小型和微型企业不具备基于信息管理系统上报的条件，可以采用书面上报的形式，因为这些企业存在的隐患数量也比较少，风险不很高，因此书面上报也是可以接受的。但这会给企业所在地的政府及其部门接收书面隐患上报材料带来巨大的工作量，从北京顺义区的经验来看，由基层政府组织直接上报更加有效。具体做法是基层安全生产监督管理人员直接到企业中去，收集和书面记录小微企业的隐患情况，形成标准的记录格式，并整理汇总后向上一级管理部门报送。这样既可以减少小微企业的负担，也保证了隐患上报的工作质量。

8. 安全生产形势预测预警

安全生产形势预测预警是指以隐患排查结果和仪器仪表监测检测数据为基础，辨识和提取有效信息，分析其可能产生的后果并予以量化，将有关信息经过综合分析形成直观的、动态的反映企业安全生产现状的安全生产预警指数系统，运用预测理论，建立数学模型，对未来的安全生产趋势进行预测，得出安全生产趋势的发展情况。

(1) 预测预警的任务

◆以企业日常隐患排查工作为基础，发现工作场所存在的隐患并及时纠正，使生产过程中人的不安全行为和物的不安全状态及管理缺陷处于被监测、识别、诊断和干预的监控之下。

◆通过对隐患排查数据、监测信息的分析，可以确定各种信息可能造成的后果，辨明造成伤亡的严重程度如何，确定是否处于安全状态，其主要任务是应用适宜的识别指标判断可能造成的后果，这对整个预警系统的活动至关重要。将分析得出的不安全因素进行量化，对可能造成的后果进行量化统计分析，加以系数修正，计算得出安全生产预警指数，通过安全生产预警指数走向的升高和降低，直观反映当前安全状况是安全、注意、警告或是危险。

◆利用系统分析、信息处理、建模、预测、决策、控制等主要内容的预测理论，定量计算未来安全生产发展趋势，警示生产过程中将面临的危险程度，提请企业采取有效措施防范事件事故的发生。

◆根据安全生产预警指数数值大小，对事故征兆（险肇事件）的不良趋势采取不同的措施，进行矫正、预防与控制。

◆对可能造成损失的事件及时进行整改，分析规律，防范同类事件的发生。

（2）预测预警指数系统的建立。这里所指的预测预警指数系统是根据中国安全生产协会的《安全生产预警指数管理系统》的有关内容提出的，供企业参考。

◆收集数据。安全生产预警的基础是数据的收集，数据来源为两个方面：隐患排查的结果及仪器仪表监测数据。在隐患排查中，不仅要发现物的不安全状态，同时对人的行为也要加以判断，对于好的安全行为要及时表扬并记录在案，仪器仪表监测过程中不正常的数据要进行整理。通过对历史数据、即时数据的整理、分析、存储，建立安全预警数据档案。

◆分析判断。对收集到的信息、数据进行分析，判断已经发生的异常征兆及可能发生的连锁反应，评价事故征兆可能造成的损失。对分析的结果进行分类统计，形成部门安全预警情况报告，上报企业安全管理部门，汇总分析后，得出当前安全生产预警指数报告。分析判断包括原始数据判断和伤害等级判断。

◆系数修正。系数修正包括以下内容：①报告份数修正。为了消除规定时间内安全预警情况报告数量不同对安全生产预警指数的影响，按每周（月）适合本企业的平均数来修正周（月）伤害统计值。②事故修正。事故的发生会造成安全生产预警指数的升高，另外，每次事故发生后都会对一定时期内的安全生产工作产生影响，因此，系数修正要考虑不同级别事故及事故发生后一段时期内的影响。③隐患整改率修正。隐患整改率的高低直接影响企业安全生产状况，因此，要根据不同的隐患整改率进行修正。④培训及演练修正。安全教育培训是提高员工安全意识和安全素质，防止产生不安全行为，减少人员失误的重要途径。因此，培训能够降低企业安全风险，降低安全生产预警指数值。不同级别的培训（厂级、车间级和班组级）对员工的影响不同，修正值不同。

◆计算。安全生产预警指数的计算是以规定时间段内的各部门安全预警情况报告为基础，进行报告份数、演练、培训、事故、隐患整改率等系数修正，计算得到安全生产预警指数值。计算包括统计值计算和安全生产预警指数计算。

◆生成图形。根据预警指数数值，并按照时间顺序，将一段时间内的安全生产预警指数连接后，即构成了安全生产预警指数图，从而直观反映企业整体安全形势。

运用预测理论，对历史安全生产预警指数进行整理、修正后，消除影响因素，建立数学模型，生成安全生产趋势图，直观预测企业安全生产趋势。

四、《冶金等工贸行业企业安全生产预警系统技术标准（试行）》

2014 年 5 月 23 日，国家安全监管总局办公厅印发《冶金等工贸行业企业安全生产预警系统技术标准（试行）》的通知（安监总厅管四〔2014〕63 号），通知指出：为进一步提高冶金、有色、建材、机械、轻工、纺织、烟草、商贸行业（以下统称冶金等工贸行业）企业安全生产标准化建设工作质量，提升生产安全事故预防预警水平，根据《企业安全生产标准化基本规范》（AQ/T 9006—2010），制定了《冶金等工贸行业企业安全生产预警系统技术标准（试行）》，现予以印发。申请一级标准化的企业，需按照本标准建立预警系统。各级安全监管部门要把推动冶金等工贸行业企业建立安全生产预警系统，作为落实企业安全生产主体责任、预防生产安全事故的重要途径，督促二、三级企业参照本标准积极开展预警工作，全面辨识企业安全风险，提升安全生产标准化建设水平。

《冶金等工贸行业企业安全生产预警系统技术标准（试行）》分为范围、术语与定义、基本要求、预警系统建立、预警信息发布、信息系统建设六个部分。

1. 范围

本标准对冶金等工贸行业企业（以下简称企业）安全生产预警系统的建设原则、核心内容及建设过程作出规定。

本标准适用于企业安全生产预警系统的建设，其他行业可参照执行。

2. 术语与定义

本标准采用下列术语和定义。

（1）企业安全生产预警系统。企业安全生产预警系统是指在全面辨识反映企业安全生产状态的指标的基础上，通过隐患排查、风险管理及仪器仪表监控等安全方法及工具，提前发现、分析和判断影响安全生产状态、可能导致事故发生的信息，定量化表示企业生产安全状态，及时发布安全生产预警信息，提醒企业负责人及全体员工注意，使企业及时、有针对性地采取预防措施控制事态发展，最大限度地降低事故发生概率及后果严重程度，从而形成具有预警能力的安全生产系统。

（2）安全生产预警指数。安全生产预警指数是指将反映企业生产及事故特征影响指标，通过数据统计、建模、计算、分析，定量化表示生产安全状态，反映企业某一时间生产安全状态的数值。

3. 基本要求

（1）概述

1）企业应结合自身特点，参照本标准的要求，建立并运行企业安全生产预警系统。

2）企业安全生产预警系统应包括以下内容：

——预警指标选择。

——预警指标量化。

——预警指标权重确定。

——预警模型建立。

——预警指数图生成。

——预警报告发布。

——预警信息系统建立。

（2）建立原则

1）企业应结合安全生产标准化建设、隐患排查治理体系建设等工作，充分发挥安全生产预警系统对安全生产管理决策的支持作用。

2）企业应发动全员参与安全生产预警工作，将安全预警工作与日常安全生产管理工作有机结合。

3）企业每年应至少对预警系统的运行情况总结一次，对预警指标的选取以及预警指数模型进行优化，使之更加符合企业的生产安全状态；当企业预警系统与安全生产实际运行情况出现偏差时，应及时调整预警系统相关指标，并重新调整预警指数模型。

4. 预警系统建立

（1）预警指标选取原则。企业应建立适应于本企业安全生产状况的预警指标体系，并满足以下方面：

——预警指标应能够描述和表征出某一段时间企业生产安全各个方面的状况及变化趋势，由动态和静态指标相结合。

——应具有科学性、系统性、动态性、可量化、独立性及可对比性等原则。

(2) 预警指标确定及量化

1) 企业应选取符合本企业安全生产管理特点的预警指标:

——从人、物、环境、管理、事故等5个因素进行预警指标初筛。

——选取的预警指标应至少包含事故隐患、安全教育培训、应急演练和生产安全事故等4项预警指标;同时,可根据实际情况,增加适应生产安全特点的其他预警指标。

——预警指标数据在系统中使用,应进行指标数据量化。量化结果应与最终预警结果趋势相同,指标量化结果和预警结果数值越大,表示危险程度越高,即安全程度越低;数值越小,表示危险程度越低,即安全程度越高。各预警数据采集、数值确定应与预警周期保持一致,企业可根据实际情况选择周或月为预警周期。

2) 事故隐患指标应至少包含事故隐患评估(即事故隐患信息量化)、隐患等级、隐患整改情况等3项指标。

①事故隐患评估。事故隐患评估是对事故隐患信息定量化的表示,对事故隐患一旦失控可能会造成的后果进行评估。不同后果的对应分值见表2—1。

表2—1　不同后果的对应分值

序号(n)	可能会造成的后果(A_n)	对应分值(a_n)
1	死亡	1
2	重伤	0.5
3	轻伤	0.1

隐患数量影响事故隐患评估指标计算结果。明确企业基本隐患数量,即规定时间内发现的隐患平均数,通过基本隐患数量与实际隐患发现数量的比值来消除隐患数量多少对系统的影响。

得出:

$$I_1=\frac{A}{A_1+A_2+A_3}(A_1a_1+A_2a_2+A_3a_3)$$

式中 I_1——事故隐患评估指标的计算结果;

A_n——后果可能造成死亡、重伤、轻伤的隐患分别对应的数量,n=1,2,3;

a_n——后果可能造成死亡、重伤、轻伤的隐患分别对应的分值,n=1,2,3;

A——预警周期内基本隐患数量(可根据企业历史平均值确定)。

②隐患等级。分为一般隐患和重大隐患。不同等级的隐患的对应分值见表2—2。

表 2—2　　不同等级的隐患的对应分值

序号（n）	隐患等级（B_n）	对应分值（b_n）
1	重大隐患	1
2	一般隐患	0.1

得出：

$$I_2 = B_1 b_1 + B_2 b_2$$

式中　I_2——隐患等级的计算结果；

B_n——重大、一般隐患分别对应数量，$n=1$，2；

b_n——重大、一般隐患分别对应分值，$n=1$，2；

并且，$B_1 + B_2 = A_1 + A_2 + A_3$。

③隐患整改情况。隐患整改率不同，对应分值见表 2—3。

表 2—3　　不同隐患整改率的对应分值

序号（n）	隐患整改率（重大隐患、一般隐患）	对应分值（c_{n_1}，c_{n_2}）
1	等于 100%	0
2	大于等于 80%，且小于 100%	5%
3	大于等于 50%，且小于 80%	10%
4	大于等于 30%，且小于 50%	20%
5	小于 30%	30%

得出：

$$I_3 = B_1 b_1 c_{n_1} + B_2 b_2 c_{n_2}$$

式中　I_3——隐患整改率的计算结果；

c_{n_1}——重大隐患整改率对应的分值，$n_1=1$，2，3，4，5；

c_{n_2}——一般隐患整改率对应的分值，$n_2=1$，2，3，4，5。

3）安全教育培训指标。应至少包含教育培训等级、培训时间比等两个指标项。

①教育培训等级。不同的教育培训等级的对应分值见表 2—4。

表 2—4　　不同的教育培训等级的对应分值

序号（n）	教育培训等级（D_n）	对应分值（d_n）
1	公司级	1
2	车间（部门、分厂）级	0.5
3	班组级	0.1

得出：

$$I_4 = D_1 d_1 + D_2 d_2 + D_3 d_3$$

式中　I_4——教育培训等级的计算结果；

D_n——公司级、车间（部门、分厂）级、班组级教育培训分别对应的次数，$n=1，2，3$；

d_n——公司级、车间（部门、分厂）级、班组级教育培训分别对应的分值，$n=1，2，3$。

②教育培训时间比即新员工培训、转岗、复岗人员以及相关人员再教育等实际培训时间与法定培训时间或企业计划培训时间的比值。

不同的教育培训时间比的对应分值见表2—5。

表2—5　　不同的教育培训时间比的对应分值

序号（n）	教育培训时间比［公司级、车间（部门、分厂）级、班组级］	对应分值（e_{n_1}，e_{n_2}，e_{n_3}）
1	大于等于100%	50%
2	大于等于80%，小于100%	30%
3	大于等于50%，小于80%	20%
4	大于等于30%，小于50%	10%
5	小于30%	5%

得出：
$$I_5=D_1d_1e_{n_1}+D_2d_2e_{n_2}+D_3d_3e_{n_3}$$

式中　I_5——教育培训时间比的计算结果；

e_{n_1}——公司级教育培训时间比对应的分值，$n_1=1，2，3，4，5$；

e_{n_2}——车间（部门、分厂）级教育培训时间比对应的分值，$n_2=1，2，3，4，5$；

e_{n_3}——班组级教育培训时间比对应的分值，$n_3=1，2，3，4，5$。

4）应急演练指标。应急演练指标应至少包含应急演练级别及应急演练影响等两项指标项。

①应急演练级别。不同应急演练级别的对应分值见表2—6。

表2—6　　不同应急演练级别的对应分值

序号（n）	应急演练级别（F_n）	对应分值（f_n）
1	公司级	1
2	车间（部门、分厂）级	0.5
3	班组级	0.1

得出：
$$I_6=F_1f_1+F_2f_2+F_3f_3$$

式中　I_6——应急演练级别的计算结果；

F_n——公司级、车间（部门、分厂）级、班组级应急演练分别对应的次数，$n=$

1，2，3；

f_n——公司级、车间（部门、分厂）级、班组级应急演练分别对应的分值，n=1，2，3。

②应急演练影响。应考虑应急演练对其一段时间内安全生产状况的影响，考虑应急演练发生后三周产生的影响。应急演练后不同时间段的对应分值见表2—7。

表2—7　　应急演练后不同时间段的对应分值

序号（n）	应急演练后时间［公司级、车间（部门、分厂）级、班组级］	对应分值（e_n）
1	一周	80%
2	两周	50%
3	三周	30%

得出：

$$I_7=F_1f_1e_{n_1}+F_2f_2e_{n_2}+F_3f_3e_{n_3}$$

式中　I_7——应急演练影响的计算结果；

e_{n_1}——公司级应急演练完成后相应时间内所对应的分值，n_1=1，2，3；

e_{n_2}——车间（部门、分厂）级应急演练完成后相应时间内所对应的分值，n_2=1，2，3；

e_{n_3}——班组级应急演练完成后相应时间内所对应的分值，n_3=1，2，3。

5）生产安全事故指标。生产安全事故指标应至少包含死亡、重伤、轻伤等人身伤害事故、生产设备事故和险肇（未遂）事故等若干指标项。

不同事故类型的对应分值见表2—8。

表2—8　　不同事故类型的对应分值

序号（n）	事故类型（G_n）	对应分值（g_n）
1	死亡	1
2	重伤	0.5
3	轻伤	0.1
4	生产设备事故	0.05
5	险肇（未遂）事故	0.01

得出：

$$I_8=G_1g_1+G_2g_2+G_3g_3+G_4g_4+G_5g_5$$

式中　I_g——生产安全事故的计算结果；

G_n——当期死亡、重伤、轻伤事故分别对应的人数，n=1，2，3，4，5；

G_4——当期生产设备事故起数；

G_5——当期险肇（未遂）事故起数；

g_n——死亡、重伤、轻伤、生产设备事故和险肇（未遂）事故分别对应的分值，$n=1$，2，3，4，5。

以上指标量化方式均为推荐数值。各企业应根据各预警指标与事故发生情况的关联影响程度、重复出现概率等因素，进行量化。

6）其他指标。企业可自行增加其他预警指标，例如，人的因素可包括职业技能等级、工龄、劳动强度等指标项；物的因素可包括设备功能完好率、设备检维修计划完成率、非计划检维修数量、设备超负荷运行等指标项；管理因素可包括专职安全管理人员占比、外用工流动率、外用工数量等指标项。

（3）指标权重确定。企业可根据历史安全数据、事故情况等进行分析，也可运用数学方法，根据各指标在整体预警指标体系中的相对重要程度，确定各指标在预警系统中的权重赋值。

（4）预警模型建立

1）企业安全生产预警指数值。通过预警指标量化值及其指标权重，建立数学模型，得出安全生产预警指数值，表征当前安全生产状态的数值。安全生产预警指标对安全生产预警指数的生成，根据其指标对安全生产状况的影响，产生正向和负向的系数影响。即有利于事故预防、安全管理的指标项在公式中属于负向的系数，不利于事故预防、安全管理的指标项在公式中属于正向的系数。

得出：

$$SPI=I_1W_1+I_2W_2+I_3W_3-I_4W_4-I_5W_5-I_69W_6-I_7W_7+I_8W_8$$

式中 SPI——企业安全生产预警指数值（Safety Precaution Index）；

W_n——各指标所对应的权重，$n=1$，2，3，4，5，6，7，8。

2）企业安全生产预测值。企业可采用指数预警法、统计预警法、模型预警法等适当的数学方法，通过对历史安全生产预警指数值的运算，建立预测数学模型，计算出未来时间点的生产安全数值，对未来生产安全状态进行预测。

预测模型应进行有效性验证，确保预警模型与其所反映的趋势保持一致，确保预警系统的有效性。

（5）预警系统调整。企业应定期对预警系统运行状况进行评估，评估其对安全生产状况判断的准确性。当准确性无法满足企业需求时，应及时调整预警指标、指标权重等内容。

5. 预警信息发布

（1）预警指数图（略）

1）预警阈值。企业安全生产预警状态应划分为安全、注意、警告、危险 4 个等级，预警阈值为各等级之间的界定数值。预警阈值的确定可根据企业历史预警指数值与企业事故发生状况或风险可接受程度来确定。预警阈值可用3个数值来表示，记为a、b、c。预警等级和预警值见表2—9。

表2—9 **预警等级和预警值**

预警等级	安全	注意	警告	危险
预警值SPI	$SPI \leqslant a$	$a < SPI \leqslant b$	$b < SPI \leqslant c$	$c < SPI$

2）预警指数图。预警信息发布时，应以横轴表示时间，设定周、月作为预警周期，纵轴表示安全生产预警指数值。通过预警阈值划分区域，将4个预警等级设定明显的预警色，安全等级为绿色、注意等级为橙色、警告等级为黄色、危险等级为红色。

根据系统不同时刻的预警指数值，绘出安全生产预警指数图，对超过警戒的预警点，在预警指数图进行报警；同时在预警指数图区域内，将企业安全生产预测值曲线在图形上用其他颜色进行绘制，表征未来时间安全生产状态。

（2）预警报告生成。企业至少每个月应生成一次安全生产预警报告，预警报告可分为企业级和车间（分厂）级。预警报告内容至少应包括安全生产预警指数各指标数据组成，各指标数据分析，预警指数与上周期预警指数值比较分析，本期预警指数分析结果，存在的问题及改进的措施。

6. 信息系统建设

（1）系统信息化建设。企业应充分发挥信息化手段在安全生产预警系统建设中的作用，建立并使用安全生产预警信息系统，辅助安全生产预警工作在企业的顺利开展。

预警信息系统应至少包含预警指标管理、预警数据采集、预警信息发布、问题整改等必要功能模块，实现预警系统闭环管理，具有使用人性化、数据采集便捷、支持安全决策等特点；提供可配置不同用户使用权限的功能；各功能模块应具备综合查询、录入、修改、删除、数据导出等功能。

（2）数据采集。企业应建立贯穿班组、车间（分厂）、各部门、企业的数据采集和上报系统，系统中明确各指标项所需录入的数据内容、频次和数据质量要求。数据采集内容应根据各预警指标制定。

各有关部门应指定专人及时录入所需的安全生产预警信息数据。

企业如有条件，可实现安全生产管理信息系统、分布式控制系统（DCS）、在线监控等系统与安全生产预警系统的数据自动对接，实现自动、实时的数据采集，减少人工录入量和提高信息准确程度。

（3）预警信息发布。根据不同部门及不同管理层级，系统应能自动生成安全生产预警指数图和安全生产预警报告，发布给安全管理机构及各相关部门，辅助企业管理层及各部门的安全管理、决策工作。可通过安全生产预警信息系统、办公自动化系统、电子邮件和短信等多种方式将预警信息发送到领导层、安全预警机构及各相关部门人员。

安全生产预警指数图应采用曲线图的方式呈现，直观表征安全生产现状及发展趋势。当超过某一阈值时，图形可通过信号灯或显著颜色等及时报警。

系统应自动生成安全生产预警报告部分内容，应包含预警指数图、专项数据统计表、统计图形、指标构成、分析描述等，同时对报告分析描述提供人工录入的功能。

（4）问题整改。企业各部门应在收到预警指数图和预警报告后，及时制定、落实整改措施，完成问题整改，并在系统中及时上报，保证预警系统的闭环管理。

五、预警理念在企业安全生产运行中的实践与探索

近年来，国家安全监管总局不断推进安全生产防控预警研究工作，并取得了阶段性成果。

1. 进行预警信息化系统建设的背景

2010 年，国家安全监管总局提出《现代安全生产管理方法和实践研究》的新课题——安全生产预警系统。同年，《国务院关于进一步加强企业安全生产工作的通知》（国发〔2010〕23 号）要求“建立完善企业安全生产预警机制，企业要建立完善安全生产动态监控及预警预报体系，每月进行一次安全生产风险分析。”2011 年，《国务院关于坚持科学发展安全发展　促进安全生产形势持续稳定好转的意见》（国发〔2011〕40 号）中强调“加强安全生产风险监控管理，充分运用科技和信息手段强化监测监控、预报预警，及时发现和消除安全隐患，企业要定期进行安全风险评估分析。”2013 年，全国危化品安全生产标准化一级企业培植工作现场会上，明确未建设安全生产预警系统作为危化品企业一级标准化达标的否决项。同年，党的十八届三中全会决定：“深化安全生产管理体制改革，建立隐患排查治理体系和安全预防控制体系，遏制重特大安全事故。”这是安全生产管理体制的重大变革，意义深远，内涵丰富，为企业搞好安全生产指明了方向。

安全生产预警预测体系在此背景下应运而生，企业安全生产关系到国家的财产安全、人民生活利益以及企业职工的幸福安康，是企业最根本的效益所在。建立和完善安全生产预警机制，通过科技的力量，切实帮助企业转变工作方式，提高工作效率，为企业及时、有针对性地采取预防措施提供帮助，变事后监管为事前预防，彻底将事故消灭在源头。

2. 进行预警信息化系统建设的作用

国家安监总局监管四司开始组织在 15 家工贸行业标准化一级示范企业中进行预警信息

化系统建设试点，从预警运行制度层面、系统部署、系统培训、数据分析等全方面服务，指导企业建立完整的安全生产预警预测体系。

为企业建立一整套安全生产预警系统，就像建立了安全生产管理的“天气预报”，该系统可将企业内部分散的各专业、维度安全生产状态信息进行有效集成和提炼，形成一定时期内对安全生产有影响程度的综合预警指数，直观地反映企业内各部门在安全管理各环节的管理执行情况，为企业安全生产决策、部署提供依据。

以往的安全生产工作，多凭经验处理安全管理中出现的安全问题，基本采用纸质化办公，很难系统地对企业安全现状做一个梳理和分析，对于企业是否“安全”通常是进行定性评价，缺乏定量评判的手段及系统性；解决安全问题时总是片断和零碎地进行，导致到处堵漏洞的被动局面；安全绩效考评多数是根据发生事故多少来评比，无法体现“预防为主”的指导思想。这些普遍存在的问题制约着安全生产的发展。

工贸行业安全生产预警预测指数系统是一套全面、实时辨识和反映企业安全生产状态的指标，并以综合预警指数的形式发布预警报告的信息化系统。系统通过隐患排查、风险管理等安全方法及工具，提前发现、分析和判断可能导致事故发生的信息，并将导致后果的严重程度进行分析，及时地发出安全运行态势的预警信息，提请企业负责人及全体员工注意，使企业及时、有针对性地采取事前预防措施控制事态发展，从源头上控制各种不安全因素，最大限度地消除和降低事故发生概率及后果的严重程度，使得安全生产系统具有“报警”和“免疫”能力。

安全生产预警预测指数系统是通过“量化数据采集、安全现状诊断、预警指标设计、预警指数建模、指数运行监测、整改措施实施”等环节的 PDCA 循环闭环过程来运行的。系统建立和运行的过程中主要运用到数据采样、安全评价、风险量化、相关性分析、层次分析、灰色预测等方法和工具。各相关方应先确定预警指标，建立并运行预警系统，监控安全风险，发出预警信号，采取预防措施。

通用版预警预测系统一般包含四大模块：隐患排查、教育培训、应急救援、事故管理。以企业日常四大模块的结果数据为基础，辨识和提取有效信息，通过定性和定量计算的方法，自动将有关信息进行统计、系数修正、计算，得出安全生产预警指数，形成直观地、动态地反映企业安全生产现状的安全生产预警指数图；定期生成企业安全生产预警报告，引导企业及时采取措施，防范事故发生，辅助企业的安全生产工作，逐步提升企业的安全生产管理思路及理念，同时为创建一级安全生产标准化企业做好准备。

安全生产预警预测系统包含预警指标管理、日常安全管理、预警信息发布、问题整改的符合标准等功能模块，实现预警系统闭环管理，具有使用人性化、数据采集便捷、支持安全决策等特点；该系统可提供配置不同用户使用权限的功能；各功能模块包括综合查询、录入、修改、删除、数据导出等。后台设计简洁，操作简单。

该系统同时分为三个业务架构，一是领导层，通过系统可以很直观地了解到企业当前的安全形势，了解安全问题的关键所在；二是业务层，以安全管理者为核心，以基层工作者为基础，实现全员参与；三是支持层，该系统制度及理论支撑为《国务院安委会办公室关于印发〈工贸行业企业安全生产标准化建设〉和〈安全生产事故隐患排查治理体系〉建设实施指南的通知》(安委办〔2012〕28号) 中国家安全监管总局颁布的《安全生产事故隐患排查治理体系建设实施指南》及中国安全生产协会研究成果——安全生产预警指数理论，并符合《国家安全监管总局办公厅关于印发〈冶金等工贸行业企业安全生产预警系统技术标准（试行)〉的通知》(安监总厅管四〔2014〕63号) 规定。

企业安全生产预警预测系统满足企业各项需求分析：一是满足国家政策对一级达标企业要求建立预警指数系统的要求；二是满足企业安全管理部门需要监督其他各部门安全活动的评价工具和有力抓手的要求；三是满足企业真正实现全面、综合和关键内容的预警预测，为企业安全生产管理提供辅助决策依据；四是满足企业进行安全风险评估常态化。

其中，预警指数是反映企业生产及事故特征指标，通过录入的隐患等数据，进行数据统计、分析、建模、计算，对生产安全状况进行定量化表示，反映企业某一时间的生产安全状态的数值，提前预测可能存在的安全风险，能有效指导企业安全生产管理的决策，从事故源头降低企业事故风险，从而创造出企业安全生产事故可防可控的“神话”。

3. 进行预警信息化系统建设的初步效果

四川中烟什邡分厂（以下简称什邡分厂）作为15家预警预测系统试点单位之一，于2014年5月开始部署和运行通用版预警系统。经过一段时间的运行，什邡分厂提出在此基础上结合烟草（工业）行业业务和管理特点，扩展和提升综合预警系统，进一步提升该厂安全生产管理信息化水平。

什邡分厂在安全生产信息化方面做了很多尝试和努力。预警预测系统升级之后，在通用版四大模块之外又增加了危险源、作业管理、设备管控等九大模块，同时选择了锅炉、HS94、消防系统作为试点运行的设备管控模块，全面搭建该厂安全生产管理综合预警信息系统平台。

什邡分厂要求员工取消纸质化记录，在车间增设 Wi-Fi 和计算机设备，员工将所有数据、信息都输入预警后台，管理层通过预警预测系统后台，能够及时掌握安全生产动态，做到实时监控，为企业日常的安全检查工作提供了痕迹化的管理过程，使安全生产管理更具科学性、先进性及合理性。

以往公司在设备管控领域的通常做法是设备管理员发现问题再上报，管理层无法做到实时监管；而现在，通过预警预测系统的预警指数，管理层可以清晰地监测到问题。随着预警预测系统不断推广，以及数据量输入的增多，预警指数会越来越准确。

同样作为试点企业之一的武汉钢铁股份有限公司炼钢总厂负责人认为，该预警预测系统通过不断的改进、提升，可将数据用于安全考核领域，让其贯穿安全生产工作始终，做好闭环管理。用信息化手段管理安全生产，可以提高工作效率，对安全管理人员监管各个生产车间的安全生产工作具有较好的指导作用。

第二节　事故隐患排查治理典型经验介绍

2011 年 10 月 26 日，国家安全生产监管总局在北京顺义区召开全国安全隐患排查治理现场会，推广顺义实施分类分级、建立隐患排查治理体系，有效防范事故的先进经验和做法。此后，在安全生产工作创新成果奖励委员会办公室组织召开了专家评审会议，北京市顺义区安全生产综合监管动态管理系统，以最高得票 29 票获得通过，获得实践应用类一等奖。在此，介绍北京顺义区一些企业事故隐患排查治理的典型做法和经验。

一、顺义区液化气储配库建立隐患排查治理长效机制的做法

北京市顺义液化气储配库位于北京市顺义区仁和镇杜各庄村东，紧邻中油公司北方油库，占地面积 87.9 亩，气库于 2003 年 6 月正式完工，于 2003 年 7 月正式投产运营。建设规模为 4 250 m^3，年设计周转能力 10 万 t。主要设施有 1 000 m^3 球形储罐 3 座，400 m^3 球形储罐 3 座，50 m^3 卧式残液储罐 1 座。6 个公路装车鹤位，12 个铁路卸车鹤位，以及配套的消防和自控系统。整个工艺系统设计灵活、方便、可靠，可同时实现原料气、民用气、工业气三种介质的接收、储存和发运作业。气库现有员工 44 人。

顺义液化气储配库从成立到现在共周转液化气 43.49 万 t，连续 8 年安全生产无事故，安全生产工作取得良好成绩。2004—2007 年连续四年被顺义区政府评为安全生产先进企业，2008 年 5 月被顺义区安全生产管理局授予顺义区安全生产 A 级企业的荣誉称号。2010 年被昆仑燃气公司评为安全生产先进库站。

顺义区液化气储配库建立隐患排查治理长效机制的做法主要如下：

1. 运用科技手段管理，保障生产运行

气库的安全生产运行管理着力于技防和人防相结合。建有一套自动化的安全生产监测系统，系统由三部分组成。第一部分是数据采集系统，主要对气库储罐及工艺管线上的液位、温度、压力、可燃气体浓度等库区生产运行参数进行监测，储罐区、铁路栈桥、装车

岛、压缩机房等生产区，共安装了27台可燃气体报警器，信号接入中控室上位机，实现了液化气浓度实时监测和中控室远程报警相结合；系统同时具有紧急状况下对压缩机与装卸车泵进行急停的功能，对消防系统可进行自动起停泵，实现了生产过程监控自动化，应急消防自动化。第二部分是定量装车系统，具有定量装车功能，实现槽车不超装功能，同时当静电接地未导通时，静电接地报警仪报警，或者是泵不上量时，装车仪自动停泵，终止装卸车作业，此项措施极大地提高了储配库的安全运行。第三部分是工业电视监控系统，库区共有16台摄像头和6对红外监测系统，可实现对库区全区域、全过程实施安全监控。

消防系统由1座4 200 m^3 消防水池、3台100 m^3/h 消防水泵、2台柴油消防泵、16个地上消火栓、5个高压消防水炮、87具干粉灭火器、6台二氧化碳灭火器和7具储罐的自动喷淋装置组成。自动喷淋装置有三种开启方式：一是储罐温度超高时，装置上的玻璃泡自动破裂，喷淋打开；二是由中控室上位机远程启动；三是现场手动启动。

2. 推行中国石油HSE管理体系，夯实安全管理基础工作

安全就是最大的效益。气库建立了长效的隐患自查自改机制，落实属地管理制度，建立以中控室为核心的储运安全生产调度应急指挥中心，由中控室发挥安全生产监控职能，做到现场巡检与视频巡检相结合，实现全库区24小时生产安全监控；现场作业实行中国石油天然气公司HSE体系中两书一表的管理制度，“重点作业”填写作业指导卡，指导卡按专项作业进行安全风险识别提示、工艺流程确认，针对风险制定预防措施，切实提高了员工的安全风险意识，遏制了事故发生的根源。

气库还根据液化石油气储运的特点，配备了应急抢修、维修机具和器材，并加强应急消防演练和消防器材使用的学习，修改完善了现场应急处置方案，着力在提高气库应急抢险自救能力上下功夫。每年要组织管线堵漏和消防应急演练四次，学习使用消防器材两次，2015年已经组织应急演练两次，消防器材使用培训两次，并加强了对新入职员工的消防器材使用培训，通过培训和模拟演练基本达到了从预案启动到现场消防喷淋启动时间控制在5分钟之内。

3. 依据自查标准，严查现场隐患

依据安全隐患自查自报工作标准，气库重点落实巡回检查制度，积极开展“日查周报”工作。实行“当班人员日检查、班组周检查、安全管理人员月中检查、气库月度检查”的四级检查，发现问题及时处理，不留安全隐患。自安全隐患自查自报工作开展以来，至2011年11月，顺义气库共组织安全隐患自查36次，查出问题90项，整改完成90项；完成安全隐患自查上报系统5次，较大隐患5项。第一项是生产区和生活区无有效隔离，液化气槽车直接从办公生活区进入装车区，外部交款人员在窗外缴款，存在安全隐患；第二

项为储罐、栈桥区工艺管线设施有腐蚀；第三项为储罐区防火堤出入口及储罐区操作平台未安装安全防护栏；第四项为储罐未加装紧急情况下的注水封堵措施，就是在每个储罐排污阀下加装一条注水管线和消防水泵房内加装一台高压注水泵，以便在储罐第一道阀门大量泄漏无法控制时，向罐内注水把液化气顶至储罐上部，然后采取措施封堵泄漏点；第五项为正压式呼吸器等应急抢险器材的配备数量不足，增配了 2 台正压式呼吸器、6 部防爆对讲机、5 台手持式可燃气体检测仪、10 把防爆手电、1 台发电机、5 台潜水泵等应急抢险器材，使安全隐患自查自报工作落到实处。

自查自报工作自 2010 年 7 月试运行以来，顺义气库员工思想上从“要我安全”向“我要安全”转变，在日常作业过程中自查隐患的积极性显著提高，注重自身安全的自觉性提高，风险得到了有效控制，隐患得到了有效治理，较好地改善了气库的本质安全。

二、北京江河幕墙公司及时发现隐患消除隐患保安全的做法

北京江河幕墙股份有限公司是集产品研发、工程设计、精密制造、安装施工、咨询服务、成品出口于一体的幕墙系统整体解决方案提供商，公司总部设在北京，是国家技术创新示范企业，在北京、上海、广州等地建有生产制造基地和配套工厂。江河幕墙整体解决方案已成功应用于全球数百项大型建筑幕墙工程，先后承建中央电视台新台址、中石油大厦、天津环球金融中心、上海国际金融中心、上海世博文化中心等幕墙工程，成为行业典范。

自 2010 年北京市顺义区推行事故隐患自查自报工作以来，北京江河幕墙公司积极组建事故隐患自查自报工作小组，制定事故隐患自查自报工作流程，加大事故隐患的排查力度，并坚持以人为本，在提高人的素质、调动人的积极性上下功夫，促使员工投入到排查隐患的工作中，及时发现隐患、消除隐患，保证生产作业安全。

北京江河幕墙公司及时发现隐患消除隐患保安全的做法主要如下：

1. 建立自查自报机构，制定保障制度

在江河幕墙公司办公区、厂区，最让人印象深刻的是随处可见的安全教育警示牌，其中涉及安全警示、安全誓词、安全提示等多方面的内容，长长的指示牌贯穿整个厂区，在每一道工序前，都有与之相对应的安全提示语。

江河幕墙公司的安全管理体系分为三个层次：一是公司级的安全监控体系——质量安全部，由公司副总裁直接领导并负责；二是分公司级的安全管理体系——安全部，由各分公司总经理领导负责；三是操作层安全管理实施体系，由各生产部和各个项目部的专职安全管理人员负责。公司共配备专职安全管理人员 186 名，每个工程项目至少配备 1 名安全

管理人员，并全部实现了持证上岗。公司专门设立劳动防护用品专项资金，每年投入金额达900万元，用于各种劳动防护用品和设备设施的购买。目前，在厂区内有几项自动化程度较高的设备都是专门从意大利进口的，当操作人员走到危险区域时，设备会自动停止操作，实现了本质安全。

自2010年顺义区推行事故隐患自查自报工作以来，江河幕墙公司积极响应，召开了事故隐患自查自报工作专题会议，组建了事故隐患自查自报工作小组，制定了事故隐患自查自报工作流程，配备了必要的人力物力，加大了事故隐患的排查力度，并按照要求进行事故隐患自查和自改情况的汇报。从2010年到2011年第三季度，江河幕墙公司没有发生重大安全责任事故，这都得益于事故隐患自查自报工作的施行。目前，江河幕墙的事故隐患自查自报工作也日趋完善，保证每周进行一次全厂区域的隐患排查和整改，消除了一大批事故隐患，为安全工作的顺利进行奠定了良好的基础。

江河幕墙公司的自查自报小组由质量安全部牵头组织，制造系统和总裁办各相关部门负责人参与，形成了厂区全区域覆盖的检查队伍，定期或不定期进行安全检查。自查自报工作小组每周组织一次厂区安全隐患的排查，发现隐患后要求责任部门进行整改，并通过办公平台通报给相关部门主要领导，检查小组定期召开总结会议。

2. 结合企业实际，迅速排查事故隐患

目前，江河幕墙公司的事故隐患自查自报工作涉及生产中的各个方面。在检测中心可以看到，每周至少一次的巡查记录整齐地码放在柜子里，随便拿出一张，上面清晰地列出了发现的问题和整改处理情况、重点问题概述、问题分析与处理、检查具体情况与图片等情况。以2011年10月25日、10月28日公司安全小组对宿舍区域、仓储库房区域、新老基地食堂区域、新老基地厂区检查为例，共发现问题17起，其中生产部16起、总经办1起，涉及的主要是用电方面的问题，其中包括有的车间在电箱的使用中地线拉扯脱落，部分电箱插座、箱体损坏；钢件车间焊机线有老化、破损现象；连续两周检查电工巡查记录，均未签写。针对检查中发现的问题，公司安全小组认为，这说明用电管理不到位，制度责任没有很好地落实，于是迅速响应，对用电的管理制度在生产部门进行了发布，落实现场操作者和车间管理者的责任，内部加强巡查工作质量的监督，每天的巡查记录由负责人进行审核，取得了立竿见影的效果。以2011年11月1日、11月4日安全小组对宿舍区域、仓储库房区域、危险品库房区域、新老基地食堂区域、新老基地厂区进行的安全检查为例，共发现问题8处，其中生产部2处、仓储部2处、机电管理部2处、总经办2处，涉及的主要问题包括老基地工人宿舍区地面有烟头、仓储型材贴膜区电箱地线未接、生产注胶二室旁边电箱地线未接、仓储部胶条区货物倾斜等问题，发现问题后，公司立即派人进行整改，确保了当天100％整改完成。

随着事故隐患自查自报工作的不断深入，自查自报工作的成效逐渐地显现，排查的频率也逐步上升并趋于稳定，自2010年第三季度到2011年11月，共排查发现事故隐患148项次，已经全部整改完毕，隐患消除率100%，逐步形成了自查、自报、自改的安全管理模式。通过事故隐患自查自报工作的不断推行，到目前能够保持事故隐患每周集中排查一次，每周集中上报一次，每周整改一批。同时，通过办公平台，发布违规人员处罚公告，公司对于安全工作表现良好的单位和个人予以奖励，安全管理工作也作为年终评优的关键因素，从制度上激励了职工重视安全的积极性。

3. 坚持把安全生产摆到首要位置，落实各项安全措施

江河幕墙公司坚持把安全生产摆到首要位置，推行安全责任制，形成安全管理长效机制，使"安全就是效益、安全就是信誉、安全就是竞争力"的意识深入人心。从2010年到2011年第三季度，公司的安全形势良好，没有发生重大安全责任事故。事故隐患自查自报工作的施行，为企业的安全工作提供了一个有效的抓手。目前，随着事故隐患自查自报工作的不断深入，公司已经能够确保每周进行一次全厂区域的隐患排查和整改，消除了一大批事故隐患，为安全工作的顺利进行奠定了良好的基础。

目前，企业内多发的事故隐患主要有用电安全、消防安全、劳动防护用品佩戴、设备设施等几个方面，通过自查自报系统的检查和分析，企业可以采取更加有针对性的措施来减少和消除隐患，获得了良好的效果，所以，在下一阶段，江河幕墙公司还将深入开展事故隐患自查自报工作，全面排查各类安全隐患，主动上报事故隐患及隐患治理情况。

三、北京顺鑫集团开展隐患排查治理自查自报的做法

北京顺鑫集团是一家集粮食作物、经济作物加工及销售；白酒生产与销售；肉食品加工与销售等为一体的相关多元化大型企业，下设6家分公司、18家控股子公司。截至2010年底，公司总资产达118亿元，实现销售收入80亿元，实现利润4.5亿元，实现税金6亿元，已发展成为中国农业产业化领军企业。

近年来，顺鑫集团坚持"安全第一、预防为主"的方针，始终把安全放在各项工作的首位。在隐患治理方面，公司确定的隐患排查治理工作方针是：建立长效工作机制做保障。通过开展安全生产事故隐患排查治理自查自报管理工作，建立安全生产事故隐患"动态分类排查、动态评审挂账、动态整改销账"的长效机制，实现"零事故、零死亡、零损失、力争实现'零隐患'"的目标，为实现集团安全和谐可持续发展营造良好的安全环境。

顺鑫集团开展隐患排查治理自查自报的做法主要如下：

1. 提高对排查隐患的认识，建立工作机制

顺鑫集团为实现“零隐患”的目标，首先建立了一套隐患排查治理工作机制。集团各所属企业为安全生产事故隐患排查治理工作责任主体，采取员工提合理化建议形式，动员全员参与排查，集团履行对企业安全生产事故隐患排查治理工作的监督、检查、指导，形成了两级管理、全员参与的隐患排查治理工作机制。

顺鑫集团实行了隐患动态分类排查工作制度，即领导小组、专家组（内部）、安全生产部有针对性地进行专项隐患排查和定期安全性评价，并组织专家深入企业进行全面系统隐患排查；所属企业层面总经理进行季度检查，主管副职领导进行月度检查，主管部门负责人进行每周检查，车间主任和班组长进行每日检查，专兼职安全员、岗位员工则时时检查。为了调动员工参与隐患排查的积极性，在集团内部以开展“我为安全生产提合理化建议”活动为载体，建立员工提安全生产合理化建议奖励机制，有效调动和激励员工开展隐患排查治理的积极性。

集团实行隐患动态整改销账工作制度。首先实行隐患整改例会制度。集团隐患整改领导小组将每次集团对企业开展隐患排查的情况和整改意见向集团经理办公会报告，包括每次隐患排查安排、隐患排查结果、整改要求以及针对一些较大隐患问题所提出的整改措施方案意见等。集团经理办公会针对较大隐患问题及时做出整改决策，包括较大隐患问题整改资金投入安排及措施方案决策等，确保及时有效进行整改。

集团实行系统内隐患整改通报制度。集团对所属企业每次安全检查结果都要下发专项通报并提出限期整改要求，所属企业按照隐患整改通报要求落实整改，并按照要求将隐患整改情况上报集团安全生产部，相关隐患整改情况还需上报隐患整改前后对比照片。

集团对所属企业较大隐患整改情况实行复查制度。企业将隐患整改情况上报集团安全生产部后，集团安全生产部召集集团内部专家组成员对企业相关隐患整改情况逐一进行复查，确保企业隐患整改及时、规范、到位。

顺鑫集团还建立了隐患排查治理工作考核奖惩机制，制定了《顺鑫集团安全生产检查百分考核细则》。对企业隐患排查治理工作情况进行考评，对企业存在隐患按照相关分值给予扣分（如：一项配电线路敷设不规范扣 5 分、一项消防水带卡圈脱落扣 2 分、一项设备压力表到期未检测扣 10 分、一项消防通道门上锁扣 10 分），并将考评结果纳入集团《企业年度工作目标责任制考核》，与所属企业一把手年终薪酬挂钩，占其 10%；对企业隐患排查治理工作或其他安全工作凡荣获区级奖项的给予企业一把手年终考评加分；对员工在事故隐患自查上报工作提出的隐患问题，集团依照《我为安全生产提合理化建议活动方案》相关规定，对提出效果突出的合理化建议的员工给予奖励。

2. 发挥专家组作用，不断深化隐患排查

顺鑫集团为了排查和整改隐患，保证企业安全生产，自 2004 年专门设立了安全生产专家组。成立专家组，主要考虑到集团企业行业太多，涉及的管理和危险点也特别多，涉及酒厂的，属于易燃易爆；鹏程食品有限公司有氨气车间，属于危化，主要是防止氨气泄漏；建筑施工企业，属于高危行业，高处作业的临边管理、脚手架、高空作业、基坑的管理等，包括消防管理，都有很多需要细致的管理；还有一些企业有化验室，有危化品的管理；还有配电管理，都要涉及配电的使用、配电的规范、锅炉的管理等，各有各的管理特点。这些危险点的管理必须具备特殊的专业知识。鉴于这种情况，集团从下属企业抽调责任心强、有丰富的实践经验和管理经验的人员组成安全生产专家组，并分成配电、消防、建筑施工、危险化学品、氨制冷 5 个分组。

安全生产专家组既要对企业进行监督，还要对企业进行具体指导和帮助。每季度进行一次集团所属 17 家企业联合大检查。比如锅炉组专门检查锅炉情况，消防组主要检查消防的所有设备设施，是否存在隐患，是否灵敏，或者消火栓是否有水，压力够不够，都有一个检查得很细的标准。每年到了采暖季节，在取暖锅炉运营之前，锅炉专家组就要下去进行专项检查，检查锅炉工是否确定并进行培训，所用锅炉工是否持证上岗；检查锅炉在停用期间的保养情况，锅炉的匹配情况，锅炉的供水情况等，及时发现隐患及时整改。

3. 开展群众性活动，发动全员提合理化建议

顺鑫集团在排查隐患工作中，除了建立机制和发挥专家组作用外，另一个非常有效的手段是发动全体员工参与安全隐患检查。顺鑫集团以“我为安全生产提合理化建议”活动为载体，建立员工安全生产合理化建议奖励机制，调动和激励全员开展隐患排查治理积极性。2008 年企业收到员工合理化建议 936 条，2009 年企业收到员工合理化建议 1 046 条，2010 年企业收到员工合理化建议 862 条，集团及所属各企业均给予了奖励。

集团所属创新食品分公司员工发现仓储部叉车充电间设有 20 个叉车充电器，原墙板为聚氨酯保温板，外面安装了一层铁板，阻燃效果较差，充电器插头经常触到铁板，若充电器发生漏电，易发生触电事故，若发生电器打火，易造成聚氨酯板引燃而引起火灾。员工建议在充电间四周墙壁加装防火板。企业给予采纳，积极进行了整改，有效消除了安全隐患。

创新食品分公司员工针对物流配送机动车驾驶员酒后驾车行为，建议公司购置驾驶员酒精检测仪，并建议每天出车前要对驾驶员进行酒精检测，避免驾驶员出现违法酒后驾车导致发生交通事故，对此企业积极给予采纳，企业在有效防控驾驶员酒后驾车取得突出实效。

顺鑫集团通过扎实开展事故隐患排查整治工作，集团的安全生产管理水平得到了提升，隐患和问题明显减少，为实现集团确定的安全生产“零隐患”管理目标和全面推行企业安全生产标准化管理奠定了基础。

四、顺鑫石门市场排查火灾隐患建立安全管理体系的做法

北京顺鑫石门农产品批发市场成立于 1994 年，2000 年北京顺鑫集团控股石门市场，完成了股份制改造，完善了现代企业制度，成为北京市农产品批发市场中唯一由上市公司控股的农产品批发市场。市场占地面积 50 万 m^2，建筑面积 15 万 m^2。现划分为蔬菜、果品、粮油、水产、肉蛋禽、调料、副食百货七个经营区域，固定商户 2 000 余家，场内交易品种达 10 000 多种，产品交易辐射全国 20 多个省市、200 余县和地区。市场日人口流量达 1.6 万余人，交易车辆 5 000 余辆。市场建有安全监控、食品检测、网络信息、电子结算、废弃物无公害处理五个中心，其中网络信息中心每天向相关部门报送价格信息，引导农副产品生产、运销和消费。石门市场现正成为首都的优质农产品集散中心、物流中心。

消防工作历来是顺鑫石门市场工作的重中之重，自 2010 年以来，该市场结合自身情况深入一线检查，对市场建筑、消防安全设施设备进行硬件升级，整改了一系列消防隐患。并且建立“消防安全四级管理体系”，为确保员工和商户在火灾发生时能快速反应，切实履行消防安全职责，市场定期对员工及商户进行消防培训并每年至少举办一次消防演习活动，从而取得了良好的成绩，保证了市场的安全。

顺鑫石门市场排查火灾隐患建立安全管理体系的做法主要如下：

1. 对消防安全设施进行硬件升级，整改消防隐患

“安全隐患猛于虎，对于 15 万 m^2 的石门市场来说，最大的隐患就是消防隐患”。对此，石门市场积极参加顺鑫集团组织开展的隐患自查自报培训，结合自身情况深入一线检查，对市场建筑、消防安全设施设备进行硬件升级，整改了一系列消防隐患。

石门市场 2003 年所建的 8 栋商业楼为彩钢板结构，墙体内部是泡沫板，上下两层，且结构为一家一户式经营，吃、住、商“三合一”，存在较为严重的消防安全隐患。通过参加隐患自查自报学习和开展实践，公司意识到市场内部交易厅在建筑结构上不符合消防安全标准，存在安全隐患。为消除交易厅火灾事故隐患，石门市场投资 5 000 万元对硬件设施进行了彻底改造。2009 年下半年开始，石门市场对 8 座经营用房进行整体改造。外部结构拆除原有彩钢板，全部改建砖混结构；内部结构由 8 个独立的商用楼合并为 4 个经营大厅，全部改为摊位式经营，电源由市场电工统一安装，实施公开透明化管理，彻底解决了“三合一”现象。

为了防范火灾事故，石门市场对经销商居住区的砖混结构的建筑也进行了全面的安全隐患排查并做出治理。目前，商户集中住宿的场所已拆除了住户一、二层之间楼梯、彻底将居住区与经营区分开、增设了室外逃生楼梯、将楼道窗改为安全门、确保发生火情的商户可以安全通过逃生门及室外楼梯撤离；其他方面，对居住区房屋进行用水、用电的改造，拆除了所有不合格线路和电器，定期对线路进行检修以避免因线路老化造成的火情。与此同时，市场又联合地区民警，对居住商户的液化气设备进行了检修，全部更换了合格的液化气软管。改造后的经销商居住区达到了消防标准，消除了火灾隐患。通过对交易厅及经销商户的硬件设施改造，也就从源头上杜绝了消防隐情。

为加强市场对火情应急处理这一薄弱环节，公司结合市场实际情况，对消防安全设施设备进行了升级改造，并组建了一支作风过硬、业务精湛的专职消防队伍，也做到了消除隐患。市场已完成消防水源系统与区市政自来水管线的连接，实现了市场自备井与市政管线双路供水，确保紧急情况下市场的水源供应；此外，还在办公区、交易区加装烟雾探测器、自动喷淋、手动报警器、监控等现代化消防设备，确保每个交易厅内消火栓、灭火器、安全标识等设备齐全并可有效使用；目前市场安全监控中心设立了消防中控系统，一旦出现自动或手动报警能及时实现统一调度。

石门市场由于其经营面积大、经营种类多，每天各类流动车辆在5 000余辆，因此建立义务消防队十分重要。目前石门市场所建立的这支9～11人的义务消防队队员是从消防退伍兵及优秀保安中选拔，每天进行消防员标准的体能训练，每周一、三、五进行小型消防演练，每月进行一次小的消防演习，并代表集团多次参加了顺义区消防比武活动，取得了优异成绩。例如2011年9月，由于烟头被风吹进一辆买菜的白色面包车，车辆发生自燃，市场消防队接到火警后立即出动，不到5 min就将火情解除，避免了一起火灾事故的发生。像这样的流动车辆自燃事故，义务消防队每年要解救四五起。

2. 建立“消防安全四级管理体系”，实现了系统化管理

完善的硬件设施加健全的安全管理体系共同发挥作用，才是确保市场平安和谐的双保险。

石门市场自2007年底开始着手建立“消防安全四级管理体系”，即将参与安全管理的人员分为四个层次，实现逐级检查，责任落实到人。体系规定，第一级为公司总经理，确保每月对市场进行一次全面的安全检查；第二级为公司安全生产负责人，确保每15天对市场进行一次全面的安全检查；第三级为部门负责人，确保每周对管辖区域进行安全检查；第四级为部门员工，按照责任区的划分，每天对管辖区域内的安全生产情况进行检查。此外，随着“消防安全四级管理体系”的运行，公司成立了安全生产领导小组并逐级签订责任书，将安全生产责任逐级落实。其中，集团公司与市场总经理签订责任书；市场总经理

与安全生产负责人每年签订责任书，明确考核内容；安全生产负责人与各职能部门签订责任书；职能部门与员工分别签订责任书。为了将安全责任贯彻到一线，各职能部门与商户也签订了安全生产协议，要求商户配合市场的管理。

“消防安全四级管理体系”建立后，石门市场安全生产工作实现了全员化、系统化、规模化管理。此外，公司结合市场实际情况又完善了消防安全四级检查内容及标准，结合公司 ISO9001 质量体系对记录的要求及绩效考核制度出台了《消防安全隐患检查百分考核细则》，并综合部门特点编制了安全生产日常工作检查记录表。石门市场经理助理杨洪超说：“这样一来，就对隐患进行了类型细分，如实验室易燃易爆试剂分类存放于铁柜、柜子顶部通风、两名专业化验员同时在场才能取用试剂，从而实现了安全检查由粗放型向精细化的转变。”

通过一系列制度管理体系的建立，很多以前没有重视的隐患得到了治理，也使市场各厅安全责任到人，提高了市场各级人员的安全意识，同时也实现了全员参与市场安全生产管理。可以说，为市场安全筑起了四重保险墙。

3. 做好安全知识培训，定期举办消防演习活动

为确保员工和商户在火灾发生时能快速反应，切实履行消防安全职责，市场定期对员工及商户进行消防培训并每年至少举办一次消防演习活动。

新员工及商户进入市场第一天，都要接受安全生产知识的培训和基础消防器材的使用培训，包括灭火器的使用方法、消火栓与水带枪的连接、交易厅手报复位的方法、识别自备消防井与市政消防井等。员工通过考核方可进入岗位继续接受业务培训。此外，在每年的企业内训中，消防安全、食品安全和道路交通安全培训至少开展一次，受训群体也由过去的干部员工扩大到市场经销商。

消防培训就是要让每一位员工、每一位商户都能时刻保持安全意识，消防隐患能整改，出现险情能自救，这就为商户吃了定心丸。

消防安全维系着石门市场万千经销商的人身和财产安全，抓消防更是要稳、准、狠，并一步一个脚印地扎实开展下去，才能实现安全生产“四个零”（零事故、零死亡、零损失、力争实现“零隐患”）的工作目标，才能确保市场平安、和谐。

第三章 冶金企业班组事故隐患排查治理做法

冶金工业是指对金属矿物的勘探、开采、精选、冶炼和轧制成材的工业部门，包括黑色冶金工业（即钢铁工业）和有色冶金工业两大类。冶金生产具有生产过程长、生产环节多、生产作业人员多、危险因素多的特点，比较容易发生各种事故。因此，企业特别需要注意加强安全生产基础工作，建立严密有序的安全管理体系和规章制度，完善安全生产管理规范、技术规范、人员行为规范，做好事故隐患排查治理工作，提高企业的安全保障能力。

第一节 冶金企业生产特点与事故特点

冶金企业的突出特点，是企业规模大，生产人员众多，生产工艺和流程复杂，高温高压、有毒有害及易燃易爆等危险因素多，在安全生产管理上稍有疏忽，就会造成设备事故或者人员伤害事故。因此，加强安全生产管理，及时排查生产过程中的事故隐患，消除不安全因素，是保证企业安全生产的重要环节。

一、冶金企业生产特点与危险

1. 冶金企业生产特点

我国冶金行业经过长时期的建设，目前已经形成包括由矿山、烧结、焦化、炼铁、炼钢、轧钢及相应的铁合金、耐火材料、碳素制品和地质勘探、工程设计、建筑施工、科学研究等部门构成的完整工业体系。

冶金企业按其生产产品和生产工艺流程可分为两大类型，即钢铁联合企业和特殊钢企业。钢铁联合企业的生产流程主要包括烧结（球团）、焦化、炼铁、炼钢、轧钢等生产工序，即长流程生产；特殊钢企业的生产流程主要包括炼钢、轧钢等生产工序，即短流程生产。钢铁联合企业中炼钢生产采用转炉炼钢或电炉炼钢，转炉炼钢以铁液为主要原料，电炉炼钢以废钢为主要原料。特殊钢企业中炼钢生产采用电炉炼钢，以废钢为原料。

冶金企业生产特点主要体现在两个方面。

一是企业规模庞大，生产工艺流程长，从金属矿石的开采，到产品的最终加工，需要经过很多工序，其中一些主体工序的资源、能源消耗量很大。而且我国冶金行业还在发展中，由于传统生产工艺技术发展的局限性，以及多年来基本上延续以粗放生产为特征的经济增长方式，整体工艺技术和装备水平比较落后，人均生产效率较低，并且生产环境的污染影响也较为严重。同时，由于冶金企业生产工序繁多，工艺流程复杂，人员众多，安全生产管理工作任务繁重，保障职工安全健康的难度较大。

二是冶金企业生产不同产品，种类繁多，工艺、设备复杂多样，设备体积大（如各种冶炼设备、运输设备体积都十分庞大）；产品质量高，冶炼生产温度高（如炼铁、炼钢的焰点和沸点高达1 000～2 000℃甚至以上）；粉尘烟害大，有毒、有害物质多，劳动条件艰苦，安全卫生问题突出，伤亡事故和职业病多。

2. 冶金企业运行特点

冶金企业一般规模较大，很多是集团性企业，组织架构复杂，员工数量多，运营过程中的物流、资金流和数据流巨大。近年来，我国冶金行业保持着高速发展，冶金企业的生产经营规模急剧扩张，企业间的兼并重组成为潮流，行业集中度不断提升，公司的管理幅度迅速加大，冶金企业出现了集团化发展趋势，资源整合成为冶金企业生产经营的重要课题。企业的竞争，也从传统的产品、技术、成本的竞争向资本、资源、服务的竞争转化，行业竞争日趋激烈。

冶金企业运行的主要特点如下：

（1）基本属于流程型行业，工艺环节多、连续性强，生产包含复杂的物理和化学过程，存在各种突变和不确定因素，原燃料成分和生产技术条件经常波动。为确保生产稳定顺利运行，需要根据物料、能量、质量要求制订最优的生产作业计划并进行动态的调度。

（2）严格的冶金产品质量规范，需要根据销售合同确定生产工艺和技术要求，产品要进行全过程的质量跟踪和严格的质量追溯，并为客户开具质量保证书。

（3）大宗原燃料在物流中占很大比重，物流过程中广泛使用各种大型计量器具，进行专门的计量检斤工作，并根据“优质优价”原则综合数量和质量情况确定最终价格。

（4）产品品种多，工艺过程长，同时存在大量的副产品和联产品，成本构成复杂，成本核算难度大。

（5）设备种类多、单位价值高，需要进行定期的设备大中修和经常性的设备保养以及点检定修，设备管理对于确保生产稳定顺利运行和安全生产具有重要意义。

我国的冶金工业水平虽然不断提高，但是还需要进一步提高冶金工业科技水平。冶金行业安全问题同样要引起高度重视，解决安全问题要采用综合性措施，常抓不懈。

3. 冶金企业安全生产特点

冶金企业生产包括烧结、炼钢、轧钢、焦化、制氧等多个环节，具有企业规模大、工艺流程长、配套专业多、设备大型化、操作复杂、连续作业等特点。在冶金生产过程中，既具有生产工艺条件所决定的高动能、高势能、高热能所带来的重大危险因素，又有化工生产常见的有毒有害物质，还有一般机械行业常见的机械伤害事故。因此，冶金企业安全生产特点，是危险源点多、危害大、高温作业和煤气作业多，作业环境差。

冶金企业安全生产面对的不利因素如下：

（1）冶金生产高温冶炼过程中产生的铁液、钢液危险性大。一旦由于罐体倾翻、泼溅、炉底烧穿，导致铁液、钢液遇水，就会发生爆炸，造成人员大量伤亡和重大经济损失；铁液、钢液喷溅易造成灼伤事故。

（2）各种工业气体使用量大、危险性大。冶金企业大量使用煤气作燃料，煤气的来源多，包括焦炉、高炉、转炉煤气等，使用场所更多，如炼铁、炼钢、轧钢以及其他辅助生产等都要用煤气作燃料；煤气输送管网和设备复杂，对主体生产系统影响大，一旦失控，立即影响到主体生产系统；煤气还极易造成中毒窒息、爆炸事故，导致人员大量伤亡。氧气是冶金工业重要的氧化剂，用量大，也极易发生爆炸事故。氮气作为保护气体，适用范围越来越大，易发生窒息事故。

（3）冶金企业大量使用起重机械、压力容器和压力管道等特种设备，危险性大。起重机械负荷大，吊运高温物体，作业环境恶劣，可能发生起重事故，一旦发生铁液罐、钢液罐倾翻事故，后果十分严重。压力容器或压力管道内的介质通常为高温、高压、有害物质，运行线路长，监测维护困难。

（4）冶金设备大型化、机械化、自动化程度较高，高温作业、煤气作业岗位多。作业时经常涉及高空、高温、高速运转机械，易燃易爆，有毒气体泄漏、腐蚀等危险状况，作业空间狭窄，立体交叉作业，容易发生中毒窒息、火灾爆炸、灼伤、高处坠落、触电、起重伤害和机械伤害事故。

（5）冶金企业粉尘、噪声、高温、有毒有害等职业危害严重，随着自动化水平的不断提高，单调作业引起疲劳等问题，影响越来越大。

（6）主体生产对辅助系统的依赖程度高，一旦出现紧急状况，处置不当极易引起重特大事故。冶金企业生产工艺复杂、危险因素多，造成伤亡事故的原因多种多样。

根据对全国 38 家大型钢铁企业在 2001—2007 年间的伤害事故进行统计分析表明，机械伤害、起重伤害、物体打击等事故发生的频率高，死亡人数位于各类事故的前三名。因此，对这三类事故的预防，是冶金企业安全生产管理的重点。

4. 炼铁生产过程中存在的主要危险

炼铁生产工艺设备复杂、作业种类多、作业环境差，劳动强度大。炼铁生产过程中存在的主要危险源有烟尘、噪声、高温辐射、铁液和熔渣喷溅与爆炸、高炉煤气中毒、高炉煤气燃烧爆炸、煤粉爆炸、机具及车辆伤害、高处作业危险等。根据历年事故数据统计，炼铁生产中的主要事故类别按事故发生的次数排序分别为灼烫、机具伤害、车辆伤害、物体打击、煤气中毒和各类爆炸等事故。此外，触电、高处坠落事故以及尘肺病、矽肺病和慢性一氧化碳中毒等职业病也经常发生。导致事故发生的主要原因为人为原因、管理原因和物质原因三个方面。人为原因中主要是违章作业，其次是误操作和身体疲劳。管理原因中最主要的是不懂或不熟悉操作技术，劳动组织不合理；其次是现场缺乏检查指导，安全规程不健全，以及技术和设计上的缺陷。物质原因中主要是设施（备）工具缺陷，个体防护用品缺乏或有缺陷；其次是防护保险装置有缺陷和作业环境条件差。

5. 炼钢生产过程中存在的主要危险

炼钢生产中高温作业线长，设备和作业种类多，起重作业和运输作业频繁，主要危险源有高温辐射、钢液和熔渣喷溅与爆炸、氧枪回火燃烧爆炸、煤气中毒、车辆伤害、起重伤害、机具伤害、高处坠落伤害等。炼钢生产的主要事故类别有氧枪回火、钢液和熔渣喷溅等引起的灼烫和爆炸，起重伤害，车辆伤害，机具伤害，物体打击，高处坠落，以及触电和煤气中毒事故。统计表明，炼钢生产安全事故的主要原因有人为的违章作业和误操作、作业环境条件不良、设备有缺陷、操作技术不熟悉、作业现场缺乏督促检查和指导、安全规程不健全或执行不严格、个体防护措施和用品有缺陷或缺乏等。

6. 轧钢生产过程中存在的主要危险

轧钢生产主要由加热、轧制和精整三个主要工序组成，生产过程中工艺、设备复杂，作业频繁，作业环境温度高，噪声和烟雾大。主要危险源有高温加热设备，高温物流，高速运转的机械设备，煤气、氧气等易燃易爆和有毒有害气体，有毒有害化学制剂，电气和液压设施，能源、起重运输设备，以及作业、高温、噪声和烟雾影响等。根据冶金行业综合统计，轧钢生产过程中的安全事故在整个冶金行业中较为严重，高于全行业的平均水平，事故的主要类别为机械伤害、物体打击、起重伤害、灼烫、高处坠落、触电和爆炸等。事故的主要原因依次为违章操作和误操作、技术设备缺陷和防护装置缺陷、安全技术和操作技术不熟悉、作业环境条件缺陷，以及安全规章制度执行不严格等。

7. 冶金生产过程中存在的其他危险

冶金企业在生产过程中存在的其他危险主要有如下两类。

（1）煤气生产过程中存在的主要危险及事故类别和原因。冶金生产中大量产生和使用煤气的有：高炉煤气、焦炉煤气、转炉煤气、发生炉煤气和铁合金煤气。各种煤气的组成成分及所占百分比各不相同，主要成分为一氧化碳、氢气、甲烷、氮气、二氧化碳等。煤气是冶金生产中主要的危险源之一，其主要危害是腐蚀、毒害、燃烧和爆炸。煤气事故的主要类别有：急性中毒和窒息事故、燃烧引起的火灾和灼烫事故、爆炸形成的爆炸伤害和破坏事故。冶金生产过程中导致煤气事故发生的主要原因是：违章操作或误操作、设备（施）及防护装置的自身缺陷、安全技术知识缺乏、现场缺乏检查指导和监护措施、监护装置与个体防护用品缺乏或有缺陷，以及事故预防与救护措施不完善等。

（2）氧气生产过程中存在的主要危险源及事故类别和原因。冶金生产过程中大量使用氧气。氧气易助燃，几乎与一切可燃物可进行燃烧，与其他可燃气体按一定的比例混合后极易发生爆炸，其主要危险是易燃烧和易爆炸。氧气燃烧时通常温度很高，火势很猛，灾害严重，氧气燃烧导致的灼烫和烧伤事故往往烧伤面积大、深度深，难以治愈。氧气爆炸时通常强度很大、很猛烈，冲击性、破坏性和毁灭性极强。冶金生产过程中导致氧气事故发生的原因主要是氧气燃烧或助燃造成的火灾、烧伤事故和氧气爆炸形成的爆炸事故，其伤害和破坏程度都很严重。分析统计表明，冶金生产中引发氧气事故的主要原因是：人为的违章操作和误操作、设备设施装置的缺陷，以及缺乏安全技术知识和操作不熟练等。

二、冶金企业事故类别与特点分析

1. 冶金企业的事故致因原因

按照事故能量转移理论的观点，事故的直接原因是人或物接收了一定量的不能够接收的能量或危害性物质。从物理学的观点来看，可以把生产过程看作是一个能量转换和做功的过程，或者说是一个能量流动的过程。当能量在流动过程中出现了违反人们意志的异常能量逸散时，就可能产生事故。如果逸散的能量对物做功就产生设备事故；对人做功，则发生人身伤亡事故。因此在一般生产过程中，事故是由于能量逸散所造成的。

能量有各种形式，如机械能（包括动能和势能）、光能、热能、化学能、原子能等。因能量逸散所造成的事故，次数最多的是机械能，电能的逸散也颇为常见。热能、化学能和原子能的逸散，次数虽然较少，但往往会造成重大事故。

冶金生产过程既有冶金工艺所决定的高热能、高势能的危害，又有化工生产具有的有毒有害、易燃易爆和高温高压危险。同时，还有机具、车辆和高处坠落等伤害，特别是冶金生产中易发生的钢液、铁液喷溅爆炸，煤气中毒或燃烧、爆炸等事故，其危害程度极为严重。此外，冶金生产的主体工艺和设备对辅助系统的依赖程度很高，如突然停电等可能造成铁液、钢液在炉内凝固，煤气网管压力突然骤降等而引发重大事故。因此，冶金工厂的危险源具有危险因素复杂、相互影响大、波及范围广、伤害严重等特点。

2. 冶金企业主要事故类别

近年来，在冶金企业生产中，以爆炸、冒顶、片帮、交通运输、提升设备、中毒等方面的事故为最多，而且多是死亡事故。安全工作应以预防这方面的事故的发生为重点。

冶金企业生产过程具有设备、工艺复杂，设备设施、工序工种量多面广，交叉作业，频繁作业，危险因素多等特点。主要危险源如下：高温，噪声，烟尘危害，有毒有害、易燃易爆气体和其他物质中毒、燃烧及爆炸危险，各种炉窑的运行和操作危险，高能高压设备的运行和操作危险，高处作业危险，复杂环境作业危险等。

冶金生产过程中的主要事故类型为煤气中毒、火灾和爆炸，高温液体喷溅、溢出和泄漏，电缆火灾，煤粉爆炸等。除此之外，还有机械伤害，车辆伤害，起重伤害，高温及化学品导致的灼烫伤害，有毒有害气体和化学品引起的中毒和窒息，可燃气体导致的火灾和爆炸，高处坠落事故等。

3. 冶金企业事故设备设施方面的因素

冶金生产企业事故发生的原因，其中有设备设施因素。

（1）生产工艺的复杂性决定了危险因素的复杂性。冶金生产过程中既有生产工艺所决定的高热能、高势能危害，又有化工生产所具有的有毒、易燃、易爆问题和深度制冷及高温、高压问题，还有一般矿山作业、机械加工、建筑、运输生产中容易发生的机械伤害、起重伤害、中毒窒息、火灾爆炸等危险性。

（2）生产设备设施的复杂性决定了生产的危险性。冶金生产过程中既有矿山作业必需的各类爆炸、掘进、运输、提升、破碎、通风、选矿等设备，也有机械加工必需的各类机床和通用起重设施，基建作业必需的搅拌、碾压、浇灌设备和塔吊、升降机，焦化生产和制氧、制氢必需的各类反应（分镏）塔、反应器、加热炉和储罐、储槽，还有钢铁生产特有的高炉、转炉、电炉、各类轧制设备、专用起重设备等。各种设备在生产、检修过程中，都存在着不同程度的危险性。

（3）生产设备的自动化、机械化、半机械化、手工作业并存与差异造成了生产的危险性。冶金生产工程项目的建设，因不同历史时期的设计、施工在技术水平上存在差异，同时也受到业主当时的经济状况及客观环境的影响，因而生产设备设施在本质安全化方面存在很大的差别。一般来说，20 世纪八九十年代建成投产的企业所使用的基本上是高度自动化、本质安全化水平也较高的设备；而早期建成投产的大型冶金企业的生产设备，则是以机械化和半机械化为主；特别是一些较早建成的地方中型骨干企业，设备基本上是机械化、半机械化、手工操作并存。

（4）生产过程对辅助系统的依赖程度高所造成的生产危险性。钢铁生产是一个连续性生产过程，不论从生产角度还是从安全角度考虑，其主体生产设备对辅助系统的依赖程度都很高。如突然停电，特别是较长时间停电，铁液、钢液可能在炉内凝固；又如供蒸汽、供氮气系统压力过低，都可能使煤气设备在生产及检修过程中发生事故；而消防系统如果存在严重缺陷，可能因火灾预防不力或扑救失败而造成重大人员伤亡和财产损失。

4. 冶金企业事故安全管理方面的因素

近年来，冶金企业，尤其是大型冶金生产企业，在现代化安全管理、安全生产规章制度的制定与实施、安全生产责任制落实、安全教育培训、伤亡事故管理、“三同时”管理等方面开展了大量的工作，并取得了可喜的成绩，但由于市场经济及机构改革大潮的冲击，安全管理工作还存在着许多问题，主要有如下几方面表现。

（1）设备设施安全装备水平下降，隐患较多。据统计，冶金生产企业共有约1亿 m^2 的工业建筑，大部分于20世纪70年代投入使用，到2000年已有相当大一部分面临退役；近万台起重设备中，50%也是70年代投入使用的仿苏制产品，目前也面临淘汰更换；其他设备、管道情况基本类似。更有甚者，许多地方中型骨干企业的辅助系统仍远未达到与主体生产系统相适应的程度，还存在严重的设备设施超负荷或带“病”运行的状况。

（2）对生产过程中存在的危险因素尚未进行认真、系统的发掘。冶金生产过程中存在各种危险因素，而这些危险因素至今尚未真正被人们所了解和认识，这对系统改造和系统控制都是极为不利的。应借助于一定的理论、技术指导，对这些危险因素进行全面发掘，才可能使从事安全管理、生产管理、设备管理、技术管理的人员都能较为深入、系统地掌握有关的危险状况，使其从事的工作针对性更强，管理效果更好。

（3）安全管理工作总体上还未跳出传统管理的框框。传统安全管理最大的特点是以事故管理为中心。这是一种以安全规章制度建立、安全教育、安全检查、安全评比为主要工作内容的被动管理模式。过去几十年里，该模式虽然对保障企业生产顺利进行和保护职工安全健康发挥了重要的作用，然而随着时间的推移，其作用逐渐发挥到了极限，效果越来越难以令人满意。因此，需要与时俱进，结合新形势、新情况，探索安全生产管理新的思路、新的方法。

（4）安全管理机构的设置和人员配置上还存在问题。近年来，在企业转变经营管理机制的改革中，部分企业安全管理部门被并入生产部门，有的安全管理职能被分解到几个不同的管理部门，使具体安全管理工作出现了无人抓或难于抓好的局面。安全人员的配备过分强调安全管理经验，忽视了年龄结构和知识结构上的要求，从而使安全管理人员较难适应安全管理知识、技术更新和发展的要求。

5. 冶金企业事故中人员操作方面的因素

轨迹交叉事故模式认为，事故是由于人的不安全行为和物的不安全状态，在一定的空间和时间里相互交叉的结果。该模式揭示，事故的发生由三方面因素造成：人的不安全行为、物的不安全状态、管理因素（即空间和时间的调度）。环境条件和物的状况不良以及管理上的缺陷可能形成生产中的事故隐患，由于人为原因的触发，就可能形成事故。简而言之，事故的发生主要是物的不安全状态（或称故障）和人的不安全行为（失误）两大因素共同作用的结果。

实际上，人的不安全行为和物的不安全状态互为因果。有时是设备的不安全状态导致了人的不安全行为，人的不安全行为又会促进设备不安全状态的发展，事故的发生往往不是简单的人与物两个系列轨迹交叉，而是呈现非常复杂的情况。

6. 冶金企业生产中存在的主要职业危害

冶金企业生产中主要的危害因素是高温、强辐射热、粉尘、一氧化碳和噪声等，由此会对员工的身体健康造成危害。

（1）高温和强辐射灼热。在冶金企业生产中从矿粉的加工烧结、炼焦、炼铁、炼钢、轧钢等每个环节都属高温作业，有的车间夏季气温比室外高 15～20℃，因此较易发生人员中暑。灼热的物体辐射出的大量红外线，易引起职业性白内障。

（2）粉尘危害。在矿石生产中，从井下开采、运输、破碎到选矿、混料、烧结等环节都有很高浓度的粉尘，在耐火材料加工、炼焦、炼钢的过程中也有大量粉尘产生，长期接触会发生尘肺，多为矽肺。

（3）一氧化碳中毒。在煤气中一氧化碳含 30%左右，故在接触煤气的岗位，如不注意防护，就可能发生一氧化碳中毒。

（4）其他伤害。化学工业中的空压机、风机、轧钢机等发出的强噪声，易引起耳聋；由于接触火焰、钢液、钢渣、钢锭的机会较多，最容易发生烧灼伤；接触高温辐射的作业人员中，易发生火激红斑、色素沉着、毛囊炎及皮肤化脓等疾患；由于高温作用，肠道活动出现抑制反应，使消化不良和胃肠道疾患增多，高血压的发生率也比一般工人多。

第二节　冶金企业事故隐患排查治理相关规定

近年来，国家安全生产监督管理总局为了进一步加强冶金行业安全生产监督管理，规范冶金企业安全生产行为，督促冶金企业切实落实安全生产主体责任，先后制定了一系列规定。在此介绍与冶金关系较大的规章，主要有《冶金企业安全生产监督管理规定》《关于冶金企业贯彻落实〈国务院关于进一步加强企业安全生产工作的通知〉的实施意见》等。

一、《冶金企业安全生产监督管理规定》相关要点

2009 年 9 月 8 日，国家安全生产监督管理总局公布《冶金企业安全生产监督管理规定》（国家安全生产监督管理总局令第 26 号），自 2009 年 11 月 1 日起施行。

《冶金企业安全生产监督管理规定》分为五章三十九条，各章内容为：第一章　总则、第二章　安全保障、第三章　监督管理、第四章　罚则、第五章　附则。制定本规定的目的，是根据安全生产法等法律、行政法规，为了加强冶金企业安全生产监督管理工作，防止和减少生产安全事故和职业危害，保障从业人员的生命安全与健康。

1. 总则中的有关规定

在“第一章　总则”中，对相关事项作了规定。

◆从事炼铁、炼钢、轧钢、铁合金生产作业活动和钢铁企业内与主工艺流程配套的辅助工艺环节的安全生产及其监督管理，适用本规定。

◆国家安全生产监督管理总局对全国冶金安全生产工作实施监督管理。

县级以上地方人民政府安全生产监督管理部门按照属地监管、分级负责的原则，对本行政区域内的冶金安全生产工作实施监督管理。

◆冶金企业是安全生产的责任主体，其主要负责人是本单位安全生产第一责任人，相关负责人在各自职责内对本单位安全生产工作负责。集团公司对其所属分公司、子公司、控股公司的安全生产工作负管理责任。

2. 有关安全保障的规定

在“第二章　安全保障”中，对相关事项作了规定。

◆冶金企业应当遵守有关安全生产法律、法规、规章和国家标准或者行业标准的规定。

焦化、氧气及相关气体制备、煤气生产（不包括回收）等危险化学品生产单位应当按照国家有关规定，取得危险化学品生产企业安全生产许可证。

◆冶金企业应当建立健全安全生产责任制和安全生产管理制度，完善各工种、岗位的安全技术操作规程。

◆冶金企业的从业人员超过 300 人的，应当设置安全生产管理机构，配备不少于从业人员 3‰比例的专职安全生产管理人员；从业人员在 300 人以下的，应当配备专职或者兼职安全生产管理人员。

◆冶金企业应当保证安全生产所必需的资金投入，并用于下列范围：

（1）完善、改造和维护安全防护设备设施。

（2）安全生产教育培训和配备劳动防护用品。

（3）安全评价、重大危险源监控、重大事故隐患评估和整改。

（4）职业危害防治，职业危害因素检测、监测和职业健康体检。

（5）设备设施安全性能检测检验。

（6）应急救援器材、装备的配备及应急救援演练。

（7）其他与安全生产直接相关的物品或者活动。

◆冶金企业主要负责人、安全生产管理人员应当接受安全生产教育和培训，具备与本单位所从事的生产经营活动相适应的安全生产知识和管理能力。特种作业人员必须按照国家有关规定经专门的安全培训考核合格，取得特种作业操作资格证书后，方可上岗作业。

冶金企业应当定期对从业人员进行安全生产教育和培训，保证从业人员具备必要的安全生产知识，了解有关的安全生产法律法规，熟悉规章制度和安全技术操作规程，掌握本岗位的安全操作技能。未经安全生产教育和培训合格的从业人员，不得上岗作业。

冶金企业应当按照有关规定对从事煤气生产、储存、输送、使用、维护检修的人员进行专门的煤气安全基本知识、煤气安全技术、煤气监测方法、煤气中毒紧急救护技术等内容的培训，并经考核合格后，方可安排其上岗作业。

◆冶金企业的新建、改建、扩建工程项目（以下统称建设项目）的安全设施、职业危害防护设施必须符合有关安全生产法律、法规、规章和国家标准或者行业标准的规定，并与主体工程同时设计、同时施工、同时投入生产和使用（以下统称“三同时”）。安全设施和职业危害防护设施的投资应当纳入建设项目概算。

建设单位对建设项目的安全设施“三同时”负责。

建设单位应当按照有关规定组织建设项目安全设施的设计审查和竣工验收。

◆建设项目在可行性研究阶段应当委托具有相应资质的中介机构进行安全预评价。

建设项目进行初步设计时，应当选择具有相应资质的设计单位按照规定编制安全专篇。安全专篇应当包括有关安全预评价报告的内容，符合有关安全生产法律、法规、规章和国家标准或者行业标准的规定。

◆建设项目安全设施应当由具有相应资质的施工单位施工。施工单位应当按照设计方案进行施工，并对安全设施的施工质量负责。

建设项目安全设施设计作重大变更的，应当经原设计单位同意，并报安全生产监督管理部门备案。

◆建设项目安全设施竣工后，应当委托具有相应资质的中介机构进行安全验收评价。建设项目安全设施经验收合格后，方可投入生产和使用。

安全预评价报告、安全专篇、安全验收评价报告应当报安全生产监督管理部门备案。

◆冶金企业应当对本单位存在的各类危险源进行辨识，实行分级管理。对于构成重大危险源的，应当登记建档，进行定期检测、评估和监控，并报安全生产监督管理部门备案。

◆冶金企业应当按照国家有关规定，加强职业危害的防治与职业健康监护工作，采取有效措施控制职业危害，保证作业场所的职业卫生条件符合法律、行政法规和国家标准或者行业标准的规定。

计量检测用的放射源应当按照有关规定取得放射物品使用许可证。

◆冶金企业应当建立隐患排查治理制度，开展安全检查；对检查中发现的事故隐患，应当及时整改；暂时不能整改完毕的，应当制订具体整改计划，并采取可靠的安全保障措施。检查及整改情况应当记录在案。

◆冶金企业应当加强对施工、检修等工程项目和生产经营项目、场所（以下简称工程项目）承包单位的安全管理，不得将工程项目发包给不具备相应资质的单位。工程项目承包协议应当明确规定双方的安全生产责任和义务。安全措施费用应当纳入工程项目承包费用。

冶金企业应当全面负责工程项目的安全生产工作，承包单位应当服从统一管理，并对工程项目的现场安全管理具体负责。

工程项目不得违法转包、分包。

◆冶金企业应当从合法的劳务公司录用劳务人员，并与劳务公司签订合同，对劳务人员进行统一的安全生产教育和培训。

◆冶金企业应当建立健全事故应急救援体系，制定相应的事故应急预案，配备必要的应急救援装备与器材，定期开展应急宣传、教育、培训、演练，并按照规定对事故应急预案进行评审和备案。

◆冶金企业应当建立安全检查与隐患整改记录、安全培训记录、事故记录、从业人员健康监护记录、危险源管理记录、安全资金投入和使用记录、安全管理台账、劳动防护用品发放台账、“三同时”审查和验收资料、有关设计资料及图样、安全预评价报告、安全专篇、安全验收评价报告等档案管理制度，对有关安全生产的文件、报告、记录等及时归档。

◆冶金企业的会议室、活动室、休息室、更衣室等人员密集场所应当设置在安全地点，不得设置在高温液态金属的吊运影响范围内。

◆冶金企业内承受重荷载和受高温辐射、热渣喷溅、酸碱腐蚀等危害的建（构）筑物，应当按照有关规定定期进行安全鉴定。

◆冶金企业应当在煤气储罐区等可能发生煤气泄漏、聚集的场所，设置固定式煤气检测报警仪，建立预警系统，悬挂醒目的安全警示牌，并加强通风换气。

进入煤气区域作业的人员，应当携带煤气检测报警仪器；在作业前，应当检查作业场所的煤气含量，并采取可靠的安全防护措施，经检查确认煤气含量符合规定后，方可进入作业。

◆氧气系统应当采取可靠的安全措施，防止氧气燃爆事故以及氮气、氩气、珠光砂窒息事故。

◆冶金企业应当为从业人员配备与工作岗位相适应的符合国家标准或者行业标准的劳动防护用品，并监督、教育从业人员按照使用规则佩戴、使用。

从业人员在作业过程中，应当严格遵守本单位的安全生产规章制度和操作规程，服从管理，正确佩戴和使用劳动防护用品。

◆冶金企业对涉及煤气、氧气、氢气等危险化学品生产、输送、使用、储存的设施以及油库、电缆隧道（沟）等重点防火部位，应当按照有关规定采取有效、可靠的防火防爆措施。

◆冶金企业应当根据本单位的安全生产实际状况，科学、合理确定煤气柜容积，按照《工业企业煤气安全规程》（GB 6222—2005）的规定，合理选择柜址位置，设置安全保护装置，制定煤气柜事故应急预案。

◆冶金企业应当定期对安全设备设施和安全保护装置进行检查、校验。对超过使用年限和不符合国家产业政策的设备，及时予以报废。对现有设备设施进行更新或者改造的，不得降低其安全技术性能。

◆冶金企业从事检修作业前，应当制定相应的安全技术措施及应急预案，并组织落实。对危险性较大的检修作业，其安全技术措施和应急预案应当经本单位负责安全生产管理的机构审查同意。在可能发生火灾、爆炸的区域进行动火作业，应当按照有关规定执行动火审批制度。

◆冶金企业应当积极开展安全生产标准化工作，逐步提高企业的安全生产水平。

冶金企业发生生产安全事故后，应当按照有关规定及时报告安全生产监督管理部门和有关部门，并组织事故应急救援。

3. 有关违规处罚的规定

在“第四章　罚则”中，对相关事项作了规定。

◆冶金企业违反本规定相关规定的，给予警告，并处 1 万元以上 3 万元以下的罚款。

◆冶金企业有下列行为之一的，责令限期改正；逾期未改正的，处 2 万元以下的罚款：

（1）安全预评价报告、安全专篇、安全验收评价报告未按照规定备案的。

（2）煤气生产、输送、使用、维护检修人员未经培训合格上岗作业的。

（3）未从合法的劳务公司录用劳务人员，或者未与劳务公司签订合同，或者未对劳务人员进行统一安全生产教育和培训的。

二、《关于冶金企业贯彻落实 < 国务院关于进一步加强企业安全生产工作的通知 > 的实施意见》相关要点

2010 年 12 月 20 日，国家安全生产监督管理总局印发《关于冶金企业贯彻落实 < 国务院关于进一步加强企业安全生产工作的通知 > 的实施意见》（安监总管四〔2010〕208 号）。《实施意见》指出：为认真贯彻落实《国务院关于进一步加强企业安全生产工作的通知》（国发〔2010〕23 号，以下简称国务院《通知》）精神，切实推动冶金企业落实安全生产主体责任，全面加强冶金企业安全生产工作，结合我国冶金企业安全生产的特点和具体情况，制定本实施意见。

本实施意见中冶金企业（以下简称企业）是指炼铁、炼钢、轧钢企业，以炼铁、炼钢、轧钢为主的钢铁联合企业，以及与之配套的烧结、球团、氧气、耐火、碳素、铁合金等企业。

1. 强化制度建设，切实落实企业安全生产主体责任

（1）建立健全安全生产责任体系。企业要建立主要负责人、分管安全生产负责人和其他负责人在各自职责内的安全生产工作责任体系。安全生产责任体系必须做到责任具体、分工清晰，主体明确、责权统一。

企业主要负责人（法定代表人、董事长、总经理等）是企业安全生产第一责任人，全面负责企业的安全生产工作，落实国家安全生产的方针、政策，严格执行有关安全生产的法律法规和标准，建立健全安全生产责任制；建立健全安全生产管理机构，配备与岗位要求能力相适应的人员；组织制定安全生产规章制度和操作规程，督促检查执行落实情况；加强全员的安全教育和技能培训；保证各项安全生产投入的有效落实；组织开展隐患排查治理工作，及时消除生产安全事故隐患；完善生产安全事故应急预案，保证应急处置；及时、如实报告生产安全事故；及时解决各种影响企业安全生产的问题。

集团公司对其所属分公司、子公司、控股公司的安全生产工作负领导和管理责任，强化安全生产管理，确保企业安全生产责任制层层落实到位。

（2）建立健全完善安全生产规章制度、标准和规程。企业要按照有关安全生产法律法规、标准和规范性文件的要求，建立健全安全生产管理制度，完善各工种、岗位的安全技术操作规程。必须建立以下安全管理制度：安全设备设施管理、检修施工管理、危险源管理、特种作业管理、危险品存储使用管理、电力管理、能源动力介质使用管理、隐患排查治理、监督检查管理、工作联系和确认、外用工管理、劳动防护用品管理、安全教育培训、事故应急救援、安全分析预警与事故报告、生产安全事故责任追究、安全生产绩效考核与

奖惩等制度，并根据国家有关安全生产法律行政法规、国家标准、行业标准的更新和生产需要，及时对安全生产规章制度、作业标准、岗位技术操作规程等进行修订完善。

(3) 加强安全生产管理机构建设。企业从业人员超过300人（含本数）的，应当设置安全生产管理机构，配备不少于从业人员3‰比例的专职安全生产管理人员；从业人员在300人以下的，应当配备专职或者兼职安全生产管理人员。安全生产管理机构应具备相对独立的职能，安全生产管理人员要具备胜任本企业安全生产工作的能力，取得相关证书，同时享受相当类别管理岗位的待遇。

(4) 实施领导干部和管理人员现场带班制度。企业要针对本企业实际，制定领导干部和管理人员值班和现场带班制度。加强现场安全管理，特别是加强涉及煤气、高温金属液体、交叉作业、受限空间作业等重点环节、部位的安全管理，及时发现和解决问题。值班和现场带班制度要在企业明显场所公告，接受职工监督。

(5) 保证安全生产投入。企业要保证安全生产所必需的资金投入，足额提取安全资金，并保证下列事项所需资金的提取和使用：维护、改造、不断完善安全防护设备设施；安全生产教育培训和配备劳动防护用品；安全评价、重大危险源监控、重大事故隐患评估和整改；职业危害防治，职业危害因素检测、监测和职业健康体检；设备设施安全性能检测检验；应急救援器材、装备的配备及应急救援演练；其他与安全生产直接相关的物品或者活动。

(6) 加强职业健康管理。企业要按照国家有关规定，加强职业危害控制和职业健康监护。企业应保证作业场所的职业卫生条件符合法律法规和标准规定，为从业人员配备与工作岗位相适应的符合国家标准或者行业标准的劳动防护用品，并教育监督从业人员正确佩戴、使用。

(7) 加强安全文化建设。企业要积极创造良好的安全生产工作氛围，把安全文化建设融入到企业管理工作中。倡导班组自主管理，定期交流经验，充分发挥工会、共青团、妇联等组织的作用，倡导全员关爱生命、遵章守纪、安全生产的理念。

2. 强化工艺、装备安全管理，提高本质安全水平

(1) 加强建设项目安全设施“三同时”制度落实。企业新建、改建、扩建工程项目的安全设施必须符合有关安全生产法律法规、规章和国家标准或者行业标准的规定，并与主体工程同时设计、同时施工、同时投入生产和使用。建设过程中要严格落实建设、设计、施工、监理、监管等各方的安全责任。

企业在建设项目可行性研究阶段应当委托具有相应资质的专业服务机构进行安全预评价。建设项目进行初步设计时，应当选择具有相应资质的设计单位按照规定编制安全专篇；建设项目安全设施设计作重大变更的，应当经原设计单位同意，并报安全监管部门备案。

建设项目安全设施应当依法由具有相应资质的施工单位施工，竣工后应当委托具有相应资质的专业服务机构进行安全验收评价，验收合格后方可投入生产和使用。预评价报告、安全专篇、验收评价报告、竣工验收报告应当报安全监管部门备案。

（2）开展危险因素辨识。企业要运用直观性危险因素辨识、专业性危险因素辨识、系统性危险因素辨识等方法以及管理人员、专业人员和从业人员三结合的工作方式，有效组织开展危险因素辨识和风险分析工作，发现并识别生产工艺、设备设施以及作业环境中存在的各类危险因素，并对危险因素进行有效控制。

企业在采用新工艺、新技术、新材料和新设备前，必须了解、掌握其安全技术特性，熟悉各种危险因素及可能造成的危害，有针对性地制定安全预防措施，并对操作和维修人员进行专门的安全生产教育和培训。

（3）及时排查治理事故隐患。企业要把事故隐患排查治理作为日常性工作开展，建立健全事故隐患排查治理、建档和监控等制度，逐级建立并落实从主要负责人到一线作业人员的事故隐患排查治理和监控责任制，做到整改措施、责任、资金、时限和预案“五到位”，对事故隐患整改效果要及时复核确认，确保整改到位。同时要结合事故隐患及治理情况，及时修订和完善相关安全管理规章制度。要建立事故隐患报告和举报奖励制度，鼓励从业人员及时发现和消除事故隐患，并给予适当奖励和表彰。

（4）规范生产行为，淘汰落后技术、工艺和设备。企业要杜绝超生产能力、超负荷、超定员组织生产，坚持不安全不生产；积极采用安全性能可靠适用的技术装备和生产工艺；定期对安全设备设施进行检查、校验。对不符合国家和行业有关安全标准、安全性能低下、职业危害严重、危及安全生产的落后技术、工艺和装备，及时予以淘汰。对现有设备设施进行更新或者改造的，不得降低其安全技术性能。

（5）加强安全防护装置设施管理。企业要建立安全防护装置设施管理登记表和逐级检查台账，健全检查、维护、检修及其评价、管理机制，确保各类安全防护装置设施齐全、完善、有效，切实将作业场所各类危险、有害因素控制在安全范围内，保障作业人员人身安全。

（6）加强危险源监控管理。企业要对本单位存在的各类危险源实行分级管理。对于构成重大危险源的，要登记建档，进行定期检测、评估和监控，制定应急预案，告知从业人员在紧急情况下应当采取的应急措施，并报安全监管部门备案。对其他重要危险源，也要登记建档，并自行安排定期检测、评估和监控，确保危险源始终处于受控状态。

企业要对煤气系统、高温液态金属、电气系统等危险性较大的作业进行重点监控。

1）煤气系统监控管理。企业要明确专门机构负责煤气的安全管理，设立人员配备不少于 8 人的煤气防护站，并配足相应的专业技术人员及相关检测检验设备和防护用品。建立健全煤气安全管理制度，如区域管理、教育培训考核、岗位运行检查、专业检查、检修管理、监护等制度；应当对从事煤气生产、储存、输送、使用、维护、检修人员进行专门的煤气安全基本知识、煤气安全技术、煤气检查方法、煤气中毒紧急救护技术等内容的培训，并经考核合格后，方可安排上岗作业。要对全员进行煤气安全基本知识、煤气中毒紧急救护技术等内容的培训。

各种主要的煤气设备、阀门、放散管、管道支架等应编号、设立警示标志，各类带煤气作业处、可能泄漏煤气处均须设立明显警示标志；煤气辅助设施保持完好有效；对于设备腐蚀情况、管道壁厚、支架标高等每年重点检查一次，并将检查情况记录备案；煤气危险区域（如地下室、加压站、地沟、热风炉及各种煤气发生设施附近）的一氧化碳浓度必须定期测定。要按照《国家安全监管总局关于印发进一步加强冶金企业煤气安全技术管理有关规定的通知》（安监总管四〔2010〕125 号）的要求，在煤气危险区域，安装固定式一氧化碳监测报警装置；为在煤气区域工作的作业人员配备一氧化碳检测报警仪，并于 2011 年年底前完成。

煤气检修要制定检修工作方案、停气和吹扫方案、送气置换方案等方案。方案应包括组织指挥机构，检修内容和涉及范围，检修程序，安全措施和应急处置等内容，并严格办理有关作业的许可证，做好安全确认，进行严格检测并记录，做到统一指挥、令行禁止。

2）高温液态金属的管理。吊运高温液体应采用冶金专用的铸造起重机，并保证安全可靠。设备本体、抱闸、限位器、钢丝绳、吊具要保持完好；铁液罐、钢液包、渣锅、电炉料罐、中间包、料槽等设备耳轴、砖炉衬及转炉、电炉、AOD 炉炉衬要保证安全可靠。

企业的会议室、活动室、休息室、更衣室等人员密集场所必须设置在安全地点，不得设置在高温液态金属的吊运影响范围内；承受重荷载和受高温辐射、热渣喷溅、酸碱腐蚀等危害的建（构）筑物，要按照有关规定定期进行安全鉴定。

3）电气系统的监控管理。企业的各种电气设备指示灯、指示牌、带电显示装置、仪表、保护装置要运行正常，设备闭锁装置完好，无重大隐患、缺陷；按周期对电气设备、绝缘用具进行预防性试验和继电保护调试；二次设备自动保护装置、保护掉牌无事故状态下全部复位，各种计量表指示正常；电力电缆远离传送带、管道等易燃易爆物品和装置设备，防火封堵良好；严格执行电业安全技术规程；供用电协议手续齐全；事故应急预案完备；作业人员持证上岗；作业过程中组织措施和技术措施正确、完善；运行接线图与实际设备相吻合，运行方式合理。

（7）加强安全技术管理和技术研发。企业要明确技术管理机构的安全职能，按规定配备安全技术人员，切实落实企业负责人安全生产技术管理负责制，强化企业主要技术负责人的技术决策和指挥权。要加强安全生产技术研发，积极引进或采用先进适用安全技术、操作规程，加快安全生产关键技术装备的换代升级和采用先进适用的技术装备，提高本质安全水平。

3. 强化作业过程控制，提高企业安全生产管理水平

（1）开展作业前风险分析。企业要根据生产操作、工程建设、检维修、维护保养等作业的特点，全面开展作业前风险分析。要根据风险分析的结果采取相应的预防和控制措施，消除或降低作业风险。作业前风险分析的内容要涵盖作业过程的步骤、作业所使用的工具和设备、作业环境的特点以及作业人员的情况等。未实施作业前风险分析、预防控制措施不明确或不落实的不得开始作业。

（2）严格危险作业许可管理。企业要建立危险作业许可制度，对动火作业，受限空间作业、临时用电作业、高处作业、抽堵盲板作业、设备检维修作业等危险性作业实施许可管理。

能源动力介质设备及设施检修作业必须执行工作票制度，能源动力系统停送必须执行操作票制度。

企业要建立关键操作确认机制（如开关锁定、操作界面对话框、重复确认、双人联合操作等）。作业前要明确作业过程中所有相关人员的职责，明确安全作业规程或标准，确保作业过程涉及的人员都经过有关培训并具备相应资质，参与作业的所有人员都应掌握作业的范围、风险和相应的预防控制措施。必要时，作业前要进行预案演练。无关人员禁止进入危险作业场所。

（3）加强作业过程管理与监督。企业要加强对作业人员按照操作规程实施作业的监督，及时纠正和制止违章指挥、违章操作、违反劳动纪律行为。对实施许可的作业，要明确专人进行监督和监护。作业人员必须遵守安全生产规章制度、操作规程和劳动纪律，有权拒绝违章指挥，有权了解本岗位的职业危害；发现直接危及人身安全的紧急情况时，有权停止作业和及时撤离危险场所。

凡进行动火作业，必须按程序办理动火审批，取得作业许可证；必须对作业对象和环境进行危害分析和可燃气体检测分析，经现场检查和确认后，方可作业。

进入全封闭、半封闭设备、地下受限空间和地上受限空间等受限空间作业，必须办理进入受限空间作业许可证。落实作业现场通风、照明、警戒、防护、应急等措施；作业前要对现场有毒有害气体进行检测；要确保机械设备安全可靠，配足个体安全防护设备设施，安排专人监护等。

从事高处作业时，必须系好安全带，在 15 m 以上的高处作业时，必须办理高处作业许可证。

临时用电作业必须办理临时用电许可证，进入容器内作业必须使用安全电压和防爆灯具；移动式电动器具要装有漏电保护装置。

盲板抽堵作业必须办理盲板抽堵作业许可证，盲板材质、尺寸必须符合设备安全要求。

（4）加强交叉作业和相关方管理。企业在正常生产与建设施工或检修之间出现交叉作业的情况下，要全面负责建设施工和检修的安全生产工作，对建设施工或检修承担统一、协调、管理的职责，必须签订安全管理协议，将涉及本企业和施工企业、检修单位安全生产管理的事项纳入本企业的安全管理体系；必须制定施工或检修方案，其安全技术措施和应急预案须经相关机构负责人审查同意。对涉及的各项工作内容、各个单位的任务、安全技术交底、职责等做出明确规定，未经重新确认不得更改。

企业对承担工程建设、检维修、维护保养的相关方要加强管理。要对相关方进行资质审查，选择具备相应资质、安全业绩好的企业作为相关方。要对进入企业的相关方人员进行安全教育，向相关方进行作业现场安全交底，对相关方的安全作业规程、施工方案和应急预案进行审查，对相关方的作业过程进行全过程监督。严格控制工程分包，严禁违法分包、层层转包。

4. 规范安全教育培训，提高全员安全素质

（1）建立安全培训机制。把安全培训工作纳入本单位年度工作计划，切实做好培训的需求调查、策划、准备、实施、效果评价工作。企业要明确安全培训部门的职责权限、工作程序、要求和目标。建立健全从业人员安全培训档案，详细、准确记录培训考核情况。法人代表、厂长（经理）、分管负责人和安全生产管理人员（专兼职）必须按照国家有关规定，经过专门安全生产教育培训，具备与本单位所从事的生产经营活动相应的安全生产知识和管理能力，经有资质的培训机构进行培训考核合格后，取得培训合格证，才能上岗。

企业要保证安全生产教育培训所需人员、资金和设施，加强企业内部安全培训师资队伍和教材等建设。没有培训能力的单位可委托有资质的安全生产培训机构进行培训，或利用广播、电视和网络等实行远程培训和社会化教学。

（2）加强新进、转岗、离岗后重新上岗等新上岗人员的安全培训工作。企业要对新上岗人员进行厂、车间（工段、作业区、队）、班组三级安全生产教育培训。新上岗人员，在上岗前按照国家规定课时，经过厂、车间（工段、作业区、队）、班组三级安全教育培训，培训合格方可上岗作业。厂级培训不得低于 8 学时，车间级培训不得低于 16 学时，班组级培训不得低于 24 学时。每年须复训一次，复训时间不少于 18 学时。

（3）强化特种作业人员安全教育培训。企业要按照国家有关规定对从事电气、起重吊运（含电梯）、锅炉、压力容器、车辆驾驶（含厂内车辆驾驶）、焊接（电焊、气焊）、高处作业、煤气、爆破、工业探伤等工程的作业人员，进行专门的安全培训，经考核合格，取得有关资格证书后，方可上岗作业。

（4）加强相关方人员安全培训教育。对从事本企业生产活动的相关方人员，要纳入本企业全员安全培训教育范围，开展入厂安全教育；临时进驻企业生产作业场所进行技术服

务、施工检修、参观访问等相关方单位人员，企业要按照有关法律要求，对其进行危险告知义务，同时实施安全交底和安全监护。

5. 严格安全监督检查和考核

（1）加强安全生产监督检查。企业要完善各级监督检查责任，采取日常与定期检查的方式对各项管理制度、规程、标准、要求以及作业现场的整体受控状态进行监督检查。

安全监督检查要按照“谁检查、谁负责”“一级检查一级，一级对一级负责”的原则，明确检查标准、检查内容、检查形式以及检查重点，严肃认真实施监督检查，做好检查记录；并在此基础上，建立、完善相关工作台账，健全基础数据库，定期分析研究安全管控状态，采取针对性对策，推动企业安全监督检查工作走向标准化、规范化。

企业要根据各自特点，加强对危险程度较高、事故多发的生产工艺环节的监督检查，要以高炉、转炉等重要设备，铁液、钢液等高温金属液体的吊装和运输等主要环节，煤气等能源动力介质的生产、输送和使用区域，煤粉制备场所等为重点，有针对性地确定监督检查的内容和方式，并进行经常性检查。对检查中发现的隐患，要下达隐患整改指令，实施动态跟踪、闭环管理。隐患整改完成后要进行验证，对没有及时整改或整改不到位，导致发生事故的，要严肃追究相关责任人的责任。

（2）严格安全绩效考核。企业要定期对下属单位安全生产状况进行绩效考核。要围绕过程控制和结果设置安全绩效指标，并按照相应职责分解落实到各岗位；通过对分解指标的定期测量、监控、奖惩，严格实行层级负责的制度。要将发生的人身伤害事故、现场作业受控情况、管理制度、标准等的落实情况作为能否完成绩效指标的主要依据，建立激励约束机制，加大安全生产责任追究在职工绩效工资、晋级、评先评优等考核中的权重，重大责任事项实行“一票否决”，不断提升企业安全管理绩效。

6. 强化事故及应急管理，切实提高事故防控处置能力

（1）加强应急管理。企业要根据国家相关法规和标准要求，规范应急预案的编制、评审、发布、备案、培训、演练和修订等环节的管理。应急预案编制过程中，要始终把保障从业人员的人身安全作为事故应急响应的首要任务，赋予企业生产现场的带班人员、班组长、生产调度人员在遇到险情时第一时间下达停产撤人命令的直接决策权和指挥权，提高突发事件初期处置能力，最大限度地减少或避免事故造成的人员伤亡。应急预案要与周边相关企业（单位）和当地政府应急预案相互衔接，形成良好的应急联动机制。

企业要完善基层作业场所、各岗位的应急处置方案。现场处置方案应结合作业现场的风险特征和事故特点，制定具体的报告、报警、应急处置、个人防护及应急疏散等程序，内容具体、操作便捷。

要定期组织开展逐级应急预案的培训、宣传教育和实际操作演练，及时补充和完善应急预案，不断提高应急预案的实用性、针对性和有效性，增强企业应急响应能力。

企业要依据安全生产风险评估结果和国家有关规定，配置与抵御企业风险要求相适应的应急装备、物资，做好应急装备、物资的日常管理维护，满足应急的需要。

(2) 建立完善企业安全生产预警机制。企业要建立危险分级预警体系，通过对系统主要参数进行全过程监测，实现对危险源安全状况的有效监控；完善危险源动态监控，及时发现事故征兆，发布预警信息并启动逐级预警防范措施。

有条件的企业要建设具有日常应急管理、风险分析、监测监控、预测预警、动态决策、应急联动等功能的应急指挥平台。

(3) 规范事故管理。企业要根据有关安全生产法律法规的要求，制定本单位生产安全事故管理办法，明确报告、调查、处理程序及具体要求。要建立举报制度，设立举报电话，鼓励职工举报生产安全事故。发生事故后，要按照有关规定及时报告安全监管部门和其他有关部门，不得迟报、漏报、谎报、瞒报。事故发生后要及时启动事故应急救援预案，采取措施组织抢救，防止事故扩大，减少人员伤亡和财产损失。

(4) 严格开展事故调查，切实吸取事故教训。要对照安全生产法律法规和有关标准，切实查清事故原因，分清事故责任，明确防范措施和整改要求，保证落实到位。

要建立事故警示制度，及时通报各类生产安全事故信息，开展事故案例教育，提高职工安全意识和发现问题、分析问题、整改问题的能力。要结合事故暴露出的问题，针对性地辨识岗位事故隐患和风险，及时制定安全措施，修订安全操作规程和作业标准，改善现场安全设施，改进管理不足。要主动获取国内外同行业的事故信息，对照事故查找自身不足。定期进行事故统计分析，及时发现事故发生的趋势和规律，有效防止各类事故发生。

《关于冶金企业贯彻落实 < 国务院关于进一步加强企业安全生产工作的通知 > 的实施意见》，还对认真开展安全生产标准化，全面实施企业安全达标；加强监管执法，促进企业主体责任落实等事项提出要求。

第三节　冶金企业典型事故案例分析

冶金行业与其他行业相比较，由于企业规模大、人员多，因而管理幅度和管理难度都较大；而且由于冶金企业生产特点，危险因素也比较多，存在火灾爆炸危险、有害气体危害、高温辐射危害、机械噪声危害、人员触电伤害、机械伤害、起重伤害等，如果安全管理不善或者事故隐患没有及时消除，都容易导致人员重大伤亡事故的发生。因此，研究分析事故案例和导致事故的原因是十分必要的。在此从事故隐患排查治理的角度，对由于设备设施隐患未能及时消除引发的事故案例和人员违章作业隐患未能及时消除引发的事故案例进行分析，吸取事故教训，防范事故的重复发生。

一、设备设施隐患未能及时消除引发的事故

1. 支架湿滑存在隐患，人员不慎跌落地面导致的伤亡事故

2009 年 1 月 4 日，马钢公司第一能源总厂煤气分厂第三运行作业区煤气柜停柜检修中，一名作业人员在完成取样后，从临时检修平台下来的过程中，由于支架湿滑，不慎跌落地面，头部撞到排水沟沿导致伤亡。

事故经过：

2009 年 1 月 4 日，马钢股份公司第一能源总厂煤气分厂第三运行作业区 20 万 m^3 煤气柜要停柜检修。为了检修，在煤气柜的人孔旁边用毛竹搭设临时检修平台，并将煤气取样、检验等工作的任务单下达给防护作业区作业长夏某某，夏某某将任务单交给三厂区防护班长董某某，布置了工作任务，检查了呼吸器等安全防护用具。11 时 30 分左右，开始对煤气柜进行氮气置换工作，氮气置换后，董某某等 3 名防护人员开始气柜检查和取样检验工作，由王某某在现场监护。13 时 40 分左右，董某某逐一对气柜的几处取样点进行气体取样，14 时 40 分左右，董某某佩戴着氧气呼吸器，携带一氧化碳报警仪和取样球胆，第三次爬上气柜西侧的检修平台（高约 3 m），在气柜五带的人孔处进行气体取样，取样完毕后，转过身来准备下平台，由于支架湿滑，董某某不慎跌落在地面的排水沟上，仰面朝天，口鼻出血，头戴的安全帽已破损。现场人员立刻将董某某送往市中心医院，经抢救无效，于当日 15 时 30 分左右死亡。经法医鉴定，董某某系颅脑损伤致死。

事故原因分析：

造成事故的直接原因，是董某某在完成取样后，从临时检修平台下来的过程中，由于身背超过 10 kg 的呼吸器，一只手拿着取样球胆，支架湿滑，不慎跌落地面，头部撞到排水沟沿并导致死亡。

造成事故的间接原因，是临时检修平台存在安全隐患，竹制检修平台和支架雨后湿滑，缺少有效的防滑、防坠落技术措施，人员在上下和作业过程中有滑跌的危险，对所存在的隐患未能及时消除。

事故教训：

对于此类作业，作业区要严格执行作业前的安全设施、用具的检查确认程序；认真进行安全交底工作，加强安全交底内容的针对性；确保对作业全过程的安全监督检查。因此，

事故单位要持续深入开展作业现场安全隐患排查整改工作；加强对各类作业安全措施的检查，确保作业安全措施落实到位。

2. 喊话器损坏未听到主控室喊话，传送带突然启动导致的伤亡事故

2009 年 2 月 19 日，本钢炼铁厂原料运输车间二工段丙班一名皮带工，在传送带运输机尾部清理落地料时，由于安装在传送带尾部的喊话器损坏，未听到主控室喊话，突然启动的传送带将其头部、右手挤在传送带与下托辊之间，经抢救无效死亡。

事故经过：

2009 年 2 月 19 日 13 时 30 分，本钢炼铁厂原料运输车间二工段丙班皮带工孟某某，同本班工长费某某到 4A 传送带运输机尾部清理落地料。当时由于传送带没有运转，两人在没有切断机头操作箱内急停开关和事故拉线开关的情况下，进入传送带下方进行清理作业。当清理完靠近头轮方向的间隔后，费某某在传送带外侧将清出的球团往运输带上装，孟某某又进入靠近传送带尾轮的另一间隔继续清理。13 时 50 分，4A 传送带准备运转，操作工周某通过指令电话向现场喊话三次以后启动传送带。由于安装在 4A 传送带头部、中部和尾部的喊话器中的尾部喇叭损坏，加之二人正在集中精力作业，未听到主控室喊话，突然启动的传送带将孟某某头部、右手挤在距尾轮 1.4 m 处的返传送带与下托辊之间，孟某某经抢救无效死亡。

事故原因分析：

造成事故的直接原因，一方面是皮带工孟某某违章操作，自我保护意识不强，在未将机头操作箱开关打到零位或将拉线开关断开的情况下，进入传送带下方进行清理作业。另一方面是 4A 传送带尾部喊话器喇叭长时间损坏没有及时发现并维修，致使操作工与主控室唯一的通信联系中断，导致操作工听不见有关传送带启动的喊话。

事故教训：

事故单位要加强设备设施的检查、维护（包括传送带头、尾轮、传动部位的安全防护，安全事故开关、拉绳、传送带架子护栏、安全过桥、上下走梯等，不完善的要提出整改计划），提高设备本质化安全程度。同时要进一步提高职工自我保护能力，要从岗位操作技能培训（包括安全操作规程）开始，使职工从学习《安全操作规程》向熟练掌握《安全操作规程》转变，从而达到了解工艺、掌握技能、识别风险，做到规范操作。

3. 天车夹钳出现机械卡阻将上料工左手夹住造成的伤害事故

2009 年 3 月 30 日 4 时左右，广东韶钢热轧宽板厂一名上料工在指挥天车吊运一块短坯进行转运时，由于夹钳出现机械卡阻，将这名上料工的左手夹住，造成其左手食指、中指、无名指和小指严重受损并截肢事故。

事故经过：

2009年3月30日4时左右，广东韶钢热轧宽板厂丙作业班加热组上料工谭某某（男，25岁，工龄6年）负责加热炉上料。3时50分左右，谭某某指挥天车吊运一块宽3.1 m、长2.15 m的短坯进行转运，当天车将坯料放至过跨平板车上且准备松开夹钳时，夹钳出现机械卡阻，夹钳开闭器的触头轴没有落到位，造成天车钩头从夹钳吊耳脱出并晃动一会儿后停止。此时，谭某某发现天车脱钩，于是爬上平板车（高约1 m），左手扶住夹钳钳臂，准备攀爬钳臂，当谭某某手扶钳臂时，夹钳钳臂受自身重力影响突然下落，将其左手夹住，谭某某大声叫喊。在不远处的作业员工听到谭某某发出的叫喊声后立即朝平板车处赶来，随即发现谭某某的左手被夹钳钳臂夹住。现场人员爬上平板车并将天车钩头挂好，指挥天车点动将夹钳钳臂缓慢升起，将谭某某的左手从夹钳钳臂拉出，然后将谭某某送往医院抢救治疗。经医生诊断，谭某某的左手食指、中指、无名指和小指严重受损，需截去，属重伤事故。

事故原因分析：

造成事故的直接原因，是夹钳开闭器导向轴磨损严重，导向套破裂，连杆之间磨损严重且变形，存在隐患，机器带“病”工作，没有及时排查出隐患并进行修复。

造成事故的间接原因是，上料工谭某某安全意识差，且明知天车脱钩，夹钳钳臂未下落到位，安全监护不够，仍然进行作业。同时，热轧宽板厂安全工作开展得不具体、不细致、不深入，安全管理存在漏洞和死角。

事故教训：

事故单位要从专业角度提升作业现场本质安全水平，应定期进行专项安全检查，及时发现设备设施存在的隐患，并积极消除隐患，不要拖延治理，不应导致发生事故再进行处理。通过隐患排查和整治作业环境，为员工创造一个安全舒适的作业环境。同时要强化各项安全管理基础工作，建立健全安全生产管理制度和岗位操作规程，促使岗位员工操作有章可循，行为规范，安全作业，并严格按照“严、实、细、全”的原则狠抓落实，从严、从细、从实细化安全管理，夯实安全管理基础。

4. 地面油滑没有及时清理，作业人员滑倒导致的右上肢碾压事故

2009年8月8日，攀枝花钢钒有限公司冷轧厂精整车间丙作业区纵切丙班上中班，一名作业人员拿着加油装置，准备对近端圆盘剪剪刃进行加油时，因右脚踩在圆盘剪锁紧装置旁地面未踩稳，身体失去重心，滑倒向运行中的带钢，结果造成右上肢碾压、完全损毁伤（已截肢）事故。

事故经过：

2009年8月8日，攀钢集团攀枝花钢钒有限公司冷轧厂精整车间丙作业区纵切丙班上

中班，16 时 45 分该班在现场原车间办公楼下重卷/纵切交接班室集中重卷、纵切机组两个作业小组召开班前会。21 时 35 分左右，该班组精整工尹某，从主控台走向圆盘剪，右手戴着手套，拿着加油装置，准备对近端圆盘剪剪刃进行加油。由于纵切机组圆盘剪区域地面因人工加油作业存在较多油污，导致地面油滑，当尹某右手举起加油装置向外伸出时，不慎滑倒向运行中的带钢，尹某立即用左手抓住圆盘剪立柱坊，大声呼喊“停机”。此时，正在尾部进行打捆作业的付某听到呼救声迅速跑向主控台，按下停机按钮。机组停运后，检查发现尹某右手卡在运行中的圆盘剪操作侧第一剪刃和带钢胶圈之间。经现场处置急救并送攀钢总医院进行救治后，确诊为右上肢碾压、完全损毁伤（已截肢），构成重伤事故。

事故原因分析：

造成事故的直接原因，一方面是精整工尹某在纵切机组运行过程中对圆盘剪剪刃进行加油，违反相关规定，属于违章作业。另一方面是纵切机组圆盘剪区域地面因人工加油作业存在较多油污，导致地面油滑，没有做好及时清理，致使尹某在作业时滑倒。

造成事故的间接原因，纵切机组上有高速运行的带钢、运转的托辊、圆盘剪剪刃等转动、传动机械与部位，而在作业人员紧靠机组频繁活动区域缺乏相应的安全屏护设施，没有从设备本质安全上规避人机危险接触。同时，精整车间没有针对此类加油简单作业认真辨识危险因素，并从作业本质安全角度为职工设计安全的作业流程或创造安全的作业条件。

事故教训：

事故单位要吸取事故教训，立即对作业区域地面油污及时清理，研究可靠的防滑措施。对纵切机组存在的安全设施缺陷进行整改，同时针对纵切机组圆盘剪安全运行进行专题研究，对类似岗位存在的安全设备、操作等问题进行分析和整改。整改内容包括立即对圆盘剪剪刃加油润滑方式进行改造，从根本上杜绝职工可能存在的违章行为；在圆盘剪剪刃添加润滑油作业地面增设操作平台；增设临时安全活动栏杆；在圆盘剪入口操作侧增设屏护装置等。

5. 防护栏杆倾斜变形没有及时修复导致的调车员被挤伤亡事故

2009 年 1 月 10 日，首钢总公司运输部北京作业队车务作业区乙班一名调车员，在指挥机车分五次连挂 10 辆废钢重车时，司机与调车员配合不当，导致调车员被倾斜变形的车辆防护栏杆挤在废钢车之间，当场死亡。

事故经过：

2009 年 1 月 10 日 4 时 15 分左右，首钢总公司运输部北京作业队车务作业区乙班调车员苑某某（男，50 岁，调车员），指挥机车冷剪南股东头分五次连挂 10 辆废钢重车。列车分布顺序为：第一个货位 3 节车辆、第二个货位 2 节车辆、第三个货位 2 节车辆、第四个货位 2 节车辆、第五个货位 1 节车辆。4 时 30 分，在连挂最后一辆废钢车时，司机孙某某收到苑某某发出的红灯停车信号立即停车。停车后发现机车调车台红灯停车信号长亮，同时语音不间断提示“停车、停车”的异常情况，负责瞭望的司机韩某某立即到被挂车辆处查看，发现调车员苑某某被倾斜变形的车辆防护栏杆挤在第九辆和第十辆废钢车之间，当场死亡。

事故原因分析：

造成事故的直接原因，一方面是废钢车防护栏杆损坏，严重变形，向外倾倒，探出车辆约 0.8 m，存在严重事故隐患而没有及时发现并消除。另一方面是调车员苑某某在车辆未停稳的情况下，进入运行中的废钢车之间处理钩挡问题，违反了设备使用维护规程中的有关规定，被正在运行中的车辆与损坏外探的栏杆挤压致死。

造成事故的间接原因，是班组安全管理中存在严重漏洞，班组隐患排查治理工作不落实，未及时发现排除废钢车防护栏杆损坏的事故隐患，同时班组职工存在严重违章行为查纠不力。

事故教训：

事故单位在事故发生后，立即全面开展以“规范操作行为，严查违章操作，消除事故隐患，严格岗位责任追究”为主题的安全生产大检查活动，制定安全检查重点及隐患排查治理要点方案，全面开展安全大检查，拟订检查重点，对重点地区、重点环节进行检查，确保检查及时、准确、有效。

二、人员违章作业隐患未能及时消除引发的事故

1. 操作车床加工拉力试样时衣袖被试样绞入导致的人员伤亡事故

2009 年 3 月 20 日，重庆东华特殊钢有限责任公司技质部物理室试样加工组下午上班后，一名老工人在操作 CA6140 普通车床加工拉力试样时，右手衣袖被旋转的拉力试样绞入，人往前倾斜，头与旋转的车床夹头撞击，导致死亡。

事故经过：

2009 年 3 月 20 日 14 时 30 分，重庆东华特殊钢有限责任公司技质部物理室试样加工组下午上班后，陈某某（物理室试样加工组组长，张某某的师傅）根据当天加工任务，安排张某某（试样工）操作 CA6140 普通车床，加工两个拉力试样。张某某按照组长的安排，立即开动车床加工试样。完成一个拉力试样的加工后，在加工另一个拉力试样时，感觉加工的难度较大，于是请师傅陈某某到车床指导，张某某站在陈某某右侧听其讲解。约 15 时 25 分左右，陈某某使用锉刀（外缠砂布）抛光试样斜坡度时，由于未按安全操作规程穿戴劳动防护用品，右手衣袖被旋转的拉力试样绞入，人往前倾斜，头与旋转的车床夹头撞击，人体突然趴在车床上，张某某立即关机。现场人员立即通知 120，120 急救车到现场后，医

生发现陈某某已死亡。

事故原因分析：

造成事故的直接原因，是试样加工组组长陈某某，在指导加工拉力试样时，未按安全操作规程穿戴劳动防护用品，右手衣袖被旋转的拉力试样绞入，人往前倾斜，头与旋转的车床夹头撞击，由此导致死亡。

造成事故的间接原因，是技质部对职工遵章守纪教育不够，对职工违章现象检查、督促、纠正不力。

事故教训：

事故单位要吸取教训，组织职工学习本岗位、本工种安全操作规程和规章制度，结合公司近几年的事故教训，切实加强职工安全意识的教育和劳动纪律的管理，认真开展查找隐患的工作，查找身边的“物的不安全状态，人的不安全行为”，建立相应的管理考核制度，做到随时检查，严格考核，杜绝类似事故的重复发生。

2. 除盐水池内作业中缺乏有效通风换气贸然作业导致的伤亡事故

2009 年 3 月 21 日，中国第四冶金建设公司曹妃甸工程项目部闵某带领 2 名农民工到京唐钢铁公司连铸车间水泵房除盐水池进行池壁渗漏修复作业，2 人先后下到池底后相继晕倒，3 名救援人员闻讯下池救人也晕倒在除盐水池内。事故共造成 5 人窒息晕倒，送医院医治无效死亡。

事故经过：

2009 年 3 月 21 日 8 时 30 分，中国第四冶金建设公司曹妃甸工程项目部闵某带领 2 名农民工到京唐钢铁公司连铸车间水泵房除盐水池（长 20 m、宽 4.6 m、高 3.65 m，容积约 320 m^3）进行池壁渗漏修复作业。业主事先已将水池水位降至溢流最低点（池内剩余水深约 0.5 m）。13 时 45 分左右，2 人先后下到池底（池内余水已在当天中午前排除）相继晕倒。电工张某等 2 人闻讯下池救人，也晕倒在除盐水池内。电工安某顺爬梯下到水池一半高度时，发现池内已有 4 人倒地，感觉情况异常顺爬梯回到池上。管道安装工段长郭某带人赶至事故现场，误以为是触电导致下池人员晕倒，在断电后让管道工杨某某下池救人，导致杨某某缺氧窒息倒在池内。事故共造成 5 人窒息晕倒，送医院医治无效死亡。

事故原因分析：

造成事故的直接原因，是作业人员在除盐水池内作业过程中，在未经检测、不明池内环境和缺乏有效通风换气措施保障（作业人员在作业前准备了通风换气用的轴流风机，但在实际作业时没有使用）的情况下，贸然在缺氧危险场所作业，从而导致事故的发生。经事故调查确认，事故是由稳压罐内氮气随回水管道反串到除盐水池内，造成池内氮气含量超标、严重缺氧，导致作业人员下池后窒息死亡。

造成事故的间接原因，是工程总项目经理部对有限空间缺氧作业危险性认识不足，事前没有制定相应的安全措施和安全预案；对公司职工安全教育培训不到位，作业人员安全知识水平匮乏，安全意识差；现场施救人员缺乏必要的救护知识，盲目施救，致使施救人员缺氧窒息，导致事故扩大。

事故教训：

在危险环境下作业，要严格按照国家安全生产的有关标准、规程、规定，制定相应的安全预案和事故防范措施，加强现场监管，防止事故发生。因此，事故单位要加强对员工的安全教育与抢险救援培训，提高员工安全素质，特别是要增强在危险作业时自我保护意识及自救互救能力。某些事故发生后，一些自发参与救援的非专业救援人员，不佩戴或缺乏有效保护装备，结果造成自身伤害，酿成次生事故，教训非常惨痛。要重视开展对职工，特别是危险岗位作业人员的自我保护和科学救援知识的教育与培训，经常性地组织开展应急救援演练，并将此作为管理部门日常安全检查的重要内容。

3. 私自将煤气接入值班室燃烧取暖，煤气泄漏人员中毒伤亡事故

2009 年 3 月 26 日，新疆鄯善县金汇铸造有限公司 3 号高炉机修车间工人赵某等 3 人因天气较冷，使用室外放置的取暖煤气炉的炉芯，通过橡胶管将煤气接入机修值班室已停止使用的燃煤炉燃烧取暖，煤气泄漏，3 人因煤气中毒而窒息死亡。

事故经过：

2009 年 3 月 26 日，新疆鄯善县金汇铸造有限公司 3 号高炉机修车间工人赵某等 2 人早上接班，持续工作到次日凌晨（机修车间执行 24 小时上班制）。因天气较冷，使用室外放置的取暖煤气炉的炉芯，通过橡胶管将煤气接入机修值班室已停止使用的燃煤炉燃烧取暖。因炉芯为自制，不符合安全要求，煤气燃烧不充分，发生煤气泄漏，造成 2 人中毒。凌晨 4 时到 5 时，3 号高炉闫某某也来到机修车间取暖休息，结果 3 人因煤气中毒而窒息死亡。

事故原因分析：

造成事故的直接原因，是赵某等人安全意识不强，违反安全生产规章制度和操作规程，私自将煤气接入机修值班室燃烧取暖，发生煤气泄漏，导致事故发生。而 3 号高炉闫某某到机修值班室休息，没能发现赵某等 2 人因吸入过量煤气已处于昏迷状态，不仅没能及时制止悲剧的发生，还导致事故的扩大。

造成事故的间接原因，是公司对安全生产工作重视不够，安全管理不到位，安全管理制度不健全，相关责任制不落实；对从业人员进行安全生产教育和培训流于形式，对禁止使用的炉芯、橡胶管等设备未进行严格管理，对职工违规使用明令禁止的取暖行为处理不严，未能引起职工的警觉；对作业场所和工作岗位存在的危险因素认识不到位，在有较大

危险因素的生产场所和有关设施、设备上未设置安全警示标志；擅自延长劳动者的工作时间，造成职工疲劳。

事故教训：

事故单位要认真吸取事故教训，进一步提高安全生产认识，将安全生产工作摆在重要位置，消除设备的不安全状态和人的不安全行为。针对事故，在全公司开展一次安全大检查，特别是在煤气输送、使用等方面认真查找隐患并及时整改，杜绝煤气中毒事故的重复发生。要进一步规范和完善安全操作规程，规范工作程序，细化安全管理的内容，建立健全安全生产责任制和日常安全监督检查制度，及时发现并处理各类生产安全事故隐患，杜绝类似事故的发生。

4. 进行设备维修时在没有确认停电情况下不慎触电伤亡事故

2009 年 6 月 22 日，邯郸钢铁集团有限责任公司焦化厂运焦车间一名职工在进行设备维修时，没有按照“电气安全操作规程”中一人操作、一人监护的规定执行，在没有确认停电的情况下，就开始检修前的准备工作，不慎触电死亡。

事故经过：

2009 年 6 月 22 日早 6 时左右，邯郸钢铁集团有限责任公司焦化厂运焦车间 1# 消火车熄焦后，司机张某某发现 1# 消火车无法向北行走，随后通知值班电工，值班电工汲某某接到电话后与当班班长许某某（男，31 岁）一起赶到现场，许某某上到 1# 消火车上检查，初步判断缺一相电，便安排汲某某去煤塔下配电箱处停电。汲某某停完电后遇见了班长杨某某，两人协商一人看护配电箱，一人监护许某某干活。张某某返回 1# 消火车处后，发现许某某躺在地上，立即通知电工汲某某和班长杨某某到现场，一边对许某某在现场进行人工呼吸和心肺复苏等急救，一边立即通知邯钢急救中心医务人员到现场救护，经邯钢医院抢救无效死亡。

事故原因分析：

造成事故的直接原因，是许某某本人安全意识不强，没有按照“电气安全操作规程”中一人操作、一人监护的规定执行，同时在没有确认停电的情况下，就开始检修前的准备工作，不慎触电死亡。

造成事故的间接原因，焦化厂和维修车间两级安全管理和安全培训教育不到位，作业人员安全意识淡薄，不按照规程操作。

事故教训：

事故单位要加强安全规章制度的完善和执行，结合生产实际并参照国家最新的标准，及时修订完善三大规程，并组织职工学、背、用安全规程。确保在实际工作中认真贯彻落实，积极开展安全隐患排查活动，发动广大职工揭、摆、查安全方面特别是“三违”方面存在的问题，消除安全隐患，提升安全管理水平。加大安全工作监督管理力度，严格落实各项安全措施，强化联保互保工作。

5. 检修高炉过程中人员习惯性违章作业导致的中毒伤亡事故

2009 年 9 月 18 日，山西省襄汾县强盛铁合金厂在检修高炉过程中，在未经确认是否具备输送煤气条件和采取其他相关安全措施的情况下，开始向东烧结机输送煤气，导致正在检修作业的 3 人中毒身亡，另有 1 名员工在前往关闭煤气管道阀门时中毒身亡。

事故经过：

2009 年 9 月 17 日，山西省襄汾县强盛铁合金厂安排部署检修工作，主要检修高炉热风阀，布袋净煤气阀，东、西烧结热破筛，带输送，东烧结阀盖密封箱体盖板等。9 月 18 日 10 时，高炉休风。11 时，甲班开始检修，当班烧结工（又称炉前工）没有按规程要求关闭煤气阀门和打开煤气放散阀即进行了作业。16 时，乙班班长李某某，安排 2 名烧结工在东烧结平台配合机修工焊接阀盖密封箱体漏水点和盖板。18 时 25 分，高炉恢复送风。18 时 50 分左右，在未经确认是否具备输送煤气条件和采取其他相关安全措施的情况下，开始向东烧结机输送煤气，而郭某某等 4 人仍在东烧结机平台下密封阀盖箱体内执行检修作业。由于高炉煤气输送到东烧结机的管道阀门未关闭，放散阀也未打开，煤气通过管道进入烧结机密封阀盖箱体内，正在检修作业的 3 人（包括郭某某在内）中毒死亡，1 人因临近箱体入口处轻微中毒得以生还。当发现煤气阀门未关闭时，另有 1 名员工在前往关闭煤气管道阀门时中毒身亡。

事故原因分析：

造成事故的直接原因，是在检修前，甲班没有按规定关闭煤气阀门、打开放散阀，违反安全操作规程作业；乙班在没有办理工作票、没有确认煤气阀门的状态、没有进行箱体内煤气浓度检测、没有准备安全防护设施、没有指派专门安全监护人员的情况下，安排人员进入箱体内违章作业；在得知已经输送煤气，没有采取关闭煤气阀门、打开放散阀等措施的情况下，未能及时组织撤出人员，导致事故发生。

造成事故的间接原因，是检修作业没有编制检修计划和方案，没有制定相应的安全措施，没有现场安全监护，现场组织、输送煤气调度指挥管理混乱，习惯性违章。

事故教训：

事故单位要认真吸取这起事故的惨痛教训，认真落实安全责任制，开展“三级”安全教育，对职工进行一次规范的安全培训，建立培训档案，凡未经培训或考试不合格的一律不准上岗。严格执行隐患排查制度，制定整治方案，落实责任领导和责任人，彻底进行治理，消除各类隐患。对于人员违章作业行为，特别是习惯性违章行为，一定要进行纠正，不能姑息迁就。

第四节　冶金企业班组事故隐患排查治理做法

班组是企业管理最基本、最基层的组织单元，也是企业安全管理的最终落脚点，班组安全管理工作的质量直接影响着企业安全生产管理水平和各项经济指标的实现。因此，加强现代班组安全建设是企业加强安全生产管理的关键，同时也是减少各类事故最切实有效的办法。在冶金企业安全管理中，许多冶金企业积极推进班组的安全管理，取得了很好的效果，在此介绍一些班组开展事故隐患排查治理的做法。

一、连铸车间甲班连一组控制危险做好班组安全管理的做法

武钢条材总厂一炼钢分厂连铸车间甲班连一组成立于 1994 年 8 月，共 24 名职工，主要负责三台五机五流连铸机操作，将液态钢水连续浇注为固态的钢坯，主要的大型设备有大罐旋转台、烘烤器、中包车、结晶器、扇形段、拉矫机等。该班组成立至今，先后获得武汉市“工人先锋号”，公司“红旗班组”“安全信得过班组”等荣誉称号。

1. 班组主要危险因素与控制措施

该班组在安全管理工作中，重点抓住“传、帮、带”这个重要的环节，制订班组教育和培训计划，新工人到班组必须进行 8 小时安全教育、闭卷考试，确保安全培训效果。班组针对新技术、新工艺、新设备、新材料的变化，及时向上级部门提出培训需求，通过外培和自培等多种形式提高班组成员的安全技能。同时，班组积极配合车间技术人员开展危害辨识，制定对策措施，并组织学习宣贯。

该班组还利用工前 5 分钟，每班抽查一名职工对岗位操作规程的掌握情况，提高职工对标准制度的掌握程度。日常工作中检查出的“三违”人员歇岗 1 小时学习相关制度，并在第二天的班前会分析通报，让班组全体成员引以为戒，还在“班组安全教育情况登记表”上记录。班组将安全管理制度台账文件夹放置在生产现场，方便职工及时查阅学习。将班组区域内设备设施的运行状况作为重点工作来抓，建立健全设备设施维护记录，并按照《设备点检标准》，落实班中日常点巡检，发现设备缺陷及时输机记录在点检平台，通知维护人员处理，保证设备的良好运行。

2. 推行安全分层分级管理，保障生产现场安全

班前班后会是班组安全工作的黄金时间，该班组利用这个时间积极推行“手指口述”

新方法，用行动来检验作业前的安全确认准备工作。

接班前，班组成员各负其责，检查各种工器具是否齐全完好，查看设备点检平台设备运行状况是否有异常，查看生产异常记录本是否有危险注意事项等，同时向班组长及时反馈，掌握当班的安全状况，班前会针对当班主要危险因素由班组长组织分析讨论，制定出有效措施，并进行强化训练。上岗前，对劳动防护用品进行确认，"安全帽、O. K.！工作服、O. K.！安全鞋、O. K.！"一声声响亮的回答铿锵有力。在班中作业过程中，班组成员严格落实班前会制定的措施，并检验措施的可行性，同时收集在作业过程中的虚惊事件。班后会结束，班组长问："安全离岗好不好?"班组成员齐声高喊："好！很好！非常好!"班组成员带着自豪和健康平安回家。

在作业行为管理上，该班组积极推行安全分层分级管理，按违规可能造成的危害程度，分类进行管控，实现班组安全标准化操作。班组长当班至少进行一次作业行为观察，对于"三违"现象进行登记考核，每月必须多于 8 次，并且在第二天的班前会上点评，在班组"行为观察登记表"上及时登记，月底打分排名，排名靠前的职工优先推荐评先评优，违反次数较多的职工安排重新学习。在考核的同时，班组长还与违反标准的职工进行沟通，让他明白自己错在哪里，会造成什么后果，如此形成管理闭环，有效控制人的不安全行为。

作业过程控制上，该班组严格按照各项规章制度执行，互保联保对子明确，做好互相监督，互相督促，互相提醒，互相负责，做到一人违规，互保两人同等考核。作业开始前，无论是单人作业还是多人作业，都要按照"指认唱和"来进行安全确认。例如在操作关键设备前，手指操作牌大声喊："操作牌已到位，O. K.!"班组成员人人参与查找隐患，当班能够整改的隐患立即整改，不能整改的及时向上级部门汇报，做到隐患不过夜，最大限度消除物的不安全状态，使班组实现了生产均衡稳定、产品质量稳定、设备运行稳定的安全作业。

作业现场管理水平也是安全标准化的一个重要方面，该班组积极推行 6S 现场管理模式，接班后巡视作业现场，及时清理现场的废物、挡路的物品，清扫废钢废渣。作业使用的工具、材料定点摆放。现场各种警示牌和安全标识保持整洁、完好，参观通道无浮灰见本色，设备无积灰，做到有坑就有盖，有坠落危险就有栏杆。如有检修作业时，该班组积极督促检修人员"三清退场"，做到工完料尽场地清，保持现场无违章作业，现场整洁有序、文明卫生。

3. 针对生产现场职业危害因素，不断集思广益积极改善

安全工作不在一朝一夕，该班组不仅把工夫花在班中作业期间，还主动延伸，利用每个循环班第一个白班下班后召开安全专题会议。会议中一方面学习各级安全机关下发的安全文件精神，及时掌握公司和国家安全形势，并要求每名职工谈感想，记录在安全活动本

上。另一方面，利用班组聚在一起的机会，总结班组近期的安全工作情况，畅谈班组安全文化建设的工作方向。最后，重头戏就是要求大家集思广益，对班中虚惊事件进行讨论，寻找改善的方法，形成虚惊提案卡，上交车间推荐厂部推广。班组还时常组织职工观看安全事故警示教育片，切身体会因为违章带来的巨大伤亡和财产损失，使每名职工感到执行安全操作规程的重要性。

钢铁企业生产现场作业环境较复杂，职业危害因素较多，该班组针对生产现场的高温、粉尘、电磁辐射、有害气体等职业危害因素，逐条落实防护措施，尽可能降低对职工的身体伤害。针对高温钢水飞溅的问题，要求班组成员进入现场必须穿阻燃服，防止高温钢水灼烫；针对粉尘，要求只要进入现场必须佩戴防尘口罩，减少粉尘吸入量；针对现场的放射源，要求班组成员在放射源打开后严禁进入辐射区域，停机时立即关闭放射源，降低辐射概率；针对一氧化碳有害气体，现场设置固定报警器，人员配备便携式报警器，防止一氧化碳中毒事件发生。

应急演练是安全标准化管理的重要环节，该班组认为，通过开展应急演练，可以锻炼职工安全事故的处理能力。该班组将车间制定的《结晶器无水报警应急（处置）预案》《大罐水口滑板失控无法正常控制铸流应急（处置）预案》《钴 60 泄漏应急（处置）预案》《中包漏钢应急（处置）预案》悬挂在操作室醒目位置，供岗位职工随时学习。该班组还每季度进行一次应急处置方案演练，演练后对演练效果进行评估，并制作成应急预案电教片，作为培训教案。

通过不断摸索和实践，该班组形成了一套行之有效的管理体系，通过建立管理制度、操作规程和作业指导书，保证了班组的安全生产。

二、选矿厂 3# 泵房班组夯实安全基础消除事故隐患的做法

马钢集团南山矿业公司凹山选矿厂 3# 泵房班组担负着南山矿业公司凹山选矿厂、东山选矿厂以及辅助生产单位的生产供水任务，年供水量约 2 750 万 m^3。全班 10 名水泵工是清一色的“娘子军”，平均年龄 41 岁。近年来，该班组推行安全卓越管理，坚持“夯实基础、完善标准、规范操作、创新创效”的原则，积极开展安全标准化示范班组建设，夯实了安全管理基础，增强了班组内聚力，实现了安全事故为零的目标。

1. 夯实基础，推行安全基础管理“五字法”守则

安全源于心，固化于行。为在班组安全标准化工作中实现思想上、意识上的有机统一，该班组总结了班组安全标准化基础管理“五字法”。

（1）建章立制“严”字当头。该班组实行《安全目标责任制度》《安全监督互保制度》

《安全巡检标准制度》《安全学习五落实制度》《岗位安全技术标准》等十余项规章制度上墙。每周在班组安全例会上认真宣贯一遍，全班10名女工均能做到应知应会、能说会用，筑牢了班组安全基础管理相互监督、相互促进的责任保证体系。

(2) 学习培训“实”字当先。随着马钢矿业建设的大发展，素有“华东第一选”之称的凹山选矿厂新技术、新工艺和新设备的投入应用，对生产供水水质、供水方式、供水量和工艺本身对供水设备的要求等方面提出了新目标、新要求。因此，在学习上，着眼岗位安全技能和安全基础理论，每周一次、每次不少于两小时学习《水泵安全基础知识》《选矿泵站安全与操作》《安全标准化读本》等专业书籍。在培训上，请厂技术工程师、安全管理员和作业技师现场教学，内容从选矿工艺到生产供水，从流程分布到泵站维护，从安全操作到学用规程，从案例分析到隐患排查知识等。在实践上，从理论到实践，从实践到理论，自学、互学、比学、帮学“四学法”，让人人成为机泵操检合一的“土专家”“多面手”。

(3) 设备管理“效”字突出。2012年8月以来，该班组采用“分班作业法”对原有配置水泵的能耗进行跟踪调查和评估，利用三元流动理论体系设计了水力模型的实验原理，提出了“高效节能水泵可行性实践”的技术改造建议。2013年6月底完成了四台高效节能水泵的改造，实际节电率均达到25.9%以上，有的还达到38.8%，大大减轻了工作强度，提升了安全生产效果。

(4) 标准操作“细”字要求。该班组注重“算细账”：对供水量、开机率、开机台时等直接影响成本指标的重要环节，实行“定性分析、定量调节、精确细算、规范运行”操作法，每班次根据实际生产需要随时变更开机台时，科学合理地监控频繁开机、开空机等现象，实现设备完好率、甲级维护率、设备备用率三个100%。

(5) 降本增效“节”字体现。该班组通过采取“设备配置改造、自行操检设备、合理修旧利废、适时调整台次”的做法，实现全年节约电耗93.6万kW·h，价值54.2880万元，降低生产维护成本16万余元的目标。

2. 规范作业标准管理，遵循安全操作过程“三控制原则”

该班组在规范中实践、在实践中超越、在超越中创新，积极做好各项安全管理工作。

(1) 坚持做好规范作业行为控制。作为公司生产的二级泵站，3#泵房现有8台水泵机组、2台变压器、8台低压开关柜，以及规格不等的各种调节阀等系统化设备。针对班组设备设施情况，该班组要求职工做到以下事项。

1) 上岗前。上岗人员的第一件事，就是按照“360闭合巡检作业法”进行设备预先巡检，及时填写巡检记录，随时自诊或上报设备隐患，做好班前预备。

2) 上岗后。每隔20分钟从控制室到机房实行例行点检，记录仪表指标，检查电动机泵轴承，及时诊断设备，发现问题迅速整改，确保机体显示温度不高于65℃。

3）交班前。严格执行安全标准化作业，针对细化分解的当班岗位安全生产责任要求，及时自查“规范操作、安全运行、联保防范、点检巡检”的规定动作，要求当班人员在生产过程中只能“完成规定动作、摒弃自选动作”。

4）交班后。利用班前班后会、安全活动日、反事故演练等形式，学习规程、总结交流、互相评价，不断提升班组成员执行安全标准的操守愿望和综合能力。

（2）坚持做好操作规程执行控制。围绕“生产均衡稳定、设备运行稳定、保障供水稳定”的“三稳定”选矿厂生产供水原则，严格执行作业规范标准，以“精细管理、精心操作、精确供水”为手段，以实现生产过程的平稳可控为目的，以科学化信息管理为基准，实现了对机泵设备实时状态、实施全过程和全方位的信息化监控。只要在控制室轻触鼠标，作业人员就能随时掌握机泵设备的各种信息，使人、机、物、环等诸要素始终处于受控状态。

（3）坚持做好现场“6S”管理规范控制。该班组针对本班组的设备设施和作业环境，严格执行班组“6S”管理。

1）外观设施齐。对泵房内外墙面进行粉饰，厂房内设立绿色安全通道，完成了高压配电室及厂房线路屏蔽改造，实施了水仓设施安全防护规范管理。

2）设施配置全。配置了班组学习资料柜、荣誉展示柜、女工更衣柜，添置了生活用的冰柜、微波炉、卫生保洁设施等，建立了女工职业健康管理档案。

3）定置管理精。达到了“三清四无五不漏”“规格化一条线”的定置管理精细化标准。

4）环境整治美。班组院内重新进行了平整，规划为停车区、工作区、生活区、保洁区共“四大功能区”。植入了近千平方米草坪，移栽了十余种花草树木，中心花坛、观赏水池、巡检小道经过认真设计，别有景致。

5）行为规范严。实行“一班两次”签到制，规范统一着装上岗，推行“您好、请说、谢谢”工作六字礼貌用语。

6）文化氛围强。建成了矿山第一个班组安全文化长廊，制作了数十块安全文化展示牌，班组安全标准、安全格言、安全警句、安全图示、安全规章等上墙，营造了浓烈的安全文化气氛渲染。

3. 推行“人本管理”激励机制，实施班组安全管理“样板化标准”

该班组根据女工的特点，推行“人本管理”，把“柔性”关怀、“刚性”管理引入到班组安全管理中，变管理为服务、变教育为激励、变同事关系为朋友和姐妹关系，使各项规章制度能在亲情、友情、温情中得以落实。

打出“感情牌”。长期坚持“五必访”，即生病住院必访、家庭纠纷必访、思想情绪必访、子女参军升学必访、红白大事必访。全班姐妹相互关心、相互支持，就像一个团结和睦的大家庭。全班组成员身处这样一种充满亲情、温馨的氛围中，无不感到工作的欢欣和愉悦。

营造“亲情语”环境。在班组更衣室，每名女工的更衣柜上都贴着一张别出心裁的家庭亲人照片“爱心卡”，这些来自爱人、父母和孩子充满浓浓温情的安全寄语和美好祝福，时刻陪伴在女工身边，成为班组安全文化的一道别样风景。

培育“素质优”女工。着力提升女工整体素质，是该班组开展安全组建设的一项“硬任务”。集中学习法，组织女工学习安全知识、进行规程讲解、开展案例讨论等，提高女工整体安全意识。典型示范法，通过宣传班组马钢“十大女杰”、公司“技术状元”、公司“三八红旗手”等先进典型，引导女工创先争优，开展比、学、赶、帮、超活动。激励机制法，对涉及安全管理的好点子、生产过程的好办法，及时召开班组会给予“班组奖励”，激发女工参与安全生产管理的热情。系统训练法，把安全短训、安全讲习、业务辅导活动与实践操作相结合，鼓励班组女工不断提高自身的安全素质和安全操作技能。

2010 年，该班组先进的安全生产管理经验获得了马钢集团公司女职工岗位成果评选最佳成果奖；该班组还先后荣获“全国五一劳动奖状”“全国巾帼文明岗”“安徽省和马鞍山市巾帼文明岗”“马钢公司模范班组”等多项荣誉称号，至今已实现连续安全生产 38 年无人身、设备等事故的目标。

三、机修车间柴油机组提高职工安全意识消除隐患的做法

唐山钢铁集团公司物流公司机修车间柴油机组成立于 2008 年，共有 10 名成员。班组隶属于唐山钢铁集团公司物流公司机修车间，专门从事内燃机车检修，负责唐钢 48 台机车的核心部分——柴油机的检修。该班组连年被企业评为“优秀班组”，并先后获得了“安全先进班组”“安全标准化示范岗”“安全标准化示范班组”“明星班组”等光荣称号。

1. 努力提高职工安全意识，打好安全基础

该班组在生产作业中涉及人、机、料、法、环各个方面因素，人的因素是第一位的，并且其他因素也需要人的参与，所以该班组历来都把职工安全意识教育放在首位，注重人的安全意识提升和安全素质提升。

（1）落实每周的班组安全活动，注重实效。班组安全活动于每周一下午进行，传达上级工作要求，使职工了解当前形势和任务；总结和部署工作，使职工明确努力及改进的方向；学习事故案例，使职工得到间接教育；讨论安全生产热点问题，使职工在讨论交流中掌握安全知识、提高安全技能。班组安全活动重实效，职工的安全意识得到普遍增强。

（2）开好班前班后会，敲响安全警钟。该班组班前会的内容包括：布置生产部署安全，

对人确认、对设备工具确认、对作业场地确认、对安全互保对象确认，对作业中存在的风险及应对措施进行告知等。这一切都是要职工在上岗前就紧绷安全生产的弦。班后会是对全天工作的总结，分析得与失、优与劣、经验与教训，以便职工改进和提高。

通过不同形式的安全教育和提示提醒，职工安全意识普遍增强，有力地促进了班组的安全管理建设。

2. 加强制度建设，完善班组安全管理体系

该班组在生产作业中，注意加强制度建设，完善班组安全管理体系。

（1）加强制度建设。“没有规矩，无以成方圆”，制度约束是搞好安全生产工作的前提和保障，为此该班组制定和完善了“安全生产责任制”“安全确认制度”“安全互保联保制度”“安全检查制度”“安全教育制度”“安全会议制度”“安全考核奖惩制度”7项安全管理制度，使人人有责任、个个有任务，也使安全管理工作更加明确，杜绝安全生产工作的人为性和随意性。

（2）规范安全生产组织。班组在管理上，组长、工会组长和安全员组成班组核心，组长对班组的安全生产工作负全责，工会组长和安全员协助组长做好安全工作，组长不在时，工会组长和安全员全面负起责任。在具体而分散的作业项目中，班组指定临时责任人负责该项目的安全生产工作。使每项工作都有安全管理责任人，并做到分工明确、权责清楚。

（3）严细风险控制。该班组按照职业健康安全管理体系的原则和方法，对本班组危险源进行辨识，全组职工共同参与，共同甄别和评审，共辨识出各种危险源点63个，并从实际情况出发，依据各类规程和现有条件，分别制定了应对措施，努力降低作业风险，使各类作业的风险控制有章可循。

3. 加强现场管理，及时发现和消除事故隐患

该班组的检修作业场地在车间内部，班组以5S标准划分作业区域，设备和区域均有责任人。各类设备张贴标识，操作过程实现了目视化管理；各类工具整齐摆放于各作业区域的工具架上，方便作业、有利安全。同时将操作规程和作业指导书陈列于作业区，以便作业者参照和翻阅。

对现场隐患零容忍，发现隐患必须在第一时间治理，不能及时治理的必须有可靠措施。班组核心成员实行随时检查、动态管理，确保现场无隐患，将事故消灭在萌芽状态。同时将班组检查情况上报车间，汇总后纳入“安全管理系统”，实现有检查、有反馈，并可作为历史记录查询。

另外，班组积极倡导自己动手改善作业环境，提高作业安全指数，全年共实施安全改善提案5项，取得了良好的效果。如针对维修、更换机车空气滤芯时，部件位置较高，只

能登栏杆作业，容易滑倒问题，制作了“空气滤芯检修平台”，使此项作业风险大大降低，同时提高了劳动效率。

4. 加强作业巡检，细化过程控制

该班组在柴油机检修工作中需要实行风险控制，降低风险等级，增强作业的安全系数。

（1）加强作业巡检。针对每天的具体工作，在班前会找出当日作业危险源点，并确认应对措施。在作业中班组核心成员及作业项目临时负责人，加强作业过程巡检，检查职工应对措施是否执行，执行是否到位，对执行不利的职工当场予以纠正、教育甚至处罚。

（2）发挥互保对子作用。该班组严格落实安全互保制度，班组确立了一一对应的基础互保模式。在此基础上，班组根据当天人员变化、作业内容变化，可临时调整互保对象，务使职工人人有监督、个个有责任，使整个作业过程有监管、有提示、有整改、有照应。

（3）发挥台账、记录作用。该班组安全台账包括安全活动记录和安全管理记录，详细记录了文件传达、安全教育、岗前确认、违章违纪、安全奖惩、隐患整改等，涉及安全生产工作的方方面面。通过记录内容查找、总结问题，有追溯、有对比，以此提高过程控制水平。

该班组自 2013 年以来，先后制定和完善了 7 项安全管理制度，编纂了 20 万余字的检修规程，并制定了作业指导书，职工“三违”现象为零，隐患整改率为 100%，对内燃机车的隐患排查率、点检覆盖率、检修合格率均实现了 100%，不但实现了全年的安全生产，而且保障了铁路运输的顺行，也为车间实现 30 年无轻伤以上事故做出了突出贡献。

四、龙山选矿厂维修班开展安全活动排查事故隐患的做法

马钢（集团）控股有限公司姑山矿业公司龙山选矿厂维修班，现有员工 30 人，由全民工、协力工等不同用工性质的人员组成，班组担负着球磨工段所有设备的检修、维护和改造工程项目，是球磨工段安全生产的核心保障。

该班组在安全管理上，重视软件和硬件设施配备。软件设施包括员工行为规范、安全管理制度、动态静态安全台账、岗位操作规程、生产责任制等一系列的材料补充、建立、收集、整理、归纳、分类、宣传。硬件设施包括班组休息室、更衣室、会议室的内部装修、制度及活动上墙设计，计算机、工具柜及衣柜的合理布局等设计改造任务。通过软件和硬件设施的配备，促进了班组安全。

1. 做好基础工作，建立管理标准化

该班组在岗位与职责、规章制度与操作规程落实过程中，结合班组岗位特点，制定和

完善了班组安全规章制度、安全生产职责、岗位操作规程及年度安全目标，明确了职工的岗位职责和安全职责。制度、规程和标准上墙展示，同时也发放到班组每位员工手中，要求员工熟知“一岗双责”，知晓安全规章制度的基本要求，在完成生产任务的同时履行安全责任；班组长对班组安全工作负全责，安全员协助班组长开展班组安全管理工作；群众安全监督员帮助班组发现安全管理存在的问题，临时负责人承担分散作业团队的安全。最后统一组织时间集体默写岗位操作规程、安全生产职责和安全生产目标（试卷保存），达不到要求者先考核再补考，直到熟读熟记，让每位班组员工做到应知应会，并要求大家对规章制度和操作规程中不适用部分提出整改意见。

（1）进一步完善了安全教育与培训工作，落实好班组安全教育与培训计划，新入职、转岗及离岗人员的三级安全教育紧抓不懈。“四新”安全教育适时进行，采用“导师带徒”“安全指导”的方法强化员工安全操作技能，如每天分配任务的作业团队都让一位安全经验、技术经验丰富的师傅承担临时负责人的角色，监督带领其他作业人员完成安全检修任务。

（2）针对班组的实际情况，该班组重新设计和完善安全管理台账，并公开摆放到班组会议室，做到了有效版本完整保存，并附有持续改进的内容；真实记载动态原始记录类台账，做到记录及时、准确、清楚，内容齐全、保存完好。每天班组长、安全员及涉及的作业人员及时做好记录台账、情况说明、签名确认等工作。

（3）根据设备检修周期和点检结果，在所辖区域定期维护保养生产设备和安全设施，将设备设施中存在的不安全因素及时反馈到有关部门，并积极提出技术改造和现场改善提案，得到认可后在规定的时间内完成整改。

2. 重视安全作业活动，强化现场作业流程

该班组在生产作业中，格外重视安全作业活动。主要安全作业活动有：作业前准备、班前班后、危险辨识与评估、隐患排查与治理、作业行为管理、作业过程控制、作业现场管理、安全标准化作业。

作业前准备：坚持做到工器具检查，属于危险作业的一定要经审批才能作业。还要进行班前安全检查和生产现场安全巡视，保证现场满足作业要求，动态掌握班组的安全状况。

班前班后：坚持每班召开班前会班后会，具体布置和总结当班的安全生产工作任务，提醒每个接到任务的作业团队安全注意事项，总结当班任务完成情况和安全技术交底。

危险辨识与评估：组织作业人员在作业之前，识别每个作业中的危险因素，针对作业进行风险分析与评估，采取对应有效措施，确保作业安全。

在上述三项完善与创建过程中，为了更加有效地保证安全，该班组重新设计交接班记录本。创新后的交接班记录本涵盖作业前中后的安全检查、当班任务分配、安全提醒及当

日完成情况交底。新的交接班记录本还会附有危险作业工作票，内容齐全，可以作为班前班后会的记录本。

该班组还进行安全隐患自查自报活动，具体内容是：每天早上安排一名班委成员早来半小时与生产班组长进行交接班，以确定当日检修任务、检修位置和检修环境。班组长定期组织班组骨干人员开展积极的隐患排查治理，对班组未能解决的隐患要提出相应整改建议上报有关部门，最大限度地消除安全隐患。

对班组行车、焊机、安全设施等采取点检、自主维护措施，严格履行作业许可审批手续和规章制度，在危险作业中做到专人专户，有效监控，保障作业过程中的各类安全要素处于在控可控状态。

在作业中，采取适应本班组的班前安全提醒、作业团队的互保联保、作业时的安全确认、危险预知和班组长安全员的流动监督等方法，对员工不安全行为及时采取纠正和控制措施。

每个作业团队当班工作结束后，做好作业现场的整理、整顿、清扫和清洁工作，做到工完料尽场地清，保持作业现场整洁有序、文明卫生，保证现场安全警示标志及安全标识的规范和完好。临时负责人向班组交班及进行安全情况说明。

对岗位操作规程、安全作业标准化进行目视化展示。在班组制度明确化、可视化管理方面，在班组休息室悬挂显示屏，循环播放安全目标及班组各项管理制度，提醒班组人员无论是在工作中还是在日常生活中，都要具有安全意识，时刻牢记班组各项制度，时刻规范自己的行为，促进员工完整理解和认真执行安全作业标准。

3. 开展班组安全管理活动，积极排查事故隐患

在班组日常安全管理中，该班组积极开展安全管理活动，积极做好职业健康的防护和应急预案与事故处理工作。

该班组结合本班组实际，定期开展班组安全管理活动，发动员工群策群力解决工作中的安全问题，开展丰富多彩的班组安全文化建设，提高员工的安全参与积极性和安全素质。在班组会议室学习建设园地板块，做到安全学习材料丰富、安全小知识定期更新、亲情寄语活泼新颖，以激发和吸引员工对安全学习的兴趣。鼓励职工积极参加上级部门举办的各类安全活动，本班组曾在参与的姑山矿业公司“安全知识竞赛”中获得团体第一名的好成绩。

该班组在生产作业中，还组织员工参加上级单位开展的应急演练活动，如班组全体员工参与由龙山选矿厂指挥进行的突然停电应急演练和灭火器使用演练等活动，并且不定期抽查询问员工对本岗位的异常情况处理和应急处置措施。

该班组还注意宣传岗位职业危害防护的基本知识，贯彻落实《作业场所职业健康监督

管理暂行规定》，认真组织职业健康检查。班组针对本班组的主要危害因素，及时了解职工接触职业危害、身体健康状况，确保职工身体健康状况与心理卫生状况满足其岗位要求；规范协力工职业健康体检，其身体健康状况和心理卫生状况也要符合岗位要求，同时要做好员工上岗前、在岗中、离岗时的职业健康检查工作。让每位员工能熟知岗位作业过程中可能产生的职业危害及其后果，介绍安全防护措施，提醒并督促员工正确佩戴和使用劳动防护用品、器具，做到安全生产。

在隐患排查治理方面，该班组除了每月定期组织班组骨干人员积极开展隐患治理整改活动外，每天早上还安排一名班委成员早来半小时与生产班组长进行交接班，以确定当日检修任务、检修位置及巡视检修现场作业环境，利于班前会的安全提醒和任务安排。而且对班组未能解决的隐患，要提出相应整改建议上报有关部门，最大限度消除安全隐患。

在改善提案方面，该班组成员集思广益，提出维修班应打破原有“大锅饭”制度，实行工时制考核。制定工时制考核细则，从维修安全、维修质量、维修进度和文明检修等多个方面入手，将各项检修项目按难易程度和综合时间确定工时，将职工每月的实际所得工时与奖金挂钩，大大杜绝了设备检修返工现象，而且使得班组职工在检修过程中拓展思维，找寻新的有效处理办法，提高了检修效率和检修质量。这些积极措施的实施，使球磨工段设备连续 6 个月“零故障”运行，为安全工作及目标的实现多了一层技术保障。

近 3 年来，龙山选矿厂维修班组各类安全生产事故为零，在岗员工接受安全教育率为 100%，岗位粉尘合格率大于 91.5%，轻伤（含轻伤）以上人身伤害事故、重大设备事故、重大生产事故为零。班组多次荣获马钢集体公司“模范班组”“标杆班组”“工人先锋号”等荣誉称号。

五、冷轧厂热线甲班培养自觉改善意识发现身边隐患的做法

山西太钢不锈钢股份有限公司是目前国内最大的不锈钢生产基地，拥有铁矿石等钢铁冶炼原料和耐火材料的采掘与加工、钢铁冶炼、钢铁材料压力加工、部分冶金设备与备品备件的制造和加工等先进技术和装备，产量和市场占有率居全国第一。

太钢公司所属不锈钢冷轧厂原酸作业区 1 号热线甲班，是一个技术精湛、经验丰富、团结奋进的团队。自组建以来，该班组组织职工认真开展安全生产作业活动，营造良好的安全文化氛围，通过操作规程的制定，规范职工作业行为，强化全员的安全生产意识，取得了明显的成效。

1. 培养班组成员自觉改善意识，及时发现身边的隐患

1 号热线为窄幅区域轧机提供原料，是太钢不锈钢冷轧厂窄幅区的“生命线”。其主要

包括退火炉、破鳞机、抛丸机、酸洗段等主要设备。由于整个产线较长，机组构成复杂、生产节奏快、转动部位多，危险源点及有毒有害介质分布在各个部位，因此班组的安全隐患非常多，排查困难，整改费心费力。它需要一个负责的团队共同面对挑战，不仅抓生产质量，还要抓安全管理，同时要培养班组成员的自觉改善意识，因此必须从单个成员着手，积极督导，及时发现身边的隐患，并及时解决。

潘伟是该班组中的一名开卷工，在一次开卷作业过程中，他发现 2 号开卷机上下楼梯非常滑，自己一不小心就可能滑倒跌伤，而别的班组开卷工也有险些摔倒的经历。为防患于未然，他有了想给楼梯台阶增加防滑垫的想法，于是他把这一想法告诉了班长郑勇峰。班长郑勇峰也马上意识到这一整改十分必要，刻不容缓。但是由于材料的限制，作业区也没有类似的防滑胶垫，郑勇峰在征得班组成员的同意后，决定用班费购买几块胶垫。几经周折，终于给楼梯台阶增加了防滑胶垫，为班组几位开卷工的安全生产增添了保障。这只是班组内从自身的客观因素出发，查改的众多安全隐患中的一件，从 2013 年开始，像这样的整改在该班组不胜枚举。班组特别鼓励隐患排查与整改，员工自己无力整改的项目告知班长，收入合理化建议记录，这样的记录平均每月都有 10 多条。对于关键性的整改项目，该班组更是积极参与，倍加努力，从而使生产环境、生产设备更加安全可靠。

2. 开展安全管理活动，结合实际积极改进

该班组在日常安全管理中，致力于创新，结合公司周三安全强化日活动，开展了“白班强化日活动”，即从每轮班的两个白班中任选一天，由班组长组织带领本班组人员开展安全管理活动。

有一次，下第二个白班，班长郑勇峰带领班组成员一起来到尾部卷取岗位观看学习下一班组卷取工的卸卷操作，班组正好进行大板分卷作业，由于小卷重量小的原因，当把钢卷推出卷筒区域的时候，钢卷在卸卷小车上缓慢地进行倒转，原来压紧的料头慢慢地伸出了一截，眼瞅着要继续倒转，班组的卷取工老张马上过去在背侧塞入一个“T 形”的东西，一下子卡住钢卷。原来这个“T 形”的东西，就是卷取工老张发明的大板分卷支垫工具，它使用两截螺纹钢对接焊成，以“卡住”钢卷，阻止转动。原理很简单，但很实用。这种工具后来在作业区各个班组中得以推广应用，效果非常好。这件事的起因就是在推出钢卷之前容易发生钢卷转动事件，如果不卡住，就容易造成事故。所以，必须提前垫上这种工具，才能阻止事故发生。

通过这件事情，其他岗位的人员也亲身感受了一下险肇事故的发生。事后，大家分别对刚才的事情进行了危险辨识，讨论出了比较可行的解决方案，为本班组的卷取作业操作规范进一步做了细化。不仅如此，该班组成员还利用每个白班强化日到各个岗位轮流学习讨论，鼓励班组成员针对自己岗位的实际情况，制作专门的生产工具，从而消除事故隐患，

提高生产效率。

3. 形成班组安全文化，促进现场作业安全

安全文化是安全理念、安全意识及在其指导下的各项行为的总称。安全文化的核心是以人为本，这就需要将安全责任落实到班组全员的具体工作中，通过培育员工共同认可的安全价值观和安全行为规范，营造自我约束的安全文化氛围，最终实现持续改善安全业绩、建立安全生产长效机制的目标。

该班组在生产作业中，非常注重运用安全文化促进安全管理，在浓厚的安全文化氛围中，使安全理念深入每位员工的心中，并慢慢形成具有本班组特色的安全文化。该班组通过安全工作征文、格言警句、漫画、安全知识竞赛等活动，直接或间接地对员工进行查处安全隐患的科普教育，有效地培养了员工高度的安全隐患意识和责任心。不仅如此，班组还有自己的安全画册、安全台账，并作为班组特色安全文化成果，被作业区其他班组展示并借鉴。

2013 年安全月期间，厂里要举行“吓一跳，冒冷汗”的安全演讲活动，班长郑勇峰知道后十分兴奋，他鼓励班组成员积极参加，自己以身作则与班组成员一起参加观看了演讲的全过程。事后他得到启发，决定要在班组内部搞一次以“我的一次险肇经历”为题的演讲比赛，得到了作业区领导的大力支持，同时给班组成员上了一堂最接地气的安全课。班组成员用这种激情又质朴的演讲方式，再现了一幕幕他们实际工作中遇到的危险经历，成了其他班组的学习榜样。在这样的安全文化氛围下，班组以实现全员安全行为管控为目的，定期开展岗位互查、违章曝光、互帮互助等活动，对现场发现的违章操作及时进行教育，班后全员讨论，违章者进行检讨，从而使班组所制定的考核和奖励制度得到执行，并且奖罚分明，大家心服口服。

4. 强化安全理念，把安全工作做细做实

该班组在安全管理中，从以下几方面把安全工作做细做实。

（1）把落实班前会作为每天好的开始，每个岗位成员不仅在班前会轮流开展危险辨识，而且要求其大声说出本岗位的危险因素及防范措施，并告知每班当前的故障隐患，做到时刻心里有数。

（2）从每周作业区的安全会中，认真学习总结上周以来公司及厂里发生的典型安全事例，进行分析总结，找出原因。利用别人的过失，提醒自己。用以往事故刺激每位成员，让大家时刻不忘安全生产。

（3）在每月开展的应急演练活动中，班组成员权当是在处理安全事故，力求做到及时合理的处置，强调练兵，忌讳表演，每次演练必须合理到位。遇到问题全班组进行头脑风

暴，让员工充分根据自己的理解，假设多种因素的事故，并逐一设法解决。通过演练不断完善应急预案，提高岗位人员的自我保护意识和应急处理能力。

（4）对于厂里组织的和作业区开展的各项安全培训，该班组认为是非常宝贵的学习机会，都会积极组织班组成员参加，从中学习专业的安全管理方法和经典的安全案例，不断吸取别人的经验和教训，完善本班组的安全管理方法，让班组成员人人参与安全管理。

在班组成员的不懈努力和团结协作下，该班组在安全、质量、产量方面取得优异的成绩，连续两年获得公司“五星级班组”的荣誉称号，多次被评为安全生产先进班组，班组成员也多次获得厂安全个人、标兵等荣誉。

第四章　煤矿企业班组事故隐患排查治理做法

我国是世界上煤炭产量最多的国家，2014 年原煤产量达到 38.7 亿 t。煤矿大体分为两类，一类是露天煤矿，另一类是井工煤矿。井工煤矿就是地下煤矿，下井作业就是地下作业。我国煤矿大多属于地下开采的井工煤矿，井工煤矿的煤炭产量约占总产量的 97%。在井工煤矿生产过程中，采掘工作面的事故比较集中，因此采掘工作面的危险性最大，最需要加强安全生产管理工作，及时排查治理事故隐患，预防事故的发生。

第一节　煤矿企业生产特点与事故特点

我国煤炭开采历史悠久，距今有几千年的历史。由于我国煤矿主要以矿井方式进行开采，开采必须从地面向地下开掘一系列井巷，其生产过程是地下作业，自然条件比较复杂，危险因素多，存在着瓦斯、煤尘、顶板、火、水五大灾害。对于煤矿生产所存在的危险因素和事故隐患，要从防范事故，特别是防范重特大事故的现实需要，充分认识做好隐患排查治理工作的重要性。在事故隐患排查治理过程中，要制定相关制度，采取积极有效的措施，促使管理人员、技术人员、一线职工积极行动起来，及时发现和认真治理各类事故隐患，保证生产安全。

一、煤矿开采生产的特点

1. 煤矿井下作业环境特点

我国煤矿大多属于地下开采的井工煤矿，井工煤矿危险性较大，这主要与井下作业的特殊性有关。煤矿井下作业工作场所潮湿、阴暗而且狭窄，地质条件、开采技术复杂，生产环节较多，受水、火、瓦斯、煤尘、顶板等多种自然灾害的威胁，不安全因素多。由于煤层赋存不稳定，地质构造复杂多样，伴随产生各种各样的地质灾害，例如具有煤尘爆炸危险矿井、高瓦斯和煤与瓦斯突出矿井、自然发火危险矿井、具有水害危险矿井，某些矿井还有冲击地压、岩爆、矿震和高温危害。

煤矿井下的作业环境十分艰苦，具体表现为劳动强度大，一般矿井采掘工纯工作 8 小时，在井下就需 10 小时左右；没有阳光照射；上下、前后、左右无时无刻不受到安全威胁，还有矿尘、煤尘、炮烟等存在；呼吸新鲜空气需要通风解决；由于地热作用、人体和

机电设备散热、水分蒸发等，井下的温度、湿度、空气质量等气候条件，使得矿井采掘面环境远不如地面。

在煤矿生产中，井下作业危险系数也较高。首先是生产工艺复杂，采煤、掘进、机电、运输、通风、排水等，哪一个工种、哪一道工序、哪一个系统和环节出了问题都可能酿成事故。其次是瓦斯、煤尘爆炸，水、火灾害和大冒顶事故破坏性很大，严重的可导致矿毁人亡。最后是机电操作、运输环节、施工材料等也时常发生事故，或产生职业危害，如机械设备运转产生的噪声，局部通风机和风动凿岩机等尤为突出，施工中所用材料，例如水泥和锚固剂对人的腐蚀和毒害，以及井下的泥水环境等，每时每刻都对工人产生伤害。

此外，我国小煤矿所占比例很大，绝大多数小煤矿基础装备简陋，生产系统不完善，管理落后，多采用原始落后的采煤方法，还存在不具备安全生产基本条件的现象。目前，我国正在加大对不合格小煤矿的关闭工作力度。小煤矿数量虽然在逐年减少，安全生产形势也趋于好转，但在安全生产基础管理方面仍存在诸多问题，生产安全事故多发的状况依然未得到有效遏制。小煤矿的产量近几年仅占全国总产量的1/3左右，但是事故起数和死亡人数却占总量的2/3以上。

2. 生产和建设循环往复需要协调发展

为了把深埋在地下的煤炭开采出来，并转移到地面为工农业生产所利用，首先必须建设相应的煤矿（矿井或露天矿）和必要的附属生产设施，经过验收，达到煤矿设计标准和要求后，才能移交转入生产。新移交的煤矿，由于设备运转、生产环节、开采地质条件等还不适应、不熟悉，一般情况下，原煤产量都达不到设计生产能力，有一个达产期。这期间往往发生亏损。逐步熟悉后，生产走向正常，加上好的管理和机制，不少煤矿的原煤产量将陆续超过设计生产能力，这是煤矿的稳定高产期。但是，由于在井下作业，煤矿生产受到多种难以克服的开采技术条件的制约，即使煤层条件很好，一个煤矿的开采范围也是有一定限度的，何况还有许多煤矿的资源是有限的。因此，当该范围内的煤炭资源逐步接近开采完毕时，这个煤矿便进入衰老期，生产能力开始下降，直到最后报废。这时，不仅需要及时建设新的煤矿来接替，才能保持原来的生产能力，进行新的生产活动，而且由于接近尾声，开采深度增加，开采条件恶化，产量下降，成本上升，往往又要发生亏损。

煤矿的建设和生产是前后有序、不断循环的，无论是维持简单再生产，还是扩大再生产都要进行连续的建设工作，这是煤矿生产与其他工业生产不同的显著特点之一。因此，它要求煤矿的领导者必须按照煤炭生产的规律，正确部署生产和建设，才能保证煤炭产量和生产能力的协调发展。同时，还要依靠科技进步，强化生产管理，努力缩短达产期，保持较长的稳定高产期，顺利度过衰老期，这是每一个煤矿都要认真研究和追求的目标。

3. 采掘并重，掘进先行

随着地下煤炭的采出，采煤生产工作面不断向前推进，煤矿生产的场地也在不断变换。为了持续生产，一边开采煤炭，一边必须同时开拓巷道，准备新的生产场所，为下一步开采做好采前准备工作。在一定时间内，必须开拓出相应数量的工作面和采区，以保证满足当时计划产量的需要。在一个生产水平采完之前，又要有计划地提前延伸新的生产水平，以满足生产接替，保证生产能力的持续稳定。这种为持续生产做准备的掘进工人人数较多，掘进工程量很大，而且还要移装数量很多的机器设备。

在煤矿生产过程中，这种采掘并重、掘进先行的工作方法，也是煤矿生产的特点之一。如果采掘失调，衔接不好，就要出现减产，甚至停产。因此，保持正常的采掘关系，保证工作面、采区、水平的正常接替，是煤矿生产的重要环节。

4. 作业环境差，劳动条件艰苦

煤矿工人在矿井下生产，终年不见阳光，连必需的新鲜空气都要靠地面输入。在煤炭生产过程中，还要随时随地与水、火、瓦斯、粉尘和顶板冒落、坠罐、跑车等多种灾害事故做斗争。因此，煤矿生产是劳动强度最大、劳动条件最艰苦的工作之一。俗话说“四面石头夹一块肉”，就是形容煤矿生产作业的艰苦和危险。

二、煤矿常见多发事故的特点

我国煤矿绝大多数是井工煤矿，地质条件复杂，灾害类型多，分布面广。在这种情况下，煤矿生产具有很大的危险性，属于典型的危险性作业。煤矿井下职工在进行生产作业活动过程中，容易遭受顶板、瓦斯、机电、运输、爆破、火灾、水害及其他事故造成的人身伤害，还容易发生职业病，导致身体残疾或死亡的意外事故。因此，煤矿企业需要坚持“安全第一、预防为主、综合治理”的方针，加强对员工的安全教育和技术培训，加强安全文化建设，强化安全基础管理，建立长效机制，进而实现安全生产。

1. 煤矿瓦斯灾害事故特点

（1）瓦斯的性质和特点。瓦斯是矿井中主要由煤层气构成的以甲烷为主的有害气体，它是在煤的生成和煤的变质过程中伴生的气体。在成煤的过程中生成的瓦斯，是古代植物在堆积成煤的初期，纤维素和有机物质经厌氧菌的作用分解而成。另外，在高温、高压的环境中，在成煤的同时，由于物理和化学作用继续生成瓦斯。

矿井瓦斯具有如下特点：

1）瓦斯是一种无色、无味、无臭的气体，但有时可以闻到类似苹果的香味，这是由于芳香族的碳氢气体与瓦斯同时涌出的缘故。由于瓦斯无色、无味，因而利用人体感官很难鉴别空气中是否有瓦斯存在，所以检测瓦斯时必须要使用专门的检测仪器。

2）瓦斯对空气的相对密度是0.554，在标准状态下瓦斯的密度为0.716 kg/m^3，所以，瓦斯常积聚在巷道的上部和高顶处。

3）瓦斯难溶于水。但如果煤层中有较大的含水裂隙或流通的地下水通过，经过漫长的地质年代，也能从煤层中带走大量瓦斯，降低煤层中的瓦斯含量。

4）瓦斯的扩散能力很强。生产中若有瓦斯从某一地点向外涌出，就能很快在巷道中扩散。由于瓦斯分子直径很小，所以瓦斯的渗透能力很强，因此，已封闭的采空区内的瓦斯仍能不断地渗透到矿内空气中。

5）瓦斯虽然无毒，但不能供人呼吸，当空气中的瓦斯浓度较高时会相对降低空气中的氧含量，从而造成人的窒息。同时，矿井瓦斯中含有的乙烷和丙烷还有轻微的麻醉性，在矿井通风不良或不通风的巷道中，往往积存大量的瓦斯，人如果进入这些地点，会很快造成昏迷、窒息，甚至死亡。

6）瓦斯具有燃烧性和爆炸性，当瓦斯与空气混合达到一定浓度后遇火能燃烧或爆炸。

7）瓦斯引燃有延迟性。因瓦斯的热容量较大，当瓦斯与高温火源接触时并不会立刻发生燃烧，而是要经过一定的时间才能发生燃烧，这种现象称为瓦斯点燃的延迟性，间隔的这段时间称为瓦斯爆炸感应期。感应期的长短与瓦斯浓度、火源温度和火源性质等有关。

（2）瓦斯在煤层中的赋存状态和涌出形式。煤层中之所以能保存有瓦斯，与煤的结构、煤层的结构有密切关系。煤是一种复杂的孔隙性介质，有着十分发达的、各种不同直径的孔隙和裂隙，形成了庞大的自由空间和孔隙表面。因此，煤炭在成煤过程中生成的瓦斯，就能以游离状态和吸附状态存在于这些孔隙和裂隙中。

瓦斯从煤层或围岩中涌出的形式有普通涌出和特殊涌出两种形式。普通涌出，即瓦斯通过煤体和岩体的微细裂隙从其表面上均匀而缓慢地涌出来，一般观察不到。但在湿润的煤壁上，有时可以听到微弱的嘶嘶声，尤其有水的时候，会冒出气泡。普通涌出是矿井瓦斯涌出的一种主要形式，其特点是范围大、时间长、涌出量均匀、涌出速度缓慢。特殊涌出即包括瓦斯喷出和瓦斯突出。瓦斯喷出是指大量瓦斯在压力状态下，从煤岩裂缝中突然喷出。瓦斯突出是在极短的时间内（几秒到几分钟），采掘工作面的煤层、岩壁突然遭到破坏，并且从煤层、岩层内以极快的速度向采掘空间内喷出煤（岩）和瓦斯，使煤（岩）体内形成某种特殊形状的孔洞。

（3）矿井瓦斯涌出量与瓦斯的燃烧爆炸。矿井瓦斯涌出量是指矿井在正常生产过程中涌入巷道的瓦斯量。这种瓦斯涌出量不包括特殊涌出的瓦斯量。矿井瓦斯涌出量和矿井瓦斯涌出形式是确定矿井瓦斯等级、决定瓦斯管理制度、计算矿井风量和矿井设计等方面的依据。

为加强矿井瓦斯管理，我国煤矿按照矿井相对瓦斯涌出量和绝对瓦斯涌出量的大小，以及瓦斯的涌出形式将矿井瓦斯等级划分为低瓦斯矿井、高瓦斯矿井和煤（岩）与瓦斯突出矿井。

瓦斯燃烧有两种情况。一是瓦斯与空气混合后，瓦斯浓度在5%以下时遇火即能燃烧。二是瓦斯浓度在16%以上时，遇火也能燃烧，但此时由于氧含量不足，形成一种不完全燃烧。当有新鲜空气供给时，瓦斯和空气的混合气体与新鲜空气在接触面上遇火燃烧。

瓦斯爆炸是瓦斯燃烧的特殊反应形式，即在极短的时间内，使参与反应的大量瓦斯全部或大部分被氧化，造成热量积聚，在爆源附近形成高温、高压，然后急剧向外扩散，产生巨大的冲击波和声响。

根据国内外煤矿发生的瓦斯爆炸统计资料，煤矿瓦斯爆炸事故具有这样一些规律：一是井下的一切高温热源都可以引起瓦斯燃烧或爆炸，但主要火源是井下放炮火焰和机电火花。二是煤矿任何地点都有发生瓦斯爆炸的可能性，但绝大部分瓦斯爆炸事故发生在采掘工作面。三是采掘工作面容易发生瓦斯爆炸的地点主要是工作面的上隅角。四是采掘工作面另一容易发生爆炸事故的地点是采煤机工作时切割机构附近。五是采掘工作面较易发生瓦斯爆炸的原因大多是由于通风不良而造成了瓦斯积聚。当瓦斯浓度达到爆炸浓度时，遇火即会发生爆炸。六是大多数瓦斯爆炸是人为因素造成的，与生产工艺水平关系不大。

2. 煤与瓦斯突出事故特点

（1）煤（岩）与瓦斯突出的危险性。煤（岩）与瓦斯突出是指在地应力和瓦斯的共同作用下，在极短的时间内破碎的煤（岩）和瓦斯由煤体内突然喷出到采掘空间的现象，它是一种复杂的动力现象。它是严重威胁煤矿安全生产的主要灾害之一，不仅会破坏井巷，破坏通风系统，同时还会造成井下人员的窒息和瓦斯爆炸事故。

（2）煤与瓦斯突出的一般规律。煤与瓦斯突出存在的规律有：一是瓦斯突出一般多发生在一定的采掘深度以后。二是瓦斯突出多发生在地质构造附近。三是瓦斯突出多发生在集中压力区。四是瓦斯突出的次数和强度随煤层厚度特别是软分层厚度的增加而增加，同时煤层倾角越大，突出的危险性也越大。五是瓦斯突出与煤层中的瓦斯含量和压力没有固定的关系。六是大多数瓦斯突出发生在落煤工序时，放炮震动更容易引起突出。

（3）瓦斯突出前的一般预兆。煤（岩）与瓦斯突出前一般会发生以下预兆。有声预兆，即煤体和支架的压力增大；煤壁移动加剧；煤壁向外鼓出；掉渣；煤块迸出；破裂声；煤炮声；闷雷声。无声预兆，即煤质变得干燥，光泽暗淡，层理紊乱；瓦斯涌出量增大或忽大忽小；煤尘增多；气温降低；打钻时出现顶钻或夹钻等。上述预兆在突出事故发生前并不是都会显现，有时可能出现其中一种、两种或多种。生产中如遇到这些现象时，要立即停止工作，切不可冒险作业，以防事故的发生。

(4) 预防煤与瓦斯突出事故的措施。我国煤矿在长期的生产实践中，特别是在防治煤与瓦斯突出事故方面，取得了很多好的经验，如“四位一体防突措施”就是其中一项。“四位一体防突措施”是指：突出危险性预测、防治突出措施、防治突出措施的效果检验和安全防护措施。具体含义是，对有突出危险性的矿井，采前进行突出危险性预测，当预测有突出危险时，制定并采取防突措施，对措施的效果进行检验，检验确定措施有效后，可采取安全防范措施进行采掘作业。若预测无突出危险时，可直接采取安全防护措施进行采掘作业。

3. 矿井火灾的类型事故特点

(1) 矿井火灾的类型。矿井火灾按照发火原因的不同，可以分为内因火灾和外因火灾两种，不同发火原因的火灾各有其不同的特点。

内因火灾是指由于煤炭自燃引起的火灾。外因火灾是指由外来火源引起的火灾。造成外因火灾的主要原因，一是由明火引起的矿井火灾，如井下吸烟、井下使用电（气）焊、井下使用电炉和大灯泡取暖等引起易燃物着火。二是由电气故障引起矿井火灾，如电流短路产生的弧光、电火花、电缆放炮、设备过载运行导致设备发热等引起的火灾。三是井下违章爆破引起矿井火灾，如使用变质炸药，井下放糊炮、放明炮和明火放炮，以及井下爆破不使用水炮泥、炮眼封泥量不足等都会引起火灾。四是瓦斯煤尘爆炸产生的高温也会引起矿井火灾。五是撞击火花、摩擦生热等也会引起矿井火灾。

外因火灾的特点是发生突然，来势凶猛，且发生的时间与地点往往出乎人们的意料。所以，由于人们没有思想准备，因而会造成因惊慌失措而酿成恶性事故。

外因火灾事故中人为因素较多，例如井下违章吸烟，使用电炉和大灯泡取暖，井下进行电气焊和喷灯焊接麻痹大意，引燃燃烧物；采用明火或动力电源爆破，机电设备管理不善，发生电火花和电流短路现象等。

(2) 矿井火灾的危害与事故特点。矿井火灾除了与一般地面火灾危害相同以外，还具有以下特点：一是火灾能产生大量有毒有害气体，造成人员中毒，据国内外资料统计，在矿井火灾事故中95%以上的遇难人员死于有毒气体中毒。二是火灾会形成火风压，使灾害范围扩大。三是火灾易引起瓦斯、煤尘的爆炸。

井下发生火灾时，因为矿井空间的限制，井下人员难以躲避，设备难以搬移，因而造成的人员伤亡和国家财产、资源损失比一般地面火灾更为严重。而且矿井火灾发生时，会在井下巷道中生成大量的一氧化碳等有毒有害气体，而且难以冲淡和排除，容易导致大量井下人员中毒、窒息甚至死亡。

4. 矿井水灾发生原因与事故特点

(1) 矿井水灾概述。矿井在建设和生产过程中，地面水和地下水通过各种通道涌入矿井，当矿井涌水超过正常排水能力时，就造成矿井水灾。矿井水灾（通常称为透水）是煤矿常见的主要灾害之一。一旦发生透水，不但影响矿井正常生产，有时还会造成人员伤亡，淹没矿井和采区，危害十分严重。

(2) 造成矿井水灾的主要水源。造成矿井水灾的主要水源分为地表水和地下水，矿井附近有江河、湖泊、池塘、水库、沟渠等积水，以及季节性雨水时，当水位暴涨，超过矿井井口标高而涌入井下，或由裂隙、断层或塌陷区渗入井下造成水灾。

(3) 造成矿井水灾的原因。矿井发生水灾的原因归纳起来主要有三个方面，一是自然因素，二是技术原因，三是人为因素。

1) 自然因素。我国大多数煤矿水文地质条件极为复杂，可预见的与不可预见的水文地质构造较多。特别是我国石炭纪地质年代生成的煤田，其煤系地层的底部是奥陶纪充水石灰岩，厚度大（800 m左右）、含水丰富、压力高，一旦发生突水，必定会造成恶性事故。另外，我国煤炭开采历史悠久，煤田中古窑、小井星罗棋布，且又无史料记载，现代勘察难以掌握其准确位置，煤矿生产中一旦揭露它们，很可能造成事故。

2) 技术原因。我国煤矿经过多年的发展，生产技术有了很大进步，国有煤矿近80%实现了机械化，同时煤矿防灾抗灾能力也逐渐增强。但是，我国煤矿整体技术水平不高，特别是一些民营煤矿现在仍在使用原始落后的开采方法生产，不仅生产方法落后，安全也无法保证。在矿井防治水上无技术可言，甚至连基本的防治手段都不具备，不懂什么叫超前预防，只会“兵来将挡，水来土屯”，遇到复杂情况则更难以应对。

3) 人为因素。人为因素是导致矿井发生水害的重要原因之一。其原因是：人们对水灾的认识程度不够；业务人员技术水平不高；经营者只顾眼前利益，乱采乱掘，忽视安全，防治水投资不足；从业人员以及管理人员不懂水害规律，不知透水预兆，有的即便发现了透水预兆，仍存有侥幸心理，冒险作业，这些都是造成矿井水灾的原因。

(4) 矿井透水预兆。透水预兆就是矿井在发生透水前常常出现的一些特征，它是我国广大矿工实践经验的总结，对预防矿井透水事故的发生，减少人员伤亡具有重大作用。常见的透水预兆有挂红，挂汗，煤壁发潮变暗，空气变冷，发生雾气，有水叫声，顶板来压、淋水加大，底板鼓起或产生裂隙，水色发浑有臭味。

1) 挂红。含铁物质丰富的地下水，尤其是老空水，因其里面常常有丢弃的铁梁、铁柱等，经水浸泡使水中产生暗红色的水锈，透水前这种水往往通过煤岩裂隙流出，水锈沉积在缝壁上呈现红色。

2) 挂汗。水在压力的作用下，沿煤岩裂隙和孔隙渗透到煤岩壁表面形成水珠，俗称挂汗。

3）煤壁发潮变暗。采掘工作面接近积水区域时，煤壁发潮，光泽暗淡。

4）空气变冷，发生雾气。工作面接近积水区域时，由于地下水的作用，煤体将会发凉，工作面空气温度降低，而且越接近工作面越觉得寒冷。

5）有水叫声。当地下水有压力时，水沿煤岩缝隙喷出时，发出的空气震动声就是水叫声。

6）顶板来压，淋水加大。煤层上覆岩层如有含水层且距煤层较近时，透水前煤层顶板压力明显增加，并伴有淋水加大等现象。

7）底板鼓起或产生裂隙。当煤层底板较薄或松软且距含水层较近时，发生透水前，在水压力的作用下，煤层底板有时会出现底鼓或产生裂隙甚至出现喷水等现象。

8）水色发浑有臭味。矿井透溶洞水时，因溶洞水无补充水源而呈现灰色；矿井透冲积层水时往往掺杂黄泥而呈现黄色。又因为溶洞水、老空水属死水，里面会含有许多浮游物，在地下水的长期浸泡下会产生硫化氢气体，透水时，硫化氢气体随之流动而有臭鸡蛋味。

5. 煤矿顶板事故原因与事故特点

顶板事故是煤矿生产中最常见的一种事故，不仅发生率高，而且危害性大。按照顶板冒落范围的大小，分为局部冒顶和大面积冒顶。一般常见顶板事故多为局部冒顶事故。

（1）局部冒顶事故的特点。局部冒顶是指当煤层顶板破碎，节理发育时，工作面未进行及时支护或支护质量不合格而引起小范围的顶板冒落。有时在采掘工作遇到地质变化时，该区域由于受地质构造的影响也会发生局部冒顶，因此，当采掘工作遇到地质构造时要制定并落实好防范措施。

下面是煤矿开采过程中容易发生局部冒顶的地点和原因。

1）煤壁附近易发生局部冒顶。其原因如下：一是当煤层顶板裂隙发育，落煤后又不及时进行支护，顶板就有可能在无任何预兆的情况下突然冒落，造成局部冒顶事故的发生；二是如果靠近煤壁处的支护支撑力不够，就会导致机道上方顶板过分变形和破裂，从而引起局部冒顶；三是爆破时，如果炮眼布置不当或装药量过大崩倒支架，使顶板失去支护造成局部冒顶；四是老顶来压时使煤壁附近的直接顶板破碎，而导致煤壁发生片帮，从而扩大了无支护空间，引起局部冒顶。

2）工作面两端易发生局部冒顶。采用刮板运输机运输的工作面两端因经常需要移动机头机尾，这时就要摘除此处的支柱，摘除支柱时易造成直接顶下沉，从而导致破碎顶板或孤立岩块冒落；还有，工作面上下出口因巷道支护初撑力很小，这样就易使顶板下沉、松动甚至破碎，特别是当直接顶由薄弱软岩层组成时，更容易发生冒顶；再有，工作面上下出口因受支撑压力的影响，很容易造成顶板破碎，甚至由于支撑压力的影响还会造成巷道支架的损坏，使支架失效而引起冒顶。

3）工作面放顶线处易发生局部冒顶。因工作面放顶线处的支柱受力不均，当支柱的人工回撤受力较大时，有时就会造成顶板垮落。

4）地质破坏带处易发生局部冒顶。地质破坏带处的顶板，由于受地质构造影响往往比较破碎，开采时遇到这些地方，破碎顶板就较易发生冒顶。

（2）发生局部冒顶前的预兆。局部冒顶虽然范围较小，但它占冒顶死亡事故的比例却很大，人们常称其为“零打碎敲”，容易被忽视。因此，必须注意局部冒顶前的预兆，及时采取措施，预防局部冒顶事故的发生，或控制在最小范围不让其扩大。下面是局部冒顶前的预兆。

1）顶板岩石有裂口或产生新的裂口，同时裂隙增多，顶板矸石稍有震动就会掉落下来，敲帮问顶时发出不正常的声音。

2）顶板裂隙内卡有活矸石，并有掉渣、掉矸现象，掉大块岩石前往往先掉小石块。

3）煤层与顶板接触面上的矸石不断脱离，这表明顶板节理张开有冒顶的可能。

4）顶梁在支柱上滚偏，顶梁有响声，煤壁的伞檐突然脱落。

5）采空区支架回收不净，有临时支柱支撑顶板，不垮落，当垮落时有推倒支柱发生冒顶的危险。

6）顶板有淋水且淋水不断加大等。

（3）局部冒顶事故的预防措施。预防局部冒顶事故的措施主要有如下几项。

1）正确选择支架。选择支架形式时，应考虑顶板岩性，要使支架形式与顶板岩性相适应，这是避免局部冒顶事故发生的重要措施之一。如坚硬的顶板可采用点柱或带帽点柱，而破碎顶板就要用联锁棚、套棚，并在梁上插入背板甚至笆片。同时，无论选择哪种支架，支架的支撑力都要满足顶板压力的需要。

2）破煤后要及时支护。破煤后煤壁处悬露面积增大，为防止冒顶，一定要采取超前挂顶梁或打临时支柱等措施进行及时支护，严禁空顶作业。

3）加强支护。在工作面上下出口、机头机尾等易冒顶处，要采取特种支架进行支护，如架设抬棚、打密集支柱和打木垛等。

4）防止放炮崩倒支架。采掘工作面爆破时，要正确布置炮眼深度和角度，装药量要合理，爆破前要检查支架支护质量，发现问题及时处理。严禁将支柱架设在浮煤或浮矸上。

5）工作面要及时回柱放顶，当控顶距离超过作业规程规定时禁止采煤。回柱放顶必须严格按照操作规程和作业规程规定进行。回柱时要认真观察周围顶板变化，发现异常情况及时处理。放顶区域内的支架要回清撤净，严禁采空区内遗留没有回撤的支架。回柱后若采空区顶板坚硬不冒落，当超过规定悬顶距离时，必须采取人工强制放顶措施。

6）及时修复或更换折梁断柱。当煤层上覆顶板压力较大时，一旦超过支架的抗压强度，支架就会发生变形、失效甚至折损等现象。此时，如果不及时修复或更换，就极有可能发生局部冒顶。因此，生产中若出现此种情况，必须引起高度重视，切不可麻痹大意，更不可有“凑合”心理，必须采取措施进行处理。

6. 煤矿爆破事故的原因和事故特点

（1）井下爆破工艺和要求。井下爆破是我国煤矿，特别是我国中小煤矿目前普遍采用的一种生产工艺，它不仅广泛用于采煤工作面，同时，也是巷道掘进的主要手段。为此，爆破作业的质量不仅关乎煤矿生产能否顺利进行，也关系到煤矿的安全。我国煤矿每年因爆破引发的生产安全事故持续不断，如爆破崩人，炮烟熏人，爆破引起瓦斯、煤尘爆炸，爆破引起矿井火灾等。

井下爆破工艺主要包括打眼、装药、封孔、连线、爆破等工序。由此可见，井下爆破是一个较为复杂的过程，工序多、时间长、要求高，也易发生事故。所以，每一道工序都必须严格按照规定和要求进行操作，来不得半点马虎。

（2）煤矿爆破事故的伤害。为防止炮烟熏人，爆破后，现场人员不要顶烟进入工作面，否则很容易炮烟中毒。这是因为炮烟中含有大量的有毒有害气体，其主要成分是二氧化氮，人吸入后很容易中毒。如 1972 年，河北省某煤矿在煤层掘进巷道时，由于爆破后工人立即迎着炮烟进入工作面，致使在该工作面工作的工人 3 天内连续有 2 人死亡，且都是下班回宿舍休息，次日早上被发现已死亡。事后经诊断死者都是因为吸入了大量炮烟造成中毒，引起肺水肿而死。由此可见，顶烟进入工作面是非常危险的。所以，爆破后一定要等炮烟吹净后再进入工作面工作，以确保人身安全。

7. 煤尘灾害事故的原因和事故特点

（1）煤尘的产生和危害。煤尘是在煤矿生产过程中所产生的各种细散状的固体颗粒。悬浮于空气中的煤尘称为浮尘；沉落下来的煤尘称为落尘。煤尘是矿山五大自然灾害之一（瓦斯、煤尘、水、火、顶板）。煤尘不仅污染空气，影响矿工身体健康，可引发矿工的煤肺病，而且在空气中达到一定浓度时，遇火会引起爆炸造成灾害。因此，煤尘的危害性十分巨大，不可轻视。

大多数煤矿生产作业都会不同程度地产生煤尘。如井下爆破、采掘机械截割煤、煤炭提升运输、装载、回柱放顶等生产的各个环节，都会产生大量的煤尘。这其中采掘工作面产尘量最高，可占井下产尘量的 70%～80%；其次是运输系统的各转载点。所以，在煤矿生产过程中，要注意做好这些重点部位的防尘工作。

（2）煤尘的主要危害。煤尘对生产作业和人员的危害，主要体现在以下几个方面。

1）矿尘易使矿工患尘肺病。尘肺病是以肺部纤维化组织增生为主要特征的肺部病变。

一般分为矽肺病、煤矽肺病和煤肺病。矽肺病主要是因吸入过多岩尘导致的，而煤肺病则是因吸入过量煤尘而导致的一种疾病。

2）煤尘爆炸。煤尘在氧气的氧化作用下，会迅速释放出大量的可燃可爆性气体，当这些气体达到一定浓度时，遇到火源就会发生燃烧或爆炸。特别是当空气中有瓦斯存在时更容易引起煤尘的爆炸。

（3）煤尘爆炸的必要条件和特点。煤尘爆炸的必要条件如下：

1）煤尘本身具有爆炸倾向性。

2）悬浮在空气中的煤尘浓度一般为 45～2 000 g/m³。

3）有引起煤尘爆炸的火源，通常为 610～1 050℃。

此外，空气中的氧浓度对煤尘爆炸有很大影响。当空气中的氧浓度较高时，点燃煤尘所需的温度较低；反之，温度则较高。当空气中的氧气浓度低于 18%时，单独的煤尘将不会发生爆炸。

为了防止煤尘爆炸，除了做好防尘、降尘工作以外，还要杜绝引起煤尘爆炸的火源。如严禁入井人员携带烟草和点火用具，严禁穿化纤衣服；加强机电设备管理，防止漏电和电火花的产生；加强明火管理；搞好井下安全爆破等。

第二节　煤矿企业事故隐患排查治理的相关规定

对于煤矿企业来讲，排查治理事故隐患是预防事故发生的重要手段，同时也是安全工作的重点之一。一般来讲，事故隐患都具有隐蔽性的特点，隐蔽性是指多数事故隐患不直观，仅凭人的感觉难以发现，例如金属构件的疲劳、内部裂缝，表面看上去没有什么异样，其性能却已发生了质的变化。有的事故隐患虽然比较直观，能够为人们所感知，但在一般情况下，只要不发生现实危险，绝大多数人会视而不见。因此，积极做好事故隐患排查治理工作，及时消除各种危险与危害，才能有效防范各类事故的发生。

一、《煤矿重大安全生产隐患判定标准》相关要点

1. 制定《煤矿重大安全生产隐患判定标准》的目的

2015 年 12 月 3 日，国家安全生产监督管理总局和国家煤矿安全监察局下发《关于印发＜煤矿重大安全生产隐患判定标准＞的通知》（安监总煤矿字〔2015〕85 号，以下简称《通知》），本办法自印发之日起施行。制定《煤矿重大安全生产隐患判定标准》的目的，是根

据《安全生产法》和《国务院关于预防煤矿生产安全事故的特别规定》等法律、法规，准确认定、及时消除煤矿重大安全生产隐患。

《通知》指出：为进一步贯彻《安全生产法》和《国务院关于预防煤矿生产安全事故的特别规定》（国务院令第446号，以下简称《特别规定》），制定了《煤矿重大安全生产隐患判定标准》，以便于煤矿企业贯彻落实。

2.《煤矿重大安全生产隐患判定标准》的主要内容

◆本办法适用于各类煤矿重大事故隐患的认定。

◆“超能力、超强度或者超定员组织生产”，是指有下列情形之一的：

（1）矿井全年产量超过矿井核定生产能力的。

（2）矿井月产量超过当月产量计划10%的。

（3）一个采区内同一煤层布置3个（含3个）以上回采工作面或5个（含5个）以上掘进工作面同时作业的。

（4）未按规定制定主要采掘设备、提升运输设备检修计划或者未按计划检修的。

（5）煤矿企业未制定井下劳动定员或者实际入井人数超过规定人数的。

◆“瓦斯超限作业”，是指有下列情形之一的：

（1）瓦斯检查员配备数量不足的。

（2）不按规定检查瓦斯，存在漏检、假检的。

（3）井下瓦斯超限后不采取措施继续作业的。

◆“煤与瓦斯突出矿井，未依照规定实施防突出措施”，是指有下列情形之一的：

（1）未建立防治突出机构并配备相应专业人员的。

（2）未装备矿井安全监控系统和抽放瓦斯系统，未设置采区专用回风巷的。

（3）未进行区域突出危险性预测的。

（4）未采取防治突出措施的。

（5）未进行防治突出措施效果检验的。

（6）未采取安全防护措施的。

（7）未按规定配备防治突出装备和仪器的。

◆“高瓦斯矿井未建立瓦斯抽放系统和监控系统，或者瓦斯监控系统不能正常运行”，是指有下列情形之一的：

（1）1个采煤工作面的瓦斯涌出量大于5.3 m/min或1个掘进工作面瓦斯涌出量大于3.3 m/min，用通风方法解决瓦斯问题不合理而未建立抽放瓦斯系统的。

（2）矿井绝对瓦斯涌出量达到《煤矿安全规程》第145条第（二）项规定而未建立抽放瓦斯系统的。

（3）未配备专职人员对矿井安全监控系统进行管理、使用和维护的。

（4）传感器设置数量不足、安设位置不当、调校不及时，瓦斯超限后不能断电并发出声光报警的。

◆“通风系统不完善、不可靠”，是指有下列情形之一的：

（1）矿井总风量不足的。

（2）主井、回风井同时出煤的。

（3）没有备用主要通风机或者两台主要通风机能力不匹配的。

（4）违反规定串联通风的。

（5）没有按正规设计形成通风系统的。

（6）采掘工作面等主要用风地点风量不足的。

（7）采区进（回）风巷未贯穿整个采区，或者虽贯穿整个采区但一段进风、一段回风的。

（8）风门、风桥、密闭等通风设施构筑质量不符合标准、设置不能满足通风安全需要的。

（9）煤巷、半煤岩巷和有瓦斯涌出的岩巷的掘进工作面未装备甲烷风电闭锁装置或者甲烷断电仪和风电闭锁装置的。

◆“有严重水患，未采取有效措施”，是指有下列情形之一的：

（1）未查明矿井水文地质条件和采空区、相邻矿井及废弃老窑积水等情况而组织生产的。

（2）矿井水文地质条件复杂没有配备防治水机构或人员，未按规定设置防治水设施和配备有关技术装备、仪器的。

（3）在有突水威胁区域进行采掘作业未按规定进行探放水的。

（4）擅自开采各种防隔水煤柱的。

（5）有明显透水征兆未撤出井下作业人员的。

◆“超层越界开采”，是指有下列情形之一的：

（1）国土资源部门认定为超层越界的。

（2）超出采矿许可证规定开采煤层层位进行开采的。

（3）超出采矿许可证载明的坐标控制范围开采的。

（4）擅自开采保安煤柱的。

◆“有冲击地压危险，未采取有效措施”，是指有下列情形之一的：

（1）有冲击地压危险的矿井未配备专业人员并编制专门设计的。

（2）未进行冲击地压预测预报、未采取有效防治措施的。

◆“自然发火严重，未采取有效措施”，是指有下列情形之一的：

（1）开采容易自燃和自燃的煤层时，未编制防止自然发火设计或者未按设计组织生产的。

（2）高瓦斯矿井采用放顶煤采煤法采取措施后仍不能有效防治煤层自然发火的。

（3）开采容易自燃和自燃煤层的矿井，未选定自然发火观测站或者观测点位置并建立监测系统、未建立自然发火预测预报制度，未按规定采取预防性灌浆或者全部充填、注惰性气体等措施的。

（4）有自然发火征兆没有采取相应的安全防范措施并继续生产的。

（5）开采容易自燃煤层未设置采区专用回风巷的。

◆“使用明令禁止使用或者淘汰的设备、工艺”，是指有下列情形之一的：

（1）被列入国家应予淘汰的煤矿机电设备和工艺目录的产品或工艺，超过规定期限仍在使用的。

（2）突出矿井在 2006 年 1 月 6 日之前未采取安全措施使用架线式电机车或者在此之后仍继续使用架线式电机车的。

（3）矿井提升人员的绞车、钢丝绳、提升容器、斜井人车等未取得煤矿矿用产品安全标志，未按规定进行定期检验的。

（4）使用非阻燃带、非阻燃电缆，采区内电气设备未取得煤矿矿用产品安全标志的。

（5）未按矿井瓦斯等级选用相应的煤矿许用炸药和雷管、未使用专用发爆器的。

（6）采用不能保证 2 个畅通安全出口采煤工艺开采（三角煤、残留煤柱按规定开采者除外）的。

（7）高瓦斯矿井、煤与瓦斯突出矿井、开采容易自燃和自燃煤层（薄煤层除外）矿井采用前进式采煤方法的。

◆“年产 6 万吨以上的煤矿没有双回路供电系统”，是指有下列情形之一的：

（1）单回路供电的。

（2）有两个回路但取自一个区域变电所同一母线端的。

◆“新建煤矿边建设边生产，煤矿改扩建期间，在改扩建的区域生产，或者在其他区域的生产超出安全设计规定的范围和规模”，是指有下列情形之一的：

（1）建设项目安全设施设计未经审查批准擅自组织施工的。

（2）对批准的安全设施设计做出重大变更后未经再次审批并组织施工的。

（3）改扩建矿井在改扩建区域生产的。

（4）改扩建矿井在非改扩建区域超出安全设计规定范围和规模生产的。

（5）建设项目安全设施未经竣工验收并批准而擅自组织生产的。

◆“煤矿实行整体承包生产经营后，未重新取得煤炭生产许可证和安全生产许可证，从事生产的，或者承包方再次转包的，以及煤矿将井下采掘工作面和井巷维修作业进行劳务承包”，是指有下列情形之一的：

（1）生产经营单位将煤矿（矿井）承包或者出租给不具备安全生产条件或者相应资质的单位或者个人的。

（2）煤矿（矿井）实行承包（托管）但未签订安全生产管理协议或者载有双方安全责任与权力内容的承包合同进行生产的。

（3）承包方（承托方）未重新取得煤炭生产许可证和安全生产许可证进行生产的。

（4）承包方（承托方）再次转包的。

（5）煤矿将井下采掘工作面或者井巷维修作业对外承包的。

◆“煤矿改制期间，未明确安全生产责任人和安全管理机构，或者在完成改制后，未重新取得或者变更采矿许可证、安全生产许可证、煤炭生产许可证和营业执照”，是指有下列情形之一的：

（1）煤矿改制期间，未明确安全生产责任人进行生产的。

（2）煤矿改制期间，未明确安全生产管理机构及其管理人员进行生产的。

（3）完成改制后，未重新取得或者变更采矿许可证、安全生产许可证、煤炭生产许可证、营业执照以及矿长资格证、矿长安全资格证进行生产的。

◆“有其他重大安全生产隐患”，是指省、自治区、直辖市人民政府负责煤矿安全生产监督管理的部门、煤矿安全监察机构，根据实际情况认定的可能造成重大事故的其他重大安全生产隐患。

二、《煤矿隐患排查和整顿关闭实施办法（试行）》相关要点

1. 制定《煤矿隐患排查和整顿关闭实施办法（试行）》的目的

2005 年 9 月 26 日，国家安全生产监督管理总局和国家煤矿安全监察局印发《煤矿隐患排查和整顿关闭实施办法（试行）》（安监总煤矿字〔2005〕134 号），自印发之日起施行。

《煤矿隐患排查和整顿关闭实施办法（试行）》分为六章三十一条，各章内容为：第一章　总则、第二章　隐患排查、第三章　停产整顿、第四章　关闭煤矿、第五章　联合执法、第六章　附则。制定本办法的目的，是根据《安全生产法》《国务院关于预防煤矿生产安全事故的特别规定》（以下简称《特别规定》）和《国务院办公厅关于坚决整顿关闭不具备安全生产条件和非法煤矿的紧急通知》（以下简称《紧急通知》）等相关法律、法规及国务院有关文件规定，排查煤矿安全生产隐患，整顿关闭不具备安全生产条件和非法煤矿。

2. 总则中的有关规定

在“第一章　总则”中，对相关事项作了规定。

◆煤矿企业是安全生产隐患排查、治理的责任主体，煤矿企业主要负责人（包括一些煤矿企业的实际控制人）对本企业安全生产隐患的排查和治理全面负责。

煤矿企业应当以矿（井）为单位进行安全生产隐患排查、治理，矿（井）主要负责人对安全生产隐患的排查和治理负直接责任。

煤矿实际控制人是指一些煤矿企业生产、经营、安全、投资和人事任免等重大事项的实际决策人，或者对重大决策起决定作用的人。

◆县级以上地方人民政府负责煤矿安全生产监督管理的部门对本行政区域内煤矿的重大隐患和违法行为负有日常监督检查和依法查处的职责；煤矿安全监察机构对所辖区域内煤矿的重大隐患和违法行为负有重点监察、专项监察、定期监察和依法查处的职责。

负责颁发采矿许可证、安全生产许可证、煤炭生产许可证、工商营业执照和矿长资格证、矿长安全资格证的部门应当对取得证照的煤矿加强日常监督管理，促使煤矿持续符合取得证照应当具备的条件。

3. 有关隐患排查的相关规定

在“第二章　隐患排查”中，对相关事项作了规定。

◆本办法所称重大隐患是指《特别规定》第八条第二款所列 15 种重大安全生产隐患（具体分解细化内容，见《煤矿重大安全生产隐患认定办法》）。煤矿企业有重大隐患的，应当立即停止生产，排除隐患。

◆煤矿企业要建立安全生产隐患排查、治理制度，组织职工发现和排除隐患。煤矿主要负责人应当每月组织一次由相关煤矿安全管理人员、工程技术人员和职工参加的安全生产隐患排查。查出的隐患登记建档。

煤矿企业要加强现场监督检查，及时发现和查处违章指挥、违章作业和违反操作规程的行为。发现存在重大隐患，要立即停止生产，并向煤矿主要负责人报告。

◆煤矿安全生产隐患实行分级管理和监控。

一般隐患由煤矿主要负责人指定隐患整改责任人，责成立即整改或限期整改。对限期整改的隐患，由整改责任人负责监督检查和整改验收，验收合格后报煤矿主要负责人审核签字备案。

重大隐患由煤矿主要负责人组织制定隐患整改方案、安全保障措施，落实整改的内容、资金、期限、下井人数、整改作业范围，并组织实施。整改结束后要按照本办法第十五条第一款的要求认真自检。

◆煤矿企业应当于每季度第一周将上季度重大隐患及排查整改情况向县级以上地方人民政府负责煤矿安全生产监督管理的部门、煤矿安全监察机构提交书面报告，报告应当经煤矿企业主要负责人签字。报告要包括产生重大隐患的原因、现状、危害程度分析、整改方案、安全措施和整改结果等内容。重要情况应当随时报告。

◆县级以上地方人民政府负责煤矿安全生产监督管理的部门、煤矿安全监察机构接到煤矿企业重大隐患整改报告后，对不符合要求和措施不完善的提出修改意见，并对煤矿重大隐患登记建档，指定专人负责跟踪监控，督促企业认真整改。

4. 有关停产整顿的相关规定

在“第三章　停产整顿”中，对相关事项作了规定。

◆县级以上地方人民政府负责煤矿安全生产监督管理的部门、煤矿安全监察机构发现煤矿有下列情形之一的，责令停产整顿，并将情况在5日内报送有关地方人民政府：

（1）超通风能力生产的。

（2）高瓦斯矿井没有按规定建立瓦斯抽放系统，监测监控设施不完善、运转不正常的。

（3）有瓦斯动力现象而没有采取防突措施的。

（4）在建、改扩建矿井安全设施未经过煤矿安全监察机构竣工验收而擅自投产的，以及违反建设程序、未经核准（审批）或越权核准（审批）的。

（5）逾期未提出办理煤矿安全生产许可证申请、申请未被受理或受理后经审核不予颁证的。

（6）未建立健全安全生产隐患排查、治理制度，未定期排查和报告重大隐患，逾期未改正的。

（7）存在重大隐患，仍然进行生产的。

（8）未对井下作业人员进行安全生产教育和培训或者特种作业人员无证上岗，逾期未改正的。

◆县级以上地方人民政府负责煤矿安全生产监督管理的部门、煤矿安全监察机构现场检查发现应当责令停产整顿的矿井，按照下列规定处理：

（1）下达停产整顿指令，明确整改内容和期限。

（2）依法实施经济处罚。

（3）告知相关部门暂扣采矿许可证、安全生产许可证、煤炭生产许可证、营业执照和矿长资格证、矿长安全资格证。

（4）告知公安部门控制火工品供应、供电单位限制供电。

（5）3日内将停产整顿矿井的决定报送县级以上地方人民政府，并在当地主要媒体公告停产整顿矿井名单。

◆煤矿企业自接到有关部门下达的停产整顿指令之日起，必须立即停止生产。由煤矿主要负责人组织制定整改方案，查证照、查隐患、查安全管理、查劳动组织，确定整改项目、整改目标、整改时限、整改作业范围、从事整改的作业人员，落实整改责任人、资金，安全技术措施和应急预案。整改方案报县级以上人民政府负责煤矿安全生产监督管理的部门和煤矿安全监察机构备案。

停产整顿期间，煤矿要组织职工进行安全教育和培训。

◆煤矿整改项目完成后，煤矿企业应当按照重大隐患整改验收标准，由煤矿主要负责人组织自检。

煤矿企业自检合格后，可向县级以上地方人民政府负责煤矿安全生产监督管理的部门提出书面恢复生产的申请。申请报告应包括整改方案中内容、项目和自检结果，并由煤矿主要负责人签署验收意见。

◆停产整顿的矿井验收合格经批准的，由验收组织部门通知颁发证照的部门发还证照，煤矿方可恢复生产。

煤矿恢复生产要制定恢复生产方案、职工培训方案和安全措施，由煤矿主要负责人组织实施。

《煤矿隐患排查和整顿关闭实施办法（试行）》还对关闭煤矿、联合执法等事项作了规定。

三、《煤矿工人安全知识五十条》相关要点

2005 年 5 月 17 日，国家煤矿安全监察局下发了旨在保护矿工生命安全的《煤矿工人安全知识五十条》，要求各地迅速组织矿工学习。《煤矿工人安全知识五十条》共 4150 字，是根据《煤矿安全规程》及煤矿安全生产的实践编写的。共分五大部分：入井须知；安全行车与行走；灾害防治；紧急避灾；煤矿工人的权利、义务与权利维护（权利义务）。

在煤矿企业，许多事故的发生，是由于工人缺乏安全知识，违章作业，麻痹大意，未能及时消除事故隐患造成的。因此，牢记安全知识和安全措施，作业前进行安全检查，及时排查和消除事故隐患，确保工作范围内不存在安全问题，对于保证自身安全和他人的安全具有重要的作用。可以说，《煤矿工人安全知识五十条》，是煤矿工人安全生产的“护身符”，煤矿工人必须认真学习，人人掌握。

1. 入井须知

（1）煤矿是高危行业，入井前要吃好、睡好、休息好，千万不能喝酒，以保持充沛精力。

（2）明火和静电可导致瓦斯爆炸及火灾，不能穿化纤衣服和携带香烟及点火物品下井。

（3）入井前要随身佩带矿灯、佩戴安全帽、携带自救器，配备不齐或设备不完好不能入井工作。

(4) 携带锋利工具时，要套好护套，防止伤人。

(5) 通过班前会可了解工作地点的安全生产情况、明确安全注意事项、掌握防范措施，保证作业安全，因此要按时参加班前会。

(6) 自觉遵守《入井检身制度》，听从指挥，排队入井，接受检身。

2. 安全乘车与行走

(1) 上下井乘罐、乘车、乘皮带要听从指挥，不能嬉戏打闹、抢上抢下。

(2) 要按照定员乘罐、乘车，并关好罐笼门、车门，挂好防护链。不能在机车上或两车厢之间搭乘。

(3) 人货混装十分危险，不要乘坐已装物料的罐笼、矿车和皮带。

(4) 开车信号已发出和罐笼、人车没有停稳时，严禁上下。

(5) 运送火工品时，要听从管理人员安排，千万不能与上下班人员同时乘罐、乘车。

(6) 乘罐、乘车、乘皮带行驶途中，不能在罐内、车内躺卧和打瞌睡，不能将头、手脚和携带的工具伸到罐笼和车辆外面；不能在皮带上仰卧、打瞌睡和站立、行走，不能用手扶皮带侧帮。

(7) 乘坐“猴车”(无级绳绞车)时，不触摸绳轮，做到稳上、稳下。

(8) 在巷道中行走时，要走人行道，不在轨道中间行走，不随意横穿电机车轨道、绞车道，携带长件工具时，要注意避免碰伤他人和触及架空线，当车辆接近时要立即进入躲避硐室暂避。

(9) 在横穿大巷，通过弯道、交叉口时，要做到“一停、二看、三通过”；任何人都不能从立井和斜井的井底穿过；在兼作行人的斜巷内行走时，按照“行人不行车，行车不行人”的规定，不要与车辆同行。

(10) 钉有栅栏和挂有危险警告牌的地点十分危险，不能擅自进入；爆破作业经常伤人，不可强行通过爆破警戒线、进入爆破警戒区。

(11) 严禁扒车、跳车和乘坐矿车，严禁在刮板输送机上行走；在带式输送机巷道中，不能钻过或跨越输送带。

3. 灾害预防

(1) 瓦斯是开采煤炭过程中释放出来的无色、无味、无臭气体，有四大危害：一是可以燃烧，引起矿井火灾；二是会爆炸，导致矿毁人亡；三是浓度过高时会导致人员缺氧窒息、甚至死亡；四是会发生煤(岩)与瓦斯突出，摧毁、堵塞巷道，甚至引起人员窒息死亡、瓦斯爆炸。

(2) 瓦斯事故是可以预防的，只要认真贯彻执行《煤矿安全规程》和有关规章制度，防止瓦斯积聚和出现火源就可以预防瓦斯事故的发生。

（3）监测监控是有效预防瓦斯积聚的重要措施，要爱护监测监控设备；不能因为监测监控系统报警、断电影响生产而擅自调高监测探头的报警值、破坏瓦斯监测探头或用泥巴、煤粉及其他物品将瓦斯监测探头封堵上。

（4）井下的风筒、风门、风桥、风障等通风设施是为矿工提供新鲜空气和防止瓦斯积聚、预防瓦斯事故的最重要的基础设施，这些通风设施一旦被破坏，风流就可能紊乱、导致瓦斯事故，造成重大人员伤亡；所以，一是要自觉爱护井下通风设施，二是通过风门时，要立即随手关好，不能将两道风门同时打开，以免造成风流短路。发现通风设施破损、工作不正常或风量不足时，要及时报告，修复处理。

（5）掘进工作面是最易发生瓦斯积聚、发生瓦斯事故的地点之一，保证局部通风机的正常运转可有效防范瓦斯事故的发生。局部通风机通常由专人负责管理，其他人不可随意停开。

（6）工作面在瓦斯超限的情况下仍然坚持生产作业，极易引起重特大人员伤亡事故。各种规章规定，严禁瓦斯超限作业。

当采区回风巷、采掘工作面回风巷风流中瓦斯浓度超过1%或二氧化碳超过1.5%时，必须停止作业，从超限区域撤出。

当采掘工作面及其他作业地点风流中、电动机或其开关安设地点附近20 m以内风流中的瓦斯浓度达到1.5%时，也必须停止工作，从超限区域撤出。

（7）由矿灯、机电设备产生的火花都能引起瓦斯爆炸和矿井火灾，导致人员重大伤亡，所以在井下不能随意拆开、敲打、撞击矿灯，不准带电检修、搬迁电气设备，更不能使用明刀闸开关。

（8）吸烟引发的瓦斯爆炸时有发生，为了确保井下全体矿工的人身安全，井下禁止吸烟和使用火柴、打火机等点火物品。

（9）出现以下一种或多种征兆时，就可能发生煤与瓦斯突出，因此在观察到以下征兆时要立即停止作业、从作业地点撤出，并报告有关部门。

无声征兆：工作面顶板压力增大，煤壁被挤出、片帮掉渣、顶板下沉或底板鼓起，煤层层理紊乱、煤暗淡无光泽、煤质变软、煤壁发亮，工作面风流中瓦斯忽大忽小，打钻时有顶钻、卡钻、喷瓦斯等现象。

有声征兆：煤层发出劈裂声、闷雷声、机枪声、响煤炮，声音由远到近、由小到大，有短暂的、有连续的、间隔时间长短不一，煤壁发生震动或冲击，顶板来压、支架发出折裂声。

（10）有些煤矿的煤尘具有爆炸性，一旦发生煤尘爆炸，会造成矿毁人亡，后果十分严重；但只要认真执行《煤矿安全规程》和有关规章制度，有效实施煤层注水、湿式打眼、使用水炮泥、喷雾洒水、冲洗巷帮等综合防尘措施，煤尘爆炸是完全可以预防的。在井下工作时要爱护防尘设施、设备，不可随意拆卸、损坏。

（11）顶板事故是最常见、最容易发生的事故，要注意防范。当出现以下一种或几种征兆时，要及时采取措施防范：顶板、支架发出响声，顶板掉渣，煤壁片帮，顶板出现裂缝，顶板脱层，直接顶漏顶等。

（12）顶板是否会发生冒落，可采用以下方法进行观察。

一是敲帮问顶。即用钢钎或手镐敲击顶板，声音清脆响亮的，表明顶板完好；发出“空空”或“嗡嗡”声的，表明顶板岩石已离层，有冒落的危险，应采取措施把脱离的岩块挑下来。

二是打木楔。即在顶板裂缝中打入一小木楔，过一段时间如果发现木楔松动或松脱，说明裂缝在扩大，顶板有冒落的危险，应采取措施进行处理。

三是震动观察。即一手扶顶板，一手持凿子或镐头等工具敲击顶板，若感到顶板震动，即使听不到破裂声也说明已有顶板岩石离层，有冒落的危险，应及时防范。

（13）井下火灾后果十分严重，会造成重大人员伤亡和财产损失，还会引发瓦斯、煤尘爆炸，导致灾害进一步扩大，应十分注意矿井火灾的防范：一是不能在井下用灯泡取暖和使用电炉、明火；二是在没有得到批准的情况下，不得从事电、气焊作业；三是不能将剩油、废油随意泼洒，也不能将用过的棉纱、布头和纸张等易燃物品随意丢弃。

（14）火灾发生初期是灭火的最好时机，因而应主动学会使用灭火器具，掌握灭火知识。在发生火灾时，若火势不大，可直接组织身边人员灭火；若火灾范围大或火势太猛，现场人员无力抢救、自身安全受到威胁时，应迅速戴好自救器撤离灾区或根据领导指示行事。

（15）矿井水灾事故是煤矿五大自然灾害之一，也会造成人员的重大伤亡，当观察到以下一种或几种征兆时，必须停止作业，判明情况，立即向领导或调度室报告，并从受水害威胁的区域撤出：工作面变得潮湿，顶板滴水、淋水，岩石膨胀，底鼓，矿压增大，片帮冒顶，支架变形，有水叫声，煤层挂汗、挂红，工作面有害气体增加、有时带有臭鸡蛋味等。

（16）探水作业经常会发生意外，进行探水作业时，要预先开好躲避硐，加强支护，规定好联络信号和避灾路线，并经常检查瓦斯。当钻进中遇到异常情况时，不要轻易移动或拔出钻杆、擅自放水，要及时向领导或调度室汇报，情况危急时，要立即撤出。

（17）炸药在爆炸过程中会产生爆炸火焰，防范措施不当就会引起瓦斯爆炸，因爆破作业引发的瓦斯事故时有发生。为了防止因爆破作业引发的瓦斯事故，有关规章规定：爆破作业必须严格执行“一炮三检”制度（装药前、放炮前、放炮后检查瓦斯浓度），爆破地点附近 20 m 以内风流中瓦斯浓度达到 1%时，严禁装药，爆破；井下爆破作业必须使用专用发爆器，严禁使用明火、明刀闸（开关）、明插座爆破；炮眼必须按规定封足炮泥、使用水炮泥，严禁使用煤粉或其他易燃物品封堵炮眼，无封泥或封泥不足时严禁爆破。

4. 紧急避灾

（1）有效的自救和互救可减少事故伤亡，挽救自己和他人的生命，因而要主动学习和掌握矿井灾害预防知识和自救、互救知识，熟悉井下避灾路线。

（2）发生事故后，及时报警可增加获救的机会、赢得抢救的时间。在事故发生后要充分利用附近的电话或派出人员迅速将事故情况向领导或调度室汇报。

（3）避灾过程中，要保持镇静、沉着应对，不要惊慌、不要乱喊乱跑；要遵守纪律，听从指挥，决不可单独行动。

（4）紧急避灾撤离事故现场时，要迎着风流、向进风井口撤离，并在沿途留下标记。

（5）无法安全撤离灾区时，要迅速进入预先构筑的躲避硐室或其他安全地点暂避，在硐室外留下明显标记，并不时敲打轨道或铁管发出求救信号。撤离路线被封堵时，不要冒险闯过火区或泅过被水封堵的通道。

（6）抢救窒息或心跳呼吸骤停的伤员时，要先复苏，后搬运；抢救出血的伤员时，要先止血，后搬运；抢救骨折的伤员时，要先固定，后搬运。

（7）正确避灾，可避免或减少人员伤亡：遇到瓦斯、煤尘爆炸事故时，要迅速背向空气震动的方向、脸向下卧倒，并用湿毛巾捂住口鼻，以防止吸入大量有毒气体；与此同时要迅速戴好自救器，选择顶板坚固、有水或离水较近的地方躲避。

遇到火灾事故时，要首先判明灾情和自己的实际处境，能灭（火）则灭，不能灭（火）则迅速撤离或躲避、开展自救或等待救援。

遇到水灾事故时，要尽量避开突水水头，难以避开时，要紧抓身边的牢固物体并深吸一口气，待水头过去后开展自救和互救。

遇到煤与瓦斯突出事故时，要迅速戴好隔离式自救器或进入压风自救装置或进入避难硐室。

5. 煤矿工人的权利、义务与权利维护

（1）享有对企业安全生产情况的知情权、监督权和建议权，有权要求煤矿企业提供企业的安全生产情况和了解作业场所、工作岗位存在的事故隐患、防范措施及应急方法。

（2）享有煤矿企业依法提供岗前安全教育培训的权利，煤矿企业未能提供安全教育培训时，有权拒绝上岗作业。

（3）有权抵制违章指挥和拒绝冒险作业，有权制止违章作业行为。

（4）遇到直接危及人身安全的紧急情况时，有权停止作业、撤离作业场所，并采取紧

急避险措施。

（5）有自觉遵守国家有关法律、法规和各项规章制度的义务。

（6）有爱护生产设备、设施和正确使用安全防护用品的义务。

（7）有及时报告险情、参加抢险救灾的义务。

（8）因工受到伤害时，有依法要求企业进行赔偿、并享受工伤和社会保险的权利。

（9）发现违反国家安全生产法律、法规和规章制度的生产行为时，以及因监督、制止违规生产行为受到打击报复和迫害时，可向地方煤矿安全监管部门、国家煤矿安全监察机构和工会组织投诉举报。

第三节　煤矿企业典型事故案例分析

煤矿是危险性比较大、劳动条件比较艰苦的行业，这是因为煤矿地质条件复杂，经常受到顶板、瓦斯、矿尘、水、火等多种自然灾害的威胁。在特殊的环境、艰苦的条件下生产作业，容易发生各种事故。因此，煤矿企业要积极做好事故隐患排查治理工作，事故隐患形式多样、复杂多变，必须运用科学化的方法，建立事故隐患排查治理的长效运行机制，从而不断发现隐患、消除隐患，确保生产作业安全。同时，煤矿企业还要重视事故的警示作用，要把别人的“事故”当作前车之鉴，从事故教训中吸取经验，做到警钟长鸣，时刻保持清醒的头脑，真正做到防患于未然。

一、设备设施隐患未能及时消除导致的事故

1. 桃子沟煤矿采煤作业点无风状态导致的瓦斯爆炸事故

2013 年 5 月 11 日，四川省泸州市泸县桃子沟煤矿发生重大瓦斯爆炸事故，造成 28 人死亡、18 人受伤（其中 8 人重伤），直接经济损失 3 747 万元。

事故经过：

2013 年 5 月 11 日 7 时 10 分，桃子沟煤业有限公司集中组织召开班前会。早班作业人员 141 人入井，其中 48 人先后到违法作业区域作业。12 时许，中班带班副矿长徐某某组织召开班前会，随后 78 名作业人员陆续入井，早班部分人员升井。事故发生时，井下共有作业人员 108 名，其中违法作业区域有 49 人作业。3111 采煤工作面 22 个支巷处于无风或微风状态。14 时 15 分，第 6 支巷放炮后，残药燃烧引爆集聚瓦斯，爆炸波及 3111 采煤工作面及相邻区域。事故发生后，经自救和救援，至当晚 22 时 30 分，共出井 82 人（其中 9 人

重伤，10 人轻伤)，找到 26 名遇难人员。这起事故共造成 28 人死亡，18 人受伤（其中重伤 8 人，轻伤 10 人)。

事故原因分析：

造成事故的直接原因，是桃子沟煤业有限公司违法违规组织生产的 3111 采煤工作面 6 支巷采煤作业点区域处于无风或微风状态，没有及时发现存在的隐患，瓦斯积聚达到爆炸浓度，放炮后残药燃烧引爆积聚瓦斯。

造成事故的间接原因，是 3111 采煤工作面通风管理混乱，采用明令淘汰、禁止的多支巷非正规采煤方法，通风系统不合理，通风设施不可靠。

事故教训：

事故单位应合理部署采掘，淘汰多支巷前进式、巷柱式等落后采煤方法，杜绝大串联、角联通风和扩散通风，以及无风、微风和循环风作业；要严格瓦斯管理，配足瓦斯检验工，及时排查事故隐患，完善矿井安全监控系统和相关传感器，以及人员定位系统，保证正常运行；应加强井下火工产品管理，严格执行煤矿火工产品领退、保管等制度和井下爆破作业规定，严格执行“一炮三检”和“三人连锁”放炮制度；应通过加强瓦斯防治能力评估，切实提高煤矿办矿水平，提升煤矿安全生产保障能力。

2. 大山煤矿未安设安全监测监控系统导致瓦斯积聚爆炸事故

2013 年 5 月 10 日，贵州省安顺市平坝县大山煤矿在越界非法盗采的马四巷采点发生重大瓦斯爆炸事故，造成 12 人死亡，2 人受伤，直接经济损失 1 462.82 万元。

事故经过：

2013 年 5 月 10 日晚班，大山煤矿 16 时至 18 时，共 60 名人员陆续入井，巷采作业区域由晏某某带领 14 人到马一巷、马二巷采点作业，陈某带领 14 人到马三巷、马四巷采点作业。18 时 30 分，马三巷采点准备放炮，晏某某将马一巷、马二巷采点人员撤至安设的局部通风机处，马三巷采点人员撤至马四巷采点口处，马四巷采点未撤出人员，18 时 40 分马三巷采点放炮。19 时 6 分，马四巷采点的作业人员试煤电钻时发生瓦斯爆炸，造成马三巷、马四巷采点 10 人当场死亡，4 人受伤（其中 2 人在医院抢救无效死亡)。在外面躲炮的晏某某听到马四巷采点有响声且有震动，感觉可能发生事故，便带领工人沿进风巷道撤出。这起事故造成 12 人死亡，2 人受伤。

事故原因分析：

造成事故的直接原因是非法越界开采，通风系统管理混乱，风量严重不足，作业人员未能及时发现和纠正，结果造成事故地点瓦斯积聚，煤电钻失爆产生火花引爆积聚瓦斯，导致事故发生。

造成事故的间接原因，是大山煤矿无视国家法律法规，越界非法组织生产。利用合法系统一边技改，一边超出矿界、掠夺式地非法盗采国家煤炭资源。生产系统不具备基本安全生产条件。无设计、无规程、无正规通风设施，未安设安全监测监控系统、人员定位系统及瓦斯抽采系统等基本安全设施。

事故教训：

事故单位应认真吸取教训，严格落实煤矿企业安全生产主体责任，依法办矿，健全、完善严格的安全生产规章制度，严格落实《煤矿矿长保护矿工生命安全七条规定》和瓦斯治理“十条禁令”，做到井巷布局和采掘部署合理，通风系统完善可靠，采用正规采煤方法，减少作业头面，图实相符，树立依法办矿的理念，依法建设和生产。

3. 下海子煤矿忽视采空区积水隐患放炮贯通导致的伤亡事故

2014 年 4 月 7 日，云南曲靖市麒麟区黎明实业有限公司下海子煤矿发生一起重大水害事故，造成 21 人死亡，1 人下落不明，直接经济损失 6 689 万元。

事故经过：

2014 年 4 月 7 日晚班，下海子煤矿当班出勤 26 人，1 时 20 分，带班副矿长召开班前会进行工作安排。1 时 40 分，班长王某某带领工人相继入井作业。4 时 30 分左右，三名推车工在＋1 914 m 水平溜煤眼处听到下面第一次放炮声，接着陆续听到第二声、第三声炮响，4 时 50 分左右突然听到下面巷道传来“轰轰”的声响，三人立即用电话与带机尾联系，机尾电话无人接听。于是由一名员工去机尾查看情况，但是还未到机尾便看到水已经淹满下部巷道。返回后，一人打电话到绞车房报告情况，随后三人升井，5 时 30 分到矿长家里报告情况。5 时 40 分，矿长派人下井查看，发现水已经从带机尾淹上来约 20 m。此次事故共造成 21 人死亡，1 人下落不明。

事故原因分析：

造成事故的直接原因，是下海子煤矿非法越界开采陆东煤矿三号井保安煤柱，忽视采空区积水隐患，掘进工作面未进行探放水作业，冒险蛮干，放炮使采空区积水贯通，诱发透水，造成事故。

造成事故的间接原因，是下海子煤矿越界开采，违法组织生产，不执行探放水措施，安全管理混乱，井下随意布置采掘工作面，事故发生前井下共布置 5 个掘进工作面，其中事故区域布置 3 个掘进工作面，且同时作业。事故区域掘进工作面不编制作业规程，爆破距离不符合《煤矿安全规程》规定，爆破时未撤出邻近巷道的作业人员。

事故教训：

事故单位应深刻吸取教训，强化防治措施，切实做好煤矿水患隐蔽致灾因素普查和井下防治水工作。要结合雨季“三防”工作重点开展水害普查治理，尤其要查清资源整合、矿界重叠、受地面水威胁、煤矿周边矿，以及小煤矿比较集中的矿区煤矿的水体情况，对每个煤矿的老空区积水划定警戒线和禁采线，彻底查清隐蔽致灾因素。煤矿井下作业要坚持探放水规定，探放水措施不落实的要责令停产整顿。要坚决打击和严厉查处擅自开采保安煤柱等违法行为。针对这起事故暴露出的安全管理混乱、劳动组织混乱、技术管理缺失等问题，煤矿企业应严格落实有关规章制度。

4. 祥和北岭煤矿井下低压供电系统存在隐患导致的火灾事故

2003 年 12 月 26 日，河北省武安市祥和北岭煤矿副井三平巷发生一起特大火灾责任事故，26 人死亡，直接经济损失 210 万元。

事故经过：

2003 年 12 月 26 日 4 时左右，祥和北岭煤矿有井下作业人员 37 人。7 时左右，两名矿工推重罐到三平巷三岔口时，看见小绞车和空压机附近电缆着火冒烟。二人立即到四平巷找到电工陈某某报告情况，通知了在四、五平巷的作业人员撤出时，木棚已燃烧起来，矿工们从火区冲了过去，进入上风侧。此前，在上风侧岩巷掘进头作业的人员发现空压机向北三四架木棚子已经起火，在无法灭火的情况下，相继从主井升井脱险。三平巷着火后，火烟向一、二平巷扩散，正在作业的四名矿工闻到火烟味后，打电话报告井上，并先后由副井升井。至此，在井下上部巷道作业的 11 名矿工脱离危险。四平巷以里作业的 26 名矿工被困井下并全部遇难。这起特大火灾事故，造成 26 人死亡，直接经济损失 210 万元。

事故原因分析：

造成事故的直接原因，是三平巷三岔口南小绞车和空压机附近的非阻燃电缆因 2003 年 10 月冒顶砸压受损，绝缘性能降低，在继续使用中发生短路，井下低压供电系统没有使用漏电继电器且各级过流保护装置均不能动作，未能及时切断短路线路电源，导致电缆着火引燃笆片和木棚，致井下人员缺氧性窒息死亡。

造成事故的间接原因，是该矿违反《煤矿安全规程》的有关规定，井下使用没有取得煤安标志的非阻燃电缆，井下使用的空压机、开关、接触器是没有取得煤安标志的非防爆机电设备，在用防爆设备失爆严重，机电设备保护装置不全或保护装置不起作用，多处明电照明、明刀闸、明接头、“鸡爪子”“羊尾巴”，为这次事故埋下重大隐患。

事故教训：

事故单位应认真吸取教训，切实加强煤矿安全管理，加强煤矿机电设备的管理。井下严禁使用没有煤安标志的非阻燃电缆和非防爆机电设备，加强在用设备的管理和维护，建立健全并落实各项管理制度，保持机电设备的各种保护装置完好有效。加强煤矿防灭火工作。建立井下消防管路系统，消防重点部位要配齐灭火器材。加强职工安全教育培训，提高职工自主保安意识和自救能力。制定并实施矿井生产安全事故应急救援预案，切实提高安全生产条件和矿井防灾、抗灾能力。

5. 艾家沟矿业公司使用无煤安标志空压机着火导致的火灾事故

2013 年 2 月 28 日，河北省怀来艾家沟矿业有限公司井下发生一起重大火灾事故，造成 13 人死亡，直接经济损失 1 425.08 万元。

事故经过：

2013 年 2 月 28 日 7 时，艾家沟矿业有限公司井口副主任汤某某、瓦斯员王某某下井巡查，发现主井 750 水平南采区 750 代巷 1 号密闭和 760 区段巷 2 号密闭压裂损坏漏风。约 12 时两人上井后，汤某某向煤矿总经理汇报了情况。煤矿总经理与总工程师商量后，准备维修损坏的两处密闭。于是总经理电话通知井口副主任陈某，要求陈某打电话通知附近村的矿工到矿，同时安排总工程师制定技术措施。14 时 30 分，陈某等 13 名工人到矿，约 15 时，陈某等 13 名工人从主井入井，进行维修密闭作业。约 20 时，主通风机司机发现风机扩散器出口冒出黑烟，立即向总经理汇报。这起重大火灾事故，造成 13 人死亡。

事故原因分析：

造成事故的直接原因，是维修密闭作业时使用的无煤安标志的空气压缩机着火，引燃附近区域巷道木支护，产生大量有毒、有害气体，造成下风侧 13 名工人一氧化碳中毒死亡。

造成事故的间接原因，是在发现井下密闭压裂存在安全隐患的情况下，擅自组织人员下井维修作业；盲目处理隐患，没有采取严密的安全技术措施，组织 13 人下井超过规定人数。

事故教训：

事故单位应加强井下机电设备的使用管理和检查，对排查出的非矿用、明令淘汰、不符合规定的机电设备，要按要求限期进行更换，纳入煤矿矿用安全标志管理的设备无煤安标志，严禁入井使用。要按照有关法律法规、规程要求，完善生产系统和安全条件，完善井下“六大系统”，对不符合国家有关煤矿安全生产法律法规、有关规定的木支护和淘汰、禁用设备等违法违规问题，要严格按照有关规定，制定严密的安全技术措施，从井上到井下、由里向外进行全面整改，坚决消除事故隐患。

二、违章作业隐患未及时消除导致的事故

1. 柏林矿业公司人员作业没有敲帮问顶引发的冒顶伤亡事故

2000 年 8 月 3 日，四川达竹柏林矿业公司 0425 掘进工作面，由于作业人员没有进行敲帮问顶，又没有恢复前探梁，导致空顶作业发生冒顶事故，造成一人死亡一人受伤。

事故经过：

2000年8月2日晚22时30分，该煤矿当班工长尹某某组织召开了班前会，布置了当班工作任务，23时入井。8月3日3时40分左右，尹某某班的职工彭某推一个车走在前面，伍某某、何某某二人推三个车走在后面，先后进入碛头准备装运道心的工程煤。伍某某、彭某进入碛头后，由于麻痹大意，没有进行敲帮问顶，又没有恢复前探梁，导致空顶作业。就在伍某某和彭某刚刚开始作业时，顶板突然冒落一块巨大的矸石，将伍某某、彭某压住。不远处的何某某，听到碛头方向"嘭"的一声，接着看见一股尘雾喷出，意识到"出事了"，于是呼喊救人。工作面5名职工进行抢救，将石头搬开，把伍某某和彭某救出，但是伍某某终因伤势过重不幸死亡。

事故原因分析：

造成事故的直接原因，是现场作业人员没有认真进行敲帮问顶和正确使用前探梁（放炮后没有及时向前移前探梁），在没有处理事故隐患的情况下盲目进入碛头冒险作业。

造成事故的间接原因，是队级管理人员贯彻执行作业规程不力，对放炮前回缩前探梁等习惯性违章熟视无睹，对人员要求不严格，安全教育培训不到位。

事故教训：

事故单位应加强工程质量和顶板管理，加强安全教育培训，提高职工的安全意识和操作技能。严格按要求组织正规循环作业，严禁冒险作业。落实各级安全生产责任制，加大安全执法力度，狠抓"三违"，努力减少"三违"职工人数。

2. 东庞煤矿人员未按作业规程加打锚索导致的重大顶板事故

2004年9月21日，河北省东庞煤矿补南二集中皮带巷迎头发生一起重大顶板责任事故，3人死亡，直接经济损失21.6万元。

事故经过：

2004年9月21日早班，东庞煤矿机掘一队跟班人员（技术主管）张某、班长王某带领本班组9人在迎头正常掘进。其中4人负责打顶锚杆，2人负责打帮锚杆，另有2人负责接溜槽。在掘进机割完第二茬后，正在掘进机油箱处准备支护材料的一名矿工看到掘进头里面有人向外跑，随即拉起另一名矿工往外跑，跑出五六步后听到"哗"的声响，见顶板垮落下来，将3名矿工埋住。矿调度室接到井下报告后，立即命令东庞煤矿救护队实施救援，救护队11时40分到达事故现场。21日12时50分救出第一名遇险人员，13时30分救出第二名遇险人员，至13时40分3名遇险者全部救出，抢救工作结束，3名遇险人员经抢救无效死亡。

事故原因分析：

造成事故的直接原因，是锚网支护巷道掘进中，顶板遇到因节理切割形成的顺巷方向的楔状岩块，因顶锚杆未能有效地将岩块与围岩锚固成一个整体，在掘进形成自由面后，随着岩块下部揭露面积越来越大，在重力作用下，岩块与围岩断裂，连同锚杆一起冒落。

造成事故的间接原因，是现场违章作业，现场人员错误认为顶板较好，迎头 20 m 巷道未按作业规程规定加打锚索。

事故教训：

事故单位应认真吸取事故教训，强化现场安全管理，及时发现和处理事故隐患，落实各项管理制度，严格按章办事，加强现场动态安全检查。要强化现场技术管理，积极探索采用先进的技术手段搞好地质预测预报工作，克服麻痹思想。地质条件发生变化时，要及时发现问题，采取相应的技术安全措施。

3. 大吉口煤矿井下作业人员私自拆除密闭毒气溢出导致中毒事故

2004 年 10 月 24 日，河北省平泉县大吉口煤矿主斜井第一片盘车场附近发生一起重大瓦斯中毒责任事故，死亡 3 人，伤 5 人，直接经济损失 30 万元。

事故经过：

2004 年 10 月 24 日 13 时，大吉口煤矿矿长魏某安排坑长任某带领 5 名掘进工去主斜井下部平巷维修巷道。40 多分钟后，任某等 6 人到达距井口 150 m 平巷处进行维修。工作约两小时后，有人感到头痛，经任某同意后上井休息。任某等 3 人又工作了大约 40 分钟后开始升井，在返回的路途中，3 人感到头疼、全身没劲，趴在地上。后被人发现，3 人经抢救无效死亡。

事故原因分析：

造成事故的直接原因，是在矿井通风系统遭到火区破坏、主副井分别采取压入式通风后，私自将副井侧一号密闭拆除，造成火区内一氧化碳在主井＋493 附近大量溢出并积聚，致使施工人员中毒死亡。

造成事故的间接原因，是矿井未经任何审批也未采取任何安全技术措施擅自启封密闭，在不具备安全生产条件的情况下私自组织井下作业；安全管理制度虚设，落实不到位，主扇、局扇擅自停开无人管理，未认真落实“巡回检查制度”，没有定期检查火区密闭及有害气体情况，没有及时制止下井职工未按要求佩戴自救器的违章行为，导致井下发生中毒现象后无法自救。

事故教训：

事故单位要严格按《安全生产法》《煤矿安全规程》等有关法律法规的要求，强化对矿长及从业人员的安全、法律知识培训，提高其安全业务技能和安全法律知识。加强煤矿安全管理队伍建设，充实专业技术人员，加大对煤矿的安全生产管理力度。加大对煤矿的监督检查力度，对存在重大隐患的矿井，要采取果断措施，实施停产关闭。

4. 葛泉煤矿人员作业违反操作规程致使煤矸突然滑落造成伤亡事故

2004 年 5 月 2 日 8 时 20 分左右，河北葛泉矿井下 1521 工作面发生一起死亡 3 人的责任事故，直接经济损失 26.1 万元。

事故经过：

2004 年 5 月 2 日，葛泉煤矿掘进二队早班在 1521 工作面，从煤帮侧向老塘侧移动、安装溜槽。8 时 20 分左右，工人刘某、王某、郝某在老塘侧从下向上安装溜槽至 21 m 时，感到脚下的煤向下滑动，刘某向下滑动 4～5 m 伸手抓住了顶板的锚索梁，王某、郝某分别抓住帮网后，发现有 3 名矿工被下滑的煤埋住。刘某、郝某、王某立即抢救被埋人员，当班的扒斗机司机闻讯后召集附近区域的工人赶到事故地点救人，同时向上级报告。3 名被埋工人很快被救出，但经抢救无效于 5 月 2 日 11 时 50 分死亡。

事故原因分析：

造成事故的直接原因，是 1521 工作面切眼坡度 36°，底板光滑，人员施工时违反操作规程规定，导致切眼所留煤（矸）突然滑落，将正在移溜槽作业的 3 名矿工埋住而窒息死亡。

造成事故的间接原因，是清理切眼时未执行相关规定，也没有采取任何防止煤（矸）下滑的措施；矿、区（科）领导对大倾角巷道施工中的安全问题认识不到位，重视不够，没有研究制定有针对性的技术和管理措施。

事故教训：

事故单位要认真吸取事故的深刻教训，切实加强煤矿的安全管理工作，加强对特殊情况的研究分析，有针对性地制定有效的安全措施，严防重大事故再次发生。要全面提高煤矿安全管理水平，为实现安全生产打下牢固的基础。要强化矿井技术管理，针对大倾角掘进开采问题，要在技术上、安全上认真研究，反复论证，制定有针对性的安全技术措施。对措施审批要严格把关，堵塞安全措施的漏洞。

5. 峰峰集团公司三矿人员违章进入废弃巷道造成窒息死亡事故

2003 年 7 月 4 日，河北省峰峰集团公司三矿原管子道绕道下山，发生一起重大瓦斯窒息责任事故，死亡 3 人，直接经济损失 21 万元。

事故经过：

2003 年 7 月 4 日早班，河北省峰峰集团公司三矿采掘区 304 队队长李某，安排班长许某带领工人任某、王某、武某到工业广场野青第三矿采面下运输巷铺道，当班任务是铺设 4 节长约 30 m 的轨道，至 13 时 30 分完成任务，四人在工作地点等待中班人员接班。许、任、王三人收拾工具，武到外面联络巷处取上衣，武某取衣服回来，在工作地点只看到许、王两人，就寻问任某去向，许、王回答往里边去了，3 人等了一会儿，任某仍未回来，许某安排王某去寻找。王向里面走了约 20 m 拐向下帮。10 多分钟后，任、王均未回来，许安排武看工具，自己去寻找。武又等了一会儿，不见 3 个人回来，也进去察看，见到运输巷下帮有一个宽约 0.4 m，高约 0.3 m，能钻入的洞。武爬进去 2 m 多远，空间逐渐变大，在巷道岔口处看到下山巷道内有灯光，喊了几声，没有回声。武顺着下山走了一段，看到许某头朝上山趴在巷道底板上。武接近打算抢救，但感到胸部憋闷，便跑到运输巷的局部通风机附近电话处，向采掘区值班人员和矿调度室报告井下情况。矿调度室值班人员接到井下报告，立即通知矿领导并组织抢救，15 时井下现场抢救结束，3 人均因窒息死亡。

事故原因分析：

造成事故的直接原因，是作业人员违章进入废弃无风巷道，造成缺氧窒息死亡。

造成事故间接原因，是掘进巷道与废弃巷道相透后，对废弃无风巷道没有按《煤矿安全规程》的规定及时正确封闭，未设置栅栏、警示标志；而且现场安全管理混乱；对入井人员培训教育不够，职工安全意识淡薄，自我保护能力差。

事故教训：

事故单位要认真吸取事故的教训，合理布置完善的通风系统，对矿井废弃巷道进行一次普查分析，及时按要求封闭报废的巷道，建立完善的矿井瓦斯检查、通风设施检查等“一通三防”管理制度，并认真落实。严格按照《煤矿安全规程》等规定要求，强化“一通三防”现场安全管理，及时发现和消除安全隐患。采取有效措施，加强职工安全教育培训工作，强化三大规程、安全生产责任制和岗位责任制的学习，切实提高职工的安全技术素质和自主保安意识。

第四节　煤矿企业班组事故隐患排查治理做法

煤矿行业是高风险行业，人员在生产过程中要时刻面对各种各样的危险，这就对班组安全管理提出了很高的要求。在煤矿企业班组安全管理中，很重要的一项内容是对班组成员进行安全教育，通过安全教育提高职工安全生产的责任感和自觉性，提高班组成员的安全意识和技能。在煤矿生产中，由于人员是分散作业，是否注意安全，是否注意排查事故隐患，人员是否违章作业，一方面要靠自己，另一方面要靠班组。所以，加强班组安全教育和安全管理非常重要。

一、老虎台煤矿李连祥采煤班抓好现场安全隐患排查的做法

抚顺矿业集团有限责任公司位于辽宁省抚顺市区，主要生产煤炭、页岩油、矿用机械、煤层气。下属老虎台煤矿位于抚顺煤田中部，采用斜竖井结合阶段水平大巷开采方式，现有在岗员工 3 850 人。

老虎台煤矿综采三队李连祥采煤班，主要担负矿井综放工作面的回采和安装与回撤等任务，采煤方式为综合机械化放顶煤采煤法。该班组始建于 1998 年，现有员工 23 人。多年来，李连祥采煤班作为老虎台煤矿安全管理优秀班组，实现了安全生产稳定，消灭了人身责任事故，多次获得辽宁省优秀班组、抚矿集团公司“模范班组”“先进班组”等荣誉称号，李连祥本人也多次被评为全国煤炭工业劳动模范等。

1. 强化班组安全管理，落实全员安全责任

该班组在安全管理上，强化安全管理措施，落实全员安全责任，主要做法如下。

（1）发挥班组长的安全表率作用。该班组把班组长的安全表率作用视为在安全管理上的“自控”能力，作为衡量班组长是否合格的基本标准。作为班组长的李连祥深深懂得，只有在安全管理上做到“自控”，才能达到“自治”“会治”“善治”。因此，李连祥始终坚持“事故可防、可控、可避免”的理念，不断提高自身安全意识，增强“自控”能力，自觉克服安全工作“说起来重要、做起来次要、忙起来不要”的错误倾向，真正把安全工作摆在“大于一切、高于一切、重于一切”的位置，切实做到了任何时候都不偏离，都不动摇。

（2）落实员工的安全责任。该班组坚持把安全责任落实到每个工作岗位，达到一岗一责，使安全工作事事有人管、处处有人抓，形成严密的安全管理网络。特别是严格落实“手指口述、三三整理”安全确认制度，把生产全过程的每一道工序、每一个细节的安全责任分解落实到每名员工，从不在责任落实上出现“空当”和失误。

（3）抓好班组动态安全管理。班组长在整个生产过程中，坚持对生产工艺流程和生产作业过程实行全程监督和控制，使安全生产在每时、每刻、每个环节都能得到保证。同时全面做好制度监督、作业监督、重点监控和跟踪考核，注重发挥群监员在动态安全管理中的作用，调动每名员工“安全为自己”的积极性，使员工远离“三违”，避免事故，实现自主保安。

（4）抓好现场安全隐患排查治理。该班组把抓好现场安全隐患排查治理作为强化班组安全管理的重中之重，作为班组当班实现安全生产的关键来抓，自觉坚持“安全第一，其他第二”的安全理念和“不急不抢不躁，有序组织生产”的准则，在开工前和收工后，认

真排查现场安全隐患并及时治理，真正做到“隐患不排查不作业，隐患不处理不生产”，从不把隐患留给下一班。

（5）抓好班组日常民主管理。该班组把抓好班组日常民主管理作为体现员工在企业的主人翁地位，维护员工切身利益，引导员工为企业安全发展做贡献的重要渠道，让每名员工都能主动参与班组安全管理。特别是在完成艰巨任务和排查重大安全隐患时，班组长主动听取大家的意见，选出最佳方案，做出正确决定，并认真组织实施，保证了各项生产任务的顺利完成。

（6）抓好班组安全竞赛。该班组始终坚持开展以“三比”（比安全、比质量、比贡献）、“三无”（无“三违”、无轻伤、无事故）、“三争”（争创学习型班组、争当知识型员工、争做安全示范岗）为主要内容的安全竞赛，坚持开展“星级班组”创建和“安全型、技能型、管理型”班组竞赛活动。通过开展班组安全竞赛，强化了班组安全管理，增强了班组成员的责任感和使命感，调动了全班组员工搞好安全生产的积极性，夯实了安全生产根基，促进了安全生产。

2. 规范员工安全行为，筑牢班组三条安全防线

该班组在生产作业中，注意规范员工安全行为，筑牢班组三条安全防线。

（1）筑牢员工安全思想防线。该班组牢固树立“安全归零”意识，坚持“每一天都从零开始，每一天都向零奋斗”和“安全工作只有起点，没有终点”等安全理念。在安全管理中把过去的成绩看作是零，时时刻刻都从零抓起，坚持小步实走，以短保长，确保每一天、每个月都能实现事故为零的目标。班组长按照矿上的要求，认真履行班前会安全教育职责，抓好安全注意事项教育，搞好安全提示，抓好生产全过程的安全监督。同时，引导员工牢固树立“关心安全就是忠于企业、关心家庭、关心自己”的安全观，牢固树立“安全生产人人有责”的责任意识和大局意识，形成“个人保班组，班组保区队，区队保全矿”的安全生产氛围。

（2）筑牢作业现场安全防线。该班组严把工作衔接关，作业前对有实践经验及专业特长的员工进行合理搭配，确保生产作业过程中的质量和安全。特别是班组长在作业前、作业中注重说明各工种岗位作业时的安全注意事项，提示员工及时悬挂警示牌，并加强各工种之间的联系与沟通，使各工种、各岗位相互监督、相互提醒，确保当班生产安全有序进行。同时，严把现场作业关。员工作业前，班组长首先要组织员工进行安全检查，把一切潜在的安全隐患和危险点都找出来，并加以控制和解决，从源头上防止事故的发生。在员工作业中，班组长督促员工在交叉作业地点和登高作业的攀登处悬挂醒目的安全标志并设专人监护，保证员工在现场作业中的人身安全。此外，严把措施落实关。班组长从增强员工遵章守纪的自觉性、保证安全规章制度的贯彻落实出发，从深化军事化

管理、提高员工执行力入手，严格执行“三大规程”和各项安全管理制度，提高规程措施的“兑现”率，制止和纠正“图省事、走捷径”等习惯性违章行为，做到兑现规程措施不走样。

(3) 筑牢事故控制防线。该班组的具体措施，一是抓好施工前的安全预防。班组长在安排当班工作时，认真交代工作范围、具体任务和施工安全措施，同时组织员工进行三三整理、安全确认，对可能发生的问题做到心中有数，防患于未然，确保现场作业安全无事故。二是落实施工现场安全负责人。班组长对操作规程和安全措施的落实情况进行全程监督和逐岗检查，引导员工坚持照章作业不走样，规范员工的安全行为，防止“违章、冒险、蛮干”引发的安全事故。三是认真抓好细节管理。班组长以高度的责任感认真抓好作业中的每一个细节，管好当班的每一名员工。同时，认真抓好安全预案的演练，切实提升员工防灾避险的能力，有效预防和避免了各类事故的发生。

3. 抓好员工队伍建设，凝聚班组团队力量

该班组在日常管理上，注重抓好员工队伍建设，凝聚班组团队力量。

(1) 主动做员工学技术、学业务的引路人。该班组转制员工所占比例在80%以上，这些人文化基础较差，技术水平较低。为提高员工技术素质，满足班组安全生产的需要，班长李连祥买了采煤工艺专业书、机电设备维修使用手册等工具书，组织大家一起学技术、钻业务，在班组形成了学技术、钻业务，“一帮一、群帮一”的良好氛围。在工作现场，他还手把手地向员工传技术、传技艺。经过几年的努力，多数员工都有了一技之长，培养出集团公采煤司机状元马继义、快速拉架提升优选法的创造者徐忠礼、狠抓现场管理质量标准化的矿劳动模范王余贵等先进典型。

(2) 自觉做维护员工利益的带头人。该班组把“安全上不出事故、员工不受伤害”作为对员工利益的最大维护，同时坚持在班组分配上公平、公正、公开，从不截留奖金，损害大家的利益，让员工该得到的利益都得到，赢得了班组员工的信任，创造了良好的班组环境。

(3) 坚持做替员工排忧解愁的贴心人。班长李连祥不仅在工作上对员工负责，在8小时以外也关心员工，主动替员工排忧解愁。他根据班组员工中出现的因好玩、好吃、好喝而影响家庭和睦的问题，及时与员工谈心，并建立了家庭联保，使这些人都改正了恶习。在虎西棚户区改造后，有的员工房子下来了，就是没钱装修，急得团团转，上班时也无精打采。班长李连祥就组织大家出力的出力，帮钱的帮钱，先后使7户动迁的员工搬入了新居。员工家庭有生老病死、夫妻不和等问题时，他都主动帮忙，用热心和诚意凝聚了员工的力量，打造了一支积极进取、奋发有为、骁勇善战的班组员工队伍，被抚顺矿业集团公司选为学习的典范。

二、马脊梁矿综采一队张永红班组积极排查整改隐患的做法

大同煤矿集团有限责任公司（以下简称同煤集团）位于山西高原北部，是由原大同矿务局改制设立的国有独资公司，为全国煤炭行业的特大型企业，煤田总面积 6 800 km^2，总储量 890 亿 t。

马脊梁矿是同煤集团直属的主力矿井，井田位于大同煤田的西部边缘，是一座有着近 60 年开采历史的大型现代化矿井，同时，还是山西省煤炭行业安全标准化一级矿井。张永红班组是马脊梁矿综采一队的生产班组，是 1997 年 10 月组建的高产高效综采队，也是同煤集团唯一命名的“综采样板队”。

张永红班组现有成员 22 人，班组成员综合素质较高，都是一专多能的岗位能手。班组采用国产综合机械化采煤成套设备，采用综采割三角煤端部进刀割煤工艺，设置班组长、副班长、验收员、采煤机司机、支架工、胶带机司机等 10 个岗位。工作面回采过程中存在顶板支护、煤壁片帮、升压通风等危险，以及人的不规范行为引发的危险，班组主要采取技术创新、安全培训、安全活动等控制措施防控危险。

该班组是一支朝气蓬勃、团结奋进的优秀班组，是马脊梁矿的主力生产班组，曾先后获得“全国安康杯竞赛优胜班组”“集团公司模范班组”“全国青年文明号生产线”“全国十佳综采队”“山西省五一劳动奖状”等殊荣。

1. 创新班组安全管理法，全面提升班组安全管理水平

该班组在安全管理上，注重创新班组安全管理法，全面提升班组安全管理水平。

（1）完善“二员一长”安全验收开工制和“四位一体”安全生产责任制实施细则。该班组通过“二员一长（安全网员、验收员和班长）”安全验收开工制，进一步深化和确保安全生产责任制落在实处，并重新充实完善了“二员一长”安全验收开工制和安全生产责任制实施细则。细则明确规定了“二员一长”岗位职责和工作内容、安全开工验收制实施步骤、采煤工作面安全验收开工检查表格与安全生产负责制检查表格的运行和考核等多项条款。制定“二员一长”考评规定，个人享受津贴以岗位验收表格为准，每月底由办事员汇总，经主管队长审核签字后一并纳入个人工资结算支付，同时对违犯细则相关条款的员工进行违规处罚规定。

（2）在“严、细、实”上下功夫。该班组为了把安全责任落实到生产过程的每个岗位和每个环节。在“严、细、实”上下功夫。严，就是从严管理，敢抓敢管，不徇私情，不讲情面；细，就是考虑问题周全，部署周密，精耕细作；实，就是工作求实，不走过场，每项工作都由专人定期或不定期进行检查，针对出现的问题及时纠正和处理，并在安全活

动中进行分析、研究、讨论、制定措施。形成全员、全方位、全过程的监控态势和持续长效的管理。

2013 年 7 月，该班组在工作面作业中，遇到了顶板来压、顶板破碎不锈结、巷道高度不够、施工中经常发生漏顶的现象，严重影响了工作面正常循环作业，对工作面的生产构成了不安全隐患。该班组结合井下现场情况，及时向队组提出合理化建议，建议采取超前支护、跳顶等措施，经过队干部研究认定此方案可行。工作程序更改后，顶板马上得到了有效控制，及时消除了工作面的不安全隐患，进一步夯实了安全工作基础。

（3）开展“一助一”“一日一题”活动，促进安全生产。班组根据实际情况，组织员工参加各种业务学习、岗位培训、中高级技工培训等，提高了职工的学习兴趣。有针对性地开展师傅带徒等活动，签订师徒合同书，师傅负责制订出详细的带徒计划和目标，通过“一助一”，师傅在规定的时间内必须完成带徒任务，并根据带徒效果分别给予相应的奖罚。通过“一日一题”活动，每天班前会由技术员进行讲解，分班组进行提问，在井下结合现场对照题目理解，隔日再复习，定期对班组“一日一题”问答，对回答得好的员工予以加分奖励。

（4）采取“一班三检”技术措施。该班组对工作面设备和设施进行全程检查，小问题当班及时处理解决，对设备设施中存在的不安全因素要及时反馈到队组，并积极提出技术改造和现场改善提案。比如研发新型防倒装置、新型支架限位装置、转载机全封闭、三机预警和自动排水装置，有效解决了班组设备设施安全管理难题。

2. 开好班前班后会，积极排查整改隐患

该班组在生产中，注意开好班前班后会，积极排查整改隐患，保证生产安全。

（1）开好班前会班后会。该班组按照准军事化流程进行管理，不断完善修订班前会内容，强化班前安全知识学习与抽考问答体制，强化班前 21 种不放心人的安全排查和教育引导工作，开展员工自保互保动态联保活动，开展“亲情 60 秒”家庭式关怀活动，并细化上班遗留问题，周密制定当班任务，并对当班可能存在的问题进行提前预测预控分析，详细指明处理措施和注意事项。按标准开收班会，对当班生产情况做全面总结，为下一班生产提供指导，总结出有效措施和宝贵经验。每次班前会，该班组都专门针对上一班存在的安全隐患做出说明，能及时排除的进行处理，不能及时排除的告诉大家该怎么避开这些危险源，如何安全工作，并对一些安全常识反复地讲述。强化“人人都是安全员”“人人都是通风员”的培训和考试。以全新的人性化理念对员工开展准家庭式关怀，设计制作“亲情 60 秒”短片，每天在班前会进行播放，提高员工的安全意识。

（2）辨识工作中的危险，采取积极预防措施。该班组通过专题会研讨，制定班组危险源辨识体系，综合考虑每项作业中的危险因素。同时，建立危险辨识奖励机制，与工资挂钩，建立危险源辨识统计台账，周期性进行分析总结，得出危险源辨识等级，针对实际进

行风险分析，采取有效措施，确保班组安全作业。每周四分批组织员工进行事故案例学习，讲述事故发生的原因、经过、结果，使大家引以为戒，在日常工作中避免发生类似的事故。

（3）做好事故隐患的排查与治理。该班组依托“一班三检”，开展安全排查，还开展安全隐患自查自报活动，开展积极的隐患治理整改，做好“六员一防”工作。“六员”即安全网员、青安岗员、党员监督员、跟班队长（班长）、安监工、瓦监工，“一防”即安全联防。2012 年共排查并整改各类安全问题达 650 多条。对班组未能解决的隐患，提出相应整改建议上报队组和调度室，进行专项整治。实施并落实“21 种不放心人”安全排查活动。全年对存在的“21 种不放心人”排查并督导教育 300 余次。该班组还将安全隐患排查纳入工分分配，对发现并整改安全隐患的员工进行工分奖励。

（4）开展作业现场 5S 活动，促进生产安全。在作业现场管理方面，该班组还开展了作业现场整理、整顿、清扫和清洁活动，做到工完料尽场地清，保持作业现场整洁有序、文明卫生，保证现场安全警示标志、安全标识规范和完好。该班组还通过引进新技术、新设备和技术革新（循环水幕，转载机全封闭，带头全封闭，各类联控闭锁，绞车液压排绳器，各类开机预警，各类挡车栏和阻车器，改进防倒防坠装置，支架液管护套，红外线闭锁，支架操作阀闭锁装置等）来提高生产的安全性。在工作中，该班组要求员工必须进行标准化作业，落实发现问题在现场、分析问题在现场、处理问题在现场的“三在现场”机制。

3. 加强班组安全建设，不断完善班组管理制度

该班组在管理中，结合生产的需要和具体情况，加强班组安全建设，不断完善班组管理制度。

（1）加强安全教育，增强安全意识。该班组的安全教育不仅长效持久、循序渐进，还寓教于乐，采取多种形式让职工在轻松愉快中接受安全教育。在培训时，注意将培训内容与安全生产紧密结合起来，一是按知识层次，二是根据员工的薄弱点进行重点培训，做到有的放矢，确保培训效果，真正起到培训的作用。

（2）严格操作规程，提高操作技能。制定安全操作规程，是为了更合理规范、有序操作。针对不同的工种、岗位制定的要求、规定、注意事项或警示，都是从血的教训中总结出来的，是预防各类事故发生所必须严格执行的作业规范。安全操作技术能力则是通过技术培训、学习和在实际工作中逐步积累的经验获得。该班组根据现场实际生产条件、环境的变化，以及安全操作规程在生产过程中反映的问题，对每个工种的安全操作规程进行了修订、完善，并编印成册，主要是帮助员工更好地学习和掌握安全操作规程。每位员工只有牢记本岗位的安全操作规程，在工作中严格执行安全操作规程，才能杜绝违章作业，确保安全生产。

（3）坚持预防为主，贯穿生产全过程。该班组每周一召开安全生产周例会，传达上级

安全会议精神，安排本周或近期安全工作，布置班组的安全工作。同时，基层班组每天工作前召开班前会，布置工作时首先讲安全，要求职工班前、班中、班后“三检”。日清月结，人人讲安全，天天讲安全，确保安全生产目标的实现。

三年来，该班组始终保持安全记录，从未发生一起重大伤亡事故。

三、哈尔乌素煤矿运输队运行二班狠抓隐患排查治理的做法

哈尔乌素露天煤矿位于内蒙古自治区鄂尔多斯市准格尔旗薛家湾东南部，属晋陕蒙交界地区，2008 年正式建设，采取边建设边生产模式运行。

该煤矿运行二班成立于 2008 年 1 月，现有职工 75 人，平均年龄 30 岁。现管理着 79 台大型卡车，承担着全矿 1/4 的运输量。该班组把“安全第一，预防为主”作为班组建设方针，将认真贯彻执行各项规章制度作为班组工作重点，在高风险岗位，通过全班组的努力，连续多年实现安全生产。

1．坚持高标准、严要求，实施精细化班组管理

该班组在安全管理上，坚持高标准、严要求，注重精细化、规范化管理，取得了良好的效果。

（1）积极做好作业前准备。班前安全检查内容包括：设备运转情况、作业现场隐患、班组成员劳动纪律、精神状态、劳防用品的配备与穿戴情况等。包括班组长的班前确认与职工的班前确认，班组长坚持交接班时，耐心询问上一班班组长，对作业环境进行巡视，做到对工作环境隐患明确、对上一班遗留问题心里有数；班组职工在进行交接班时，应确认设备状态是否良好、有故障及时汇报、对作业环境有危险源及时告知，作业中加强注意。

（2）创新班前班后会形式。做好安全风险预控，在职工班前会中把每一班的主要危险源做成图片进行传达，目的是可以让下一班司机提前熟悉作业环境，加深对危险注意事项的印象，提前做好预防工作。“小记事本”形式小作用大，班前会中，职工用记事本详细记录作业现场安全注意事项、平盘道路情况、车辆停放位置、车辆运行情况、车辆保养等传达内容，很好地避免了对传达内容班前会听完、会后忘完的现象。现在职工在班前会后，只要翻开记事本，传达内容记忆犹新，职工尝到了甜头，班组长也极大地提升了管理效能。

（3）提高危险辨识能力。精心进行全员危险源辨识后发现，该班组有重大风险任务 1 项、中等风险任务 21 项、一般风险任务 5 项、低风险任务 3 项，共有危险源 191 个。该班组对所有员工的危险源掌握情况进行分组负责；仔细排查隐患，每月至少查出 16 条安全隐患录入本质安全系统；规范作业行为，通过自保、联保、互保，消除“三违”现象。员工在作业前，要对设备设施、作业环境等进行风险分析，查找和识别危险源和危险因素，采

取有效措施，确保作业安全。

（4）狠抓隐患排查与治理。该班组采用安全检查表等方法，通过岗位自查、员工互查、安全员检查、班组长检查、季节性检查、节假日检查、日常检查、改善提案等方式开展隐患排查，对作业场所、环境、人员、设备设施和作业活动进行隐患排查，将隐患排查结果进行分类处置，本着“三定四不推”的原则进行隐患治理，班组不能解决的，要提出相应改善提案上报有关部门并做好记录。重大事故隐患在治理前应采取临时控制措施并制定应急预案。健全的制度必须严格执行，才能发挥作用。班组成员只有遵守现场安全管理的各项要求，才能保证现场各项安全工作落在实处。在检查方面，经过班组自查，队管理人员的随机抽查，以及矿相关部门的定期检查，有效地将安全中遇到的隐患进行排查。班组成员发现隐患立即上报并整改，班组处理不了的逐级上报处理，直至隐患消除方可作业。

（5）开展作业行为管理。明确职责，强化基础管理。企业生产现场环境复杂多变，设备种类较多，作业过程中交叉作业现象经常出现，安全隐患无所不在。严格要求职工做好呼唤应答，并以加强联防互保奖励机制来激励全员管安全的热情。2013 年度，该班组填报联防互保单 30 余份，为班组安全生产奠定了坚实的基础。

（6）严格作业过程监控。重视监管，强化作业过程控制。每班对各个工作点进行巡回排查，重点排查在岗职工的精神状况、班前隐患整改情况和生产过程中的动态隐患，确保在岗职工精神饱满、工作热情高、隐患得到及时有效的处理、严格按操作规程操作设备、保持好车距、控制好车速、严禁超速行驶，确保安全生产。该班组还运用视频监控等信息化手段，掌握现场人员、设备、环境等诸多要素的实时状态和变化，使相关要素处于受控状态，对于非常规作业或危险作业必须履行审批手续，经确认并采取措施后方可作业。

（7）实施作业现场管理。该班组对作业现场管理实行 6S 管理标准，对作业现场的整理、整顿、清扫、清洁、安全和素养工作，要有明确的分工、落实责任，做到现场整洁有序、物流顺畅、标识规范，通过 6S 管理达到了设备文明、职工文明、环境文明。该班组对照明、噪声、粉尘浓度和梯子、护栏、安全标识标志等由每班操作人员检查，发现有不符合要求的及时联系修理或更换。粉尘浓度过大时，应及时联系洒水，能见度不足 60 m 时应停止作业。工长在当班时要进行仔细的安全巡检，制止和纠正各种违章现象。要求职工细致检查车辆设备，认真做好“三检”制（班前检查、班中检查、班后检查），发现问题及时向工长汇报，防患于未然，确保车辆的安全运行。正副班组长必须保证当班一人在生产现场进行指挥，实施 8 小时的全时段监管。

2. 开展班组安全活动，使班组安全管理工作持续深入

该班组把开展班组安全管理与改善安全环境和提高职工职业技能素质相结合，与以现场、设备和质量管理为主的班组管理提升相结合，使班组安全管理工作持续深入，不断地

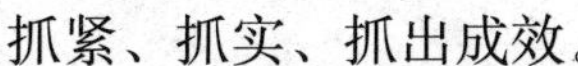

抓紧、抓实、抓出成效。

(1) 积极开展安全管理活动，严查安全隐患，认真整改落实，以“百日安全活动”无“三违”助推安全管控上台阶。该班组在实际安全生产管理中，分时段，结合当前重点活动促管理提升。如在百日安全生产活动中提出杜绝“三违”倡议，首先，强化本质安全录入工作，在活动前期针对本质安全系统“三违”录入职工，加强处罚力度，提高职工安全意识。其次，活动前期采取发现“三违”立即通报职工，使其有明确的认识，强化再教育，揪出病根对症下药，努力实现“百日安全活动”无“三违”。

(2) 开展寓教于乐的文体活动，以活动的形式推进班组的安全生产，提高职工的安全意识。开展班组职工的“四德”(个人品德、职业道德、社会公德、家庭美德) 教育，以提高职工素质，保障安全生产无事故；为了职工能够以健康的体魄投入到安全生产中，该班组还利用休班时间组织职工进行篮球比赛、拔河比赛；改变职工业余时间活动方式，拍摄“矿工3地”“亲情60秒”等短片。

(3) 以“安全文化进班组”方式提升员工综合素质，实现制度管理到文化引领的转变。班组长努力提升自身素质，担当起安全文化传播者的重任；“安全文化进班组”与班组管理相互融合。通过班前会或其他活动形式，增强职工对安全文化的系统认识，让职工人人参与其中，从“要求我这样做”转变为“我应该这样做”，从根本上转变职工的认识。

3. 实施“3个确认”，保证行车安全

该班组在生产中采取实施“3个确认”措施，保证行车安全，效果显著。

(1) 班前确认。包括班组长的班前确认与职工的班前确认，班组长坚持交接班时，耐心询问上一班班组长，做到工作环境隐患明确、上一班遗留问题心里有数；班组职工在进行“手指口述”交接班时，应确认设备状态是否良好，有故障及时汇报。

(2) 班中确认。每班对各个工作点进行巡回排查，重点排查在岗职工的精神状况、班前隐患整改情况和生产过程中的动态隐患。确保在岗职工精神饱满、工作热情高、隐患得到及时有效的处理，确保安全生产。

(3) 班后确认。当本班快要结束时，要对本班的工作重点进行详细确认，重点复查工程位置和隐患整改情况，发现问题及时汇报并进行处理，处理不了的与下一班接班工长和接班司机交接清楚。

此外，该班组还注重安全细节管理，对安全工作做到了勤检查、细检查，使每一个操作环节、每一次交接班都符合安全生产的规范要求。班组成员在生产过程中要做到不忽视每一处疑点，不放过每一个隐患，及时准确地发现问题，把事故苗头消灭在萌芽状态。

四、徐庄煤矿采煤一队生产一班实施隐患排查规范化的做法

中煤集团大屯公司徐庄煤矿地处江苏省沛县境内，1970 年 8 月开工，1979 年 12 月投产，是江苏省储量最丰富的大型现代化矿井之一。

徐庄煤矿采煤一队生产一班始建于 1980 年 2 月，现有职工 54 人。近年来，该班组通过狠抓顶板、一通三防、机电设备等安全管理，实现了安全生产 34 周年，先后多次获得公司、矿"先进班组""模范职工小家"和徐州市"工人先锋号"等荣誉称号，涌现出了全国劳动模范谢国如、江苏省五一劳动奖章优秀群监员张中坦等一大批先进人物。

1. 坚持"六化"管理，进一步推进班组安全工作

在生产中，该班组坚持"六化"管理，进一步推进班组安全工作。

（1）安全工作超前化。坚持做到"六超前"：超前谋划好井上、井下班前会，严格按照程序实施，确保班前会的质量和效果；超前安排好班组生产计划，做到科学分工、合理组织劳动；超前落实安全措施，将安全措施、作业规程传达到每一位职工；超前分析职工思想动态，不让职工带着思想包袱和情绪下井；超前排查人员身体状况，不让每一位职工带病上岗；超前预控现场隐患，及时排查和整改，确保各项安全措施落实到位。

（2）危险预控日常化。每天进入作业地点，对地质条件、工作环境、机械设备、生产组织、粉尘防治、技术措施、人员配备、劳动用工、劳动防护等进行全面风险辨识，分析评估存在的问题，制定整改措施，落实责任人。做好风险预控管理，把班前会当成安全课堂，利用身边的事教育身边的人，进一步明确各工种岗位安全责任，确保了现场安全生产处于安全可控状态。

（3）隐患排查规范化。在隐患排查管理上，坚持做到不排查隐患不生产，隐患不处理不生产。规定定时检查 3 次，由跟班队长、班长、安监员、群监员、验收员和职工代表参加，分班前、班中和班后检查；班中动态检查 2 次，由跟班队长、班长、验收员参加；巡回检查每小时进行 1 次，由安监员和群监员负责，使生产现场始终处在可控状态。

（4）设备检修制度化。严格执行设备交接班制度、设备检查表制度、设备维修保养制度、设备完好确认制度。每天早班必须固定时间集中停产检查检修。工作面正常生产时，采取"定时、定点、定量"维修保养，做到上一道工序为下一道工序负责，下一班对上一班设备运转情况进行确认，确认结果记录在案。此项措施确保了设备完好率达 100%。

（5）隐患治理闭环化。针对现场存在的隐患，该班组按照"一停、二研、三干"要求，制定安全防范措施，按措施进行操作。在跟班队长、班长指挥下，落实整改责任、明确整改质量、落实整改时间。形成了隐患排查—制定防范措施—落实整改—检查考核—跟踪复

查的闭环管理。

（6）现场管理常态化。抓好现场交接班，坚持做到“三不交接”，即班长、验收员不在现场不交接，现场隐患没有排除不交接，上一班工作没有交代清楚不交接。坚持“三条禁令”：严禁空顶作业；严禁在运行的钢丝绳道内站人；严禁在中夜班安排有危险性的零星工程。实施“三个转变”：从以物管理向以人管理转变；从以检查管理向自主管理转变；从以事故处罚向超前预防转变，确保安全生产。

2. 推进安全管理标准化，做到“严、细、精、优、实”

近年来，该班组以管理标准化为中心，以确保安全生产为重点，通过不断学习和实践，在班组建设上探索出了一条具有自身特色的安全管理新路子，管理经验可概括为“严、细、精、优、实”。

（1）处理事故求“严”。严格执行班组事故汇报制度，做到“一事故、一追查、一考核”，岗位出现事故超过 10 分钟，必须向班长汇报，组织人员及时处理，从严考核当事人；班组出现事故超过半小时，除给予事故直接责任人考核外，还要对跟班队长、班长进行联责考核，班前会上通报，从中吸取教训，避免类似事故的发生。

（2）人员分工求“细”。班组长要全面了解班组成员的身体素质、技术水平和身心状态，详细掌握当班安全生产情况，根据岗位需求、劳动强度、技术要求、人员素质进行分工，把每项工作从开始到完工的每个细节和安全注意事项向职工讲清、讲明、讲透。

（3）执行标准求“精”。该班组制定和完善班组所有岗位作业流程和 11 个工种标准化操作程序，为每一位员工，从地面开班前会开始，到井下迎头工作面，制定了行走路线图。从员工上岗开始到每个阶段干什么，干到什么程度，标准执行情况，建立了作业流程。推行了标准化作业“十化”、精细化管理“五法”。“十化”即岗位操作标准化、施工作业流程化、管线吊挂线性化、现场管理信息化、带管理集控化、电缆移动机械化、设备管理责任化、材料码放定置化、数据统计精确化、台账管理日常化。“五法”即管路、风筒、电缆一条线吊挂法，管路、带、绞车一同安装法，定人、定时、定量、定位任务分解法，安全生产零事故、工程质量零误差、设备运行零故障、材料零浪费的“四零工作法”，各岗位工种按照作业流程图和操作工序要求，实行“流程操作法”，使安全管理标准化始终保持了全方位、全过程、动态、持续达标的良好态势。

（4）质量控制求“优”。以精品工程标准，严把工程质量关，所有工作坚决做到“一次施工、一次到位、绝不返工”。

（5）安排任务求“实”。班组长通过先看、先查、先听，掌握当班工作面生产条件、人员出勤、产量计划等状况，在班前会上合理安排工作岗位和工作内容，保证工作任务能够保质、保量完成。当班工作时间内，班组长多次巡视各工作岗位、检查工作完成情况、排查安全隐患，发现问题及时协调处理。

“严、细、精、优、实”的工作方法，具有科学性、合理性和实践性，大屯公司将该班组的“严、细、精、优、实”的工作方法，作为标准化工作示范样板向全公司推广，并召开了现场会，成为了徐庄煤矿一大工作亮点。

3. 班组坚持“六化”管理，不断夯实安全工作基石

近三年来，该班组严格班前班后会、交接班、班组长跟班、顶板管理、文明生产、一通三防和安全设施管理、输送机管理、煤机管理、工程质量验收、班组学习培训、劳动纪律管理、隐患排查治理、事故报告和处理、岗位练兵和技能竞赛等一系列十四项制度，不断完善现场作业规程和作业标准，坚持“六化”管理，夯实安全工作基石。

近三年班组创安全绩效 200 余万元，特别是在 2013 年 7191 孤岛工作面开采期间，班组狠抓安全管理，加大安全考核力度，注重安全重奖重罚，班组没有发生任何安全事故，安全绩效达到 80 多万元。

五、淮北矿业公司生产一班严格管理堵塞违章漏洞的做法

淮北矿业（集团）有限责任公司的前身为淮北矿务局，始建于 1958 年 5 月，1998 年 3 月改制为股份制公司，有员工 9 万多人，生产矿井 17 对，在建和筹建矿井 5 对，核定年生产能力 3 149 万 t，有炼焦煤洗选厂 6 座，年入洗能力 2 000 万 t，年产冶炼精煤 1 200 万 t，是华东最大的冶炼精煤生产基地。

淮北矿业（集团）有限责任公司所属综采一区生产一班，现有职工 38 人，担负着综采一区井下生产割煤、收作、抹帽等工作，是全矿生产的中坚力量。该班组在日常班组安全管理中，立足岗位、严细管理、务实创新，以优良的作风赢得了各级领导的称赞。

1. 创新学习培训，提高整体素质

俗话说“学习是进步的阶梯”，班组职工唯有不断学习，提高素质，才能适应当今企业发展的需要。为此，班组针对采煤工作特点，创新学习方法，推出了“分享式”培训法。以往，在班组培训中使用传统式培训，即一人讲众人听，培训效果差，职工被动接受，而且难以全面接受。现在班组运用分享机制分析解决问题，并在推行中逐步形成了具有自己班组特色的安全培训方法。

“分享式”培训法，是让职工在分享中分析问题，在实践中解决问题。通过技术培训分享，将原来“一人讲、多人听”的灌输式学习，变为“人人讲、大家谈”的互动式培训，促使员工“人人上讲台、个个当专家”。汤雪松是一名 2012 年进矿的青年职工，原来不愿

意与人交流，班组推行分享式培训后，轮到汤雪松讲课，他就提前主动向师傅请教，认真准备讲课材料。汤雪松说："准备材料也是学习的过程，我通过班组上课，不仅学习了知识，就连原来不爱交流的毛病也跟着改变了。"2013年汤雪松参加了采煤工职业技能鉴定，成功地成为了一名高级工。通过班组"分享式"培训法，不仅提高了职工的整体素质，还促进了职工的创新发明。张华是一名老职工，有着丰富的实践经验，通过对链板机压链器的改造，减少了机尾漂链条现象的发生，使链板机运行更加平稳可靠。推行"分享式"培训法以来，班组发明创造层出不穷，2014年生产一班职工提出的小发明、小改革在现场实际应用的多达50多项，大大提高了班组生产效率和安全水平。

2. 严格管理，堵塞"三违"漏洞

为了保证班组的安全生产工作，该班组通过会议先后制定了《班组安全公约》《班组机械设备检修制度》《班组隐患排查汇报制度》等制度，并认真贯彻落实。该班组将安全管理重点划分为"班前""班中""班后"三个时段，并采取不同的方式开展安全工作。

（1）班前阶段，注重加强职工的安全思想教育，充分利用班组安全例会、班前会等时间，广泛向职工宣传安全生产文件精神，讲解安全重点注意事项，通过不同内容、不同形式的教育和培训，使职工增强了安全意识。

（2）班中阶段，注重加强生产过程中的安全管理，强化班中三巡查制度，督促每一个作业岗位和职工都严格按照操作规程的要求进行施工，对生产中发现的安全隐患及时组织人员进行整改，确保生产安全。2013年8月的一个中班，班长祝君文在班中巡查，发现某职工在搬运铁料时没有佩戴手套，祝君文立即让他停止操作，该职工不理解地说："班长你也太小题大做了吧。我不就是没有戴手套嘛，这铁料上面都是水，搬运铁料戴手套弄潮了很不舒服，反正没有安监员，你就放我一马吧。"祝君文严厉地说："手套不戴就是不能搬铁料，如果铁料把手弄破了，那可就不是弄潮手套的事了。"该职工听了班长的话，信服地戴上了手套。副班长刘法利一次在生产过程中，发现风巷一处棚卡断裂了，他迅速安排职工对棚卡进行更换，确保了作业现场的安全环境。一位班组职工说："我们的工作场所隐患就像沙子，班长就像眼睛，眼睛里是容不下一粒沙子的。"

（3）班后阶段，该班组坚持不懈地开展"岗位无隐患，个人无违章"竞赛活动，凡当月有违章行为者，不论平时工作干得多好，一律取消任何先进评比资格，为此该班坚持从抓工程质量入手，对质量管理工作做到班中多次检查、班后认真验收。积极组织职工开展反事故斗争，在职工之间相互监督、相互关照，对班组成员违章者坚决批评制止，把各类事故隐患消灭在萌芽状态。

3. 创五好、争新星、凝心聚力

在工作中，先进人物是大家学习的榜样。该班组运用荣誉机制，通过评选"新星员

工”，有效地促进了职工的工作积极性，班组内部形成了关心集体、爱岗敬业、团结互助的良好氛围，大大提高了班组的凝聚力和战斗力。

“新星员工”在评选前，由全班职工讨论“新星员工”评选标准，并报科区通过后执行。评选中，坚持对“新星员工”一日一评、一日一考、一日一报，月底召开班委会，并邀请科区领导参加监督，评分结果在班组看板上进行公示。评选后，经公示无异议，给予“新星员工”一定的工分奖励，并将其作为先进典型，在班组看板上展示，以此引领全班职工积极进取，提升自身工作质量。

生产一班紧紧围绕安全生产，不断创新班组安全管理方法，在实现产量丰收的同时，安全上也取得了较好的成绩，2004 年以来，班组杜绝了人身伤害事故，2013 年以来杜绝了“三违”，实现了全班职工的规范作业。辛苦的付出得到了充分的肯定和荣誉，2009—2011 年该班组被矿评为“红旗班组”和“标杆班组”；2010—2012 年被集团公司评为“五好班组”“标准化班组”“标杆班组”。

第五章　化工企业班组事故隐患排查治理做法

化工企业的生产具有高温高压、易燃易爆、易中毒、易腐蚀等特点，与其他行业相比，生产过程中潜在的不安全因素更多，危险性和危害性更大，特别是随着化工生产技术的发展和生产规模的扩大，企业安全已经不再局限于企业自身，一旦发生有毒有害物质泄漏，不仅会造成企业员工的中毒伤害，而且还有可能波及社会，造成其他人员中毒伤亡，因此，对安全生产的要求也要更加严格。在化工企业生产中，要建立和不断完善隐患排查体制机制。隐患是事故的根源，排查治理隐患，实际上就是在排查清除潜在的事故。

第一节　化工企业的生产与事故特点

化工企业在生产过程中，所使用的原材料、中间产品和生产出来的产品，大多数具有易燃易爆的特性，有些化学物质对人体存在着不同程度的危害。而且化工生产过程大多具有高温、高压、深冷、连续化、自动化、生产装置大型化等特点，与其他行业相比，化工企业生产的各个环节不安全因素较多，具有事故后果严重，危险性和危害性更大的特点。因此，进行事故隐患排查治理是安全生产工作的一项基本任务，也是预防和减少事故的有效手段，需要化工企业积极做好这项工作。

一、化工企业生产的特点与危险性

1. 化工企业生产的特点

（1）涉及的危险品多。化工企业生产使用的原料、半成品和成品种类繁多，且绝大部分是易燃易爆、有毒有害、有腐蚀性的化学危险品。这给化工产品生产、储存、运输都提出了特殊的要求。

（2）生产工艺条件苛刻。有些化学反应在高温、高压下进行，有的要在低温、高真空度下进行，相应设备设施不仅要满足生产要求，还要严格按照安全规程操作，不允许懈怠马虎。

（3）生产规模大型化。近几十年来，国际上化工企业采用大型生产装置是一个明显的趋势。以化肥为例，20 世纪 50 年代合成氨的最大规模为 6 万 t/年，60 年代初为 12 万 t/年，60 年代末达到 30 万 t/年，70 年代发展到 50 万 t/年以上。乙烯装置的生产能力也从 20

世纪50年代的10万 t/年，发展到70年代的60万 t/年。采用大型装置可以明显降低单位产品的建设投资和生产成本，有利于提高劳动生产率，因此世界各国都在积极发展大型化工生产装置。

（4）生产方式日趋先进。现代化工企业的生产方式，已经从过去的手工操作、间断生产转变为高度自动化、连续化生产；生产设备由敞开式变为密闭式；生产装置由室内走向露天；生产操作由分散控制变为集中控制，同时也开始由人工手动操作，逐渐发展为计算机控制。

2. 化工企业生产的危险性

化工企业在生产、储存、运输、使用等环节，由于自身的特性所决定，具有与其他行业企业所不同的危险性。

（1）生产原料具有特殊性。化工企业生产使用的原材料、半成品和成品，种类繁多，并且绝大部分是易燃易爆、有毒有害、有腐蚀性的危险化学品，这不仅在生产过程中对这些原材料和燃料的使用、储存和运输提出较高的要求，而且对中间产品和成品的使用、储存和运输也提出了较高的要求。

（2）生产过程具有危险性。在化工企业的生产过程中，所要求的工艺条件严格甚至苛刻，有些化学反应要在高温、高压下进行，有的要在低温、高真空度下进行。在生产过程中稍有不慎，就容易发生有毒有害气体泄漏、爆炸、火灾等事故，酿成巨大的灾难。

（3）生产设备、设施具有复杂性。化工企业的一个显著特点，就是各种各样的管道纵横交错，大大小小的压力容器遍布全厂，生产过程中需要经过各种装置、设备的化合、聚合、高温、高压等程序，生产过程复杂，生产设备设施也复杂。大量设备设施的应用，减轻了操作人员的劳动强度，提高了生产效率，但是设备设施一旦失控，就会引发各种事故。

（4）生产方式具有严密性。目前的化工生产方式日趋先进，从而进一步要求严格周密，不能有丝毫的马虎大意，否则就会导致事故的发生。

随着化学工业的发展，化工生产的特点与危险性不仅不会改变，反而会由于科学技术的进步，使这些特点与危险性进一步强化。因此，化工企业在生产过程和其他相关过程中，必须有针对性地采取积极有效的措施，加强安全生产管理，防范各类事故的发生，保证安全生产。

二、对化工生产设备设施的安全要求

化工企业与其他行业企业相比，更需要注意设备设施的安全。这是因为，其他行业企业设备设施的不安全，所造成的事故范围与伤害范围较小，而化工企业则不同，所造成的事故范围与伤害范围较大，甚至很大，例如火灾爆炸事故、有毒物质泄漏事故等。因此，化工企业需要特别注意设备设施的安全运行。

1. 对化工生产设备设施安全运行的要求

（1）足够的强度。为确保化工设备设施长期、稳定、安全地运行，必须保证所有的零部件有足够的强度。一方面，要求设计和制造单位严把设计、制造质量关，消除隐患，特别是压力容器，必须严格按照国家有关标准进行设计、制造和检验，严禁粗制滥造和任意改造结构及选用代材。另一方面，要求操作人员严格履行岗位责任制，遵守操作规程，严禁违章指挥、违章操作，严禁超温、超压、超负荷运行。同时还要加强维护管理，定期检查设备与机器的腐蚀、磨损情况，发现问题及时修复或更换。当化工设备达到使用年限后，应及时更新，以防因腐蚀严重或超期使用而发生重大设备事故。

（2）密封可靠。化肥、化工、炼油厂处理的物料大都是易燃易爆、有毒和腐蚀性的介质，如果由于设备设施密封不严而造成泄漏，将会引起燃烧、爆炸、灼伤、中毒等事故。因此，不管是高压设备还是低压设备，在设计、制造、安装和使用过程中，都必须特别重视化工设备设施的密封问题。

（3）安全保护装置必须配套。随着科学技术的发展，现代化肥、化工、炼油装置大量采用了自动控制、信号报警、安全联锁和工业电视监控等一系列先进手段。自动控制与安全保护装置的采用，在化工设备设施出现异常时，会自动发出警报或自动采取安全措施，以防事故发生，保证安全生产。

（4）适用性强。当运行条件稍有变化，如温度、压力等条件有变化时，应能完全适应并维持正常运行。而且一旦由于某种原因发生事故时，可立即采取措施，防止事态扩大，并在短时间内予以修复、排除。这除了要求安装有相应的安全保护装置外，还要有方便修复的合理结构，备有标准化、通用化、系列化的零部件和技术熟练、经验丰富的维修队伍。

化工设备设施的运行状况，直接影响到化工生产的连续性、稳定性和安全性，因此，强化化工设备设施的维护管理，提高操作人员的安全技术素质，确保化工设备设施的安全运行，在化工生产中越来越重要。

2. 对生产装置安排布置的安全要求

（1）工艺设备和建筑物的防火间距，不应小于有关规定要求。

（2）化工和石化装置的设备宜露天或半露天布置。受工艺条件（化纤设备要求一定温湿度和防尘）和自然条件（指累计年最冷月平均温度低于或等于－10℃的地区及风沙大、雨雪多的地区）限制，及有些运转机械、设备（例如压缩机、泵、套管结晶机、真空过滤机等）特性要求，可布置在室内。

（3）设备、建筑物、构筑物宜布置在同一地平面上，当受地形限制时，应将控制室、变配电所、化验室、生活间等布置在较高的地平面上；中间储罐宜布置在较低的地平面上，以防止可燃气体泄漏时溢进上述建筑物中引起火灾。在可能散发比空气密度大的可燃气体的装置内，控制室、变电所、化验室的地面应比室外地面高 0.6 m 以上。

（4）控制室或化验室内不得安装可燃气体、液化烃、可燃液体的在线分析一次仪表。

（5）明火加热设备宜集中布置在装置边缘，且在可燃气体、液化烃、甲 B 类液体设备的全年最小频率风向的下风侧，也可以用非燃烧材料的实体墙将之隔开，其防火间距不应小于 15 m，防火墙高不宜低于 3 m，以防止可燃气体窜入炉体。

（6）操作压力超过 3.5 MPa 的压力设备，宜布置在装置的一端或一侧。高压、超高压、有爆炸危险的反应设备，宜布置在防爆构筑物内。

（7）装置内的储存、装卸甲类化学危险品的设施，应布置在装置的边缘。可燃气体、助燃气体钢瓶，应存放在位于装置边缘的敞棚仓库内，并应远离明火和操作温度等于或高于自燃点的设备。

3. 对化工生产通风措施的安全要求

化工生产厂房内的通风，其目的是排除或稀释火灾爆炸性气体、粉尘和有毒有害气体，防止火灾爆炸事故及保持良好的生产环境，保障劳动者的身体健康。

通风分为全面通风和局部通风。全面通风是向整个车间输送符合人体卫生和生产工艺要求的空气，更换原有的空气。局部通风包括局部吸气和局部送风。局部吸气是在有毒有害及火灾危险气体发生源附近，把有害物质随同空气一起吸走，以防止有害气体向周围空间散布；局部送风即送入新鲜空气，以稀释室内有毒有害气体的浓度。其采暖通风和空调设计应符合《建筑设计防火规范》（GB 50016—2014）和《采暖通风与空气调节设计规范》（GB 50019—2003）的规定。

散发爆炸危险性粉尘或有可燃纤维的场所，应采取防止粉尘、纤维扩散和飞扬的措施。散发比空气密度大的甲类气体、有爆炸危险性粉尘或可燃纤维的厂房的地面不宜设地坑或地沟，应有防止气体积聚的措施，如设局部风口或局部机械排风。散发比空气密度小的可燃气的厂房，可采用开设天窗等自然通风；在事故状态下，可用强制机械通风。为了防止有毒有害和火灾爆炸气体渗透到某些电气、仪表、精密仪器的场所，应采用正压通风。正压通风设备的取风口宜位于上风方向，并应高出地面 9 m 以上，或高于爆炸危险区 1.5 m 以上。

三、化工企业的事故特点

1. 化工企业生产的风险特点

化工企业生产过程中，因各种因素导致的火灾爆炸、人员中毒窒息事故是最为常见多发的事故，这与化工企业生产的风险特点直接相关。

（1）火灾和爆炸的风险特点。火灾、爆炸是化工企业生产中发生较多而且危害较大的事故类型。在生产过程中，使用的材料、半成品、成品及各种辅助材料等大都是易燃易爆物质，当管理不当、操作失误、使用不合理时，极易引起火灾和爆炸。工艺气体发生着火时火势凶猛而且不易扑灭，危险性极大。

发生火灾和爆炸的因素可概括为以下几个方面。一是各种原材料、辅助材料、中间产品、成品的易燃易爆性。二是高温操作带来的危险性，如高温设备和管道表面易引起与之接触的可燃物质着火；高温下的可燃气体混合物，一旦空气抽入系统与之混合并达到爆炸极限时，极易在设备和管道内爆炸；温度达到或超过自燃点的可燃气体，一旦泄漏即引起燃烧爆炸等。三是高压运行带来的危险性。高压操作有许多优点，如能提高化学反应速度，增加效率，提高设备生产能力等，但是从安全生产角度来看，则带来一系列不安全因素，如操作压力高使可燃气体爆炸极限加宽，尤其是对上限影响较大。四是其他因素。由于生产过程中，所处理或加工的物料均系易燃易爆物质，当操作不当或设备不严密时，空气或氧气进入生产装置，或投料顺序有误，或投料比例出错，控制不当而造成爆炸。

（2）人员中毒窒息的风险特点。生产过程中，员工接触、使用化学有毒有害物质的机会和种类较多，如一氧化碳、硫化氢、氨、氮氧化物、油蒸气、氰化钠、苯、苯胺、烃类等有毒有害物质。它们多是主要原料成分或中间产物，以气态或尘雾状态存在，在设备密封不好或因设备管道腐蚀、设备检修、操作失误、发生事故等情况下，有毒有害物质便迅速外泄并污染作业环境，如防护不当或处理不及时，很容易发生中毒，对人体造成不同程度的危害。有些气态物质无色无味，泄漏后不易被人们察觉，往往会造成更大的危害，如氮气、二氧化碳、氢气等可造成窒息。

此外，化工企业生产还有噪声和粉尘的危害、高温中暑及化学灼伤等危险。

2. 化工企业生产事故特点

化工企业生产所具有的易燃易爆、高温高压、易中毒、易腐蚀等特点，决定了化工企业生产的危险性。

化工企业生产事故有以下突出特点：

（1）化学物质大量意外排放或泄漏造成的事故，造成人体的伤亡极其惨重，损失巨大。

（2）化工企业生产事故不仅有化学性损害而且具有损害多样性，即事故不仅能够造成人员的死亡，还能够对受伤害者造成人体各器官系统暂时性或永久性的功能性或器质性损害；可以是急性中毒也可以是慢性中毒；不但影响本人也有可能影响后代；可以致畸也可以致癌。

（3）化工企业生产事故由于各种毒物分布广、事故多，因而污染严重，环境被污染后，彻底消除十分困难。

（4）化工企业生产事故不受地形、气象和季节影响。无论企业大小、气象条件如何，也无论春夏秋冬，事故随时随地都有可能发生。

（5）化学物质种类多，估计有 5 000～10 000 种，因而迅速确定是哪种物质引起的伤害十分困难，这对事故发生后的应急救援不利。

（6）化学事故有因毒物泄漏造成的，也有因化学物质爆炸和火灾造成的。

3. 造成事故的直接原因

（1）机械、物质或环境的不安全状态。如防护、保险、信号等装置缺乏或有缺陷，设备、设施、工具、附件有缺陷，个体防护用品用具缺少或有缺陷，生产（施工）场地环境不良等。

（2）人的不安全行为。如操作错误造成安全装置失效，使用不安全设备，手代替工具操作，物体存放不当，冒险进入危险场所，违反操作规定，分散注意力，忽视个体防护用品用具的使用，不安全装束等。

4. 造成事故的间接原因

（1）技术和设计上有缺陷；工业构件、建筑物、机械设备、仪器仪表、工艺过程、操作方法、维修检验等的设计、施工和材料使用存在问题。

（2）培训教育不够、未经培训、缺乏或不懂安全操作技术知识；劳动组织不合理。

（3）对现场工作缺乏检查或指导错误；没有安全操作规程或不健全；没有或不认真实施事故防范措施，对事故隐患整改不力等。

需要注意的是，有的事故直接原因与间接原因很清楚，有的事故直接原因与间接原因则模糊。对于大多数事故来讲，造成事故的直接原因通常只有一个，而有的事故其直接原因可能不局限于一个。一般来讲，造成事故的间接原因较多，往往是由于多种因素共同作用的结果。

第二节　化工企业事故隐患排查治理相关规定

近年来，国家安全生产监督管理总局在对化工企业的安全管理上，颁布了一系列重要规定，采取更加有效的政策措施和管理手段，全面加强化工企业即危险化学品生产企业的安全生产工作，促进企业安全水平明显提升，生产安全事故起数和死亡人数持续下降，实现了企业安全生产形势稳定好转。在事故隐患排查治理方面，主要有《危险化学品企业事故隐患排查治理实施导则》《危险化学品重大危险源监督管理暂行规定》《关于加强化工企业泄漏管理的指导意见》等，在此进行介绍。

一、《危险化学品企业事故隐患排查治理实施导则》相关要点

2012年8月7日，国家安全生产监督管理总局下发《关于印发〈危险化学品企业事故隐患排查治理实施导则〉的通知》（安监总管三〔2012〕103号）。《通知》指出：隐患排查治理是安全生产的重要工作，是企业安全生产标准化风险管理要素的重点内容，是预防和减少事故的有效手段。为了推动和规范危险化学品企业隐患排查治理工作，国家安全监管总局制定了《危险化学品企业事故隐患排查治理实施导则》（以下简称《导则》），请认真贯彻执行。

危险化学品企业要高度重视并持之以恒做好隐患排查治理工作。要按照《导则》要求，建立隐患排查治理工作责任制，完善隐患排查治理制度，规范各项工作程序，实时监控重大隐患，逐步建立隐患排查治理的常态化机制。强化《导则》的宣传培训，确保企业员工了解《导则》的内容，积极参与隐患排查治理工作。

《导则》分为总则、基本要求、隐患排查方式及频次、隐患排查内容、隐患治理与上报五个部分。

1. 总则

（1）为了切实落实企业安全生产主体责任，促进危险化学品企业建立事故隐患排查治理的长效机制，及时排查、消除事故隐患，有效防范和减少事故，根据国家相关法律、法规、规章及标准，制定本实施导则。

（2）本导则适用于生产、使用和储存危险化学品企业（以下简称企业）的事故隐患排查治理工作。

（3）本导则所称事故隐患（以下简称隐患），是指不符合安全生产法律、法规、规章、标准、规程和安全生产管理制度的规定，或者因其他因素在生产经营活动中存在可能导致事故发生或导致事故后果扩大的物的危险状态、人的不安全行为和管理上的缺陷，包括：

1）作业场所、设备设施、人的行为及安全管理等方面存在的不符合国家安全生产法律法规、标准规范和相关规章制度规定的情况。

2）法律法规、标准规范及相关制度未作明确规定，但企业危害识别过程中识别出作业场所、设备设施、人的行为及安全管理等方面存在的缺陷。

2. 基本要求

（1）隐患排查治理是企业安全管理的基础工作，是企业安全生产标准化风险管理要素的重点内容，应按照“谁主管、谁负责”和“全员、全过程、全方位、全天候”的原则，明确职责，建立健全企业隐患排查治理制度和保证制度有效执行的管理体系，努力做到及时发现、及时消除各类安全生产隐患，保证企业安全生产。

（2）企业应建立和不断完善隐患排查体制机制，主要包括：

1）企业主要负责人对本单位事故隐患排查治理工作全面负责，应保证隐患治理的资金投入，及时掌握重大隐患治理情况，治理重大隐患前要督促有关部门制定有效的防范措施，并明确分管负责人。

分管负责隐患排查治理的负责人，负责组织检查隐患排查治理制度落实情况，定期召开会议研究解决隐患排查治理工作中出现的问题，及时向主要负责人报告重大情况，对所分管部门和单位的隐患排查治理工作负责。

其他负责人对所分管部门和单位的隐患排查治理工作负责。

2）隐患排查要做到全面覆盖、责任到人，定期排查与日常管理相结合，专业排查与综合排查相结合，一般排查与重点排查相结合，确保横向到边、纵向到底、及时发现、不留死角。

3）隐患治理要做到方案科学、资金到位、治理及时、责任到人、限期完成。能立即整改的隐患必须立即整改，无法立即整改的隐患，治理前要研究制定防范措施，落实监控责任，防止隐患发展为事故。

4）技术力量不足或危险化学品安全生产管理经验欠缺的企业应聘请有经验的化工专家或注册安全工程师指导企业开展隐患排查治理工作。

5）涉及重点监管危险化工工艺、重点监管危险化学品和重大危险源（以下简称“两重点一重大”）的危险化学品生产、储存企业应定期开展危险与可操作性分析（HAZOP），用先进科学的管理方法系统排查事故隐患。

6）企业要建立健全隐患排查治理管理制度，包括隐患排查、隐患监控、隐患治理、隐患上报等内容。

隐患排查要按专业和部位，明确排查的责任人、排查内容、排查频次和登记上报的工作流程。

隐患监控要建立事故隐患信息档案，明确隐患的级别，按照“五定”（定整改方案、定资金来源、定项目负责人、定整改期限、定控制措施）的原则，落实隐患治理的各项措施，对隐患治理情况进行监控，保证隐患治理按期完成。

隐患治理要分类实施：能够立即整改的隐患，必须确定责任人组织立即整改，整改情况要安排专人进行确认；无法立即整改的隐患，要按照评估—治理方案论证—资金落实—限期治理—验收评估—销号的工作流程，明确每一工作节点的责任人，实行闭环管理；重大隐患治理工作结束后，企业应组织技术人员和专家对隐患治理情况进行验收，保证按期完成和治理效果。

隐患上报要按照安全监管部门的要求，建立与安全生产监督管理部门隐患排查治理信息管理系统联网的“隐患排查治理信息系统”，每个月将开展隐患排查治理情况和存在的重大事故隐患上报当地安全监管部门，发现无法立即整改的重大事故隐患，应当及时上报。

7）要借助企业的信息化系统对隐患排查、监控、治理、验收评估、上报情况实行建档登记，重大隐患要单独建档。

3. 隐患排查方式及频次

（1）隐患排查方式

1）隐患排查工作可与企业各专业的日常管理、专项检查和监督检查等工作相结合，科学整合下述方式进行：①日常隐患排查；②综合性隐患排查；③专业性隐患排查；④季节性隐患排查；⑤重大活动及节假日前隐患排查；⑥事故类比隐患排查。

2）日常隐患排查是指班组、岗位员工的交接班检查和班中巡回检查，以及基层单位领导和工艺、设备、电气、仪表、安全等专业技术人员的日常性检查。日常隐患排查要加强对关键装置、要害部位、关键环节、重大危险源的检查和巡查。

3）综合性隐患排查是指以保障安全生产为目的，以安全责任制、各项专业管理制度和安全生产管理制度落实情况为重点，各有关专业和部门共同参与的全面检查。

4）专业隐患排查主要是指对区域位置及总图布置、工艺、设备、电气、仪表、储运、消防和公用工程等系统分别进行的专业检查。

5）季节性隐患排查是指根据各季节特点开展的专项隐患检查，主要包括：①春季以防雷、防静电、防解冻泄漏、防解冻坍塌为重点；②夏季以防雷暴、防设备容器高温超压、防台风、防洪、防暑降温为重点；③秋季以防雷暴、防火、防静电、防凝保温为重点；④冬季以防火、防爆、防雪、防冻防凝、防滑、防静电为重点。

6）重大活动及节假日前隐患排查主要是指在重大活动和节假日前，对装置生产是否存在异常状况和隐患、备用设备状态、备品备件、生产及应急物资储备、保运力量安排、企业保卫、应急工作等进行的检查，特别是要对节日期间干部带班值班、机电仪保运及紧急抢修力量安排、备件及各类物资储备和应急工作进行重点检查。

7）事故类比隐患排查是对企业内和同类企业发生事故后的举一反三的安全检查。

（2）隐患排查频次确定。企业进行隐患排查的频次应满足：

1）装置操作人员现场巡检间隔不得大于2小时，涉及“两重点一重大”的生产、储存装置和部位的操作人员现场巡检间隔不得大于1小时，宜采用不间断巡检方式进行现场巡检。

2）基层车间（装置，下同）直接管理人员（主任、工艺设备技术人员）、电气、仪表人员每天至少两次对装置现场进行相关专业检查。

3）基层车间应结合岗位责任制检查，至少每周组织一次隐患排查，并和日常交接班检查和班中巡回检查中发现的隐患一起进行汇总；基层单位（厂）应结合岗位责任制检查，至少每月组织一次隐患排查。

4）企业应根据季节性特征及本单位的生产实际，每季度开展一次有针对性的季节性隐患排查；重大活动及节假日前必须进行一次隐患排查。

5）企业至少每半年组织一次，基层单位至少每季度组织一次综合性隐患排查和专业隐患排查，两者可结合进行。

6）当获知同类企业发生伤亡及泄漏、火灾爆炸等事故时，应举一反三，及时进行事故类比隐患专项排查。

7）对于区域位置、工艺技术等不经常发生变化的，可依据实际变化情况确定排查周期，如果发生变化，应及时进行隐患排查。

当发生以下情形之一，企业应及时组织进行相关专业的隐患排查：颁布实施有关新的法律法规、标准规范或原有适用法律法规、标准规范重新修订的；组织机构和人员发生重大调整的；装置工艺、设备、电气、仪表、公用工程或操作参数发生重大改变的，应按变更管理要求进行风险评估；外部安全生产环境发生重大变化；发生事故或对事故、事件有新的认识；气候条件发生大的变化或预报可能发生重大自然灾害。

（3）涉及“两重点一重大”的危险化学品生产、储存企业应每五年至少开展一次危险与可操作性分析（HAZOP）。

4. 隐患排查内容

（1）隐患排查主要内容。根据危险化学品企业的特点，隐患排查包括但不限于以下内容：

1）安全基础管理。

2）区域位置和总图布置。

3）工艺。

4）设备。

5）电气系统。

6）仪表系统。

7）危险化学品管理。

8）储运系统。

9）公用工程。

10）消防系统。

（2）安全基础管理

1）安全生产管理机构建立健全情况、安全生产责任制和安全管理制度建立健全及落实情况。

2）安全投入保障情况，参加工伤保险、安全生产责任险的情况。

3）安全培训与教育情况，主要包括：①企业主要负责人、安全管理人员的培训及持证上岗情况；②特种作业人员的培训及持证上岗情况；③从业人员安全教育和技能培训情况。

4）企业开展风险评价与隐患排查治理情况，主要包括：①法律、法规和标准的识别与获取情况；②定期和及时对作业活动与生产设施进行风险评价情况；③风险评价结果的落实、宣传及培训情况；④企业隐患排查治理制度是否满足安全生产需要。

5）事故管理、变更管理及承包商的管理情况。

6）危险作业和检维修的管理情况，主要包括：①危险性作业活动作业前的危险有害因素识别与控制情况；②动火作业、进入受限空间作业、破土作业、临时用电作业、高处作业、断路作业、吊装作业、设备检修作业和抽堵盲板作业等危险性作业的作业许可管理与过程监督情况；③从业人员劳动防护用品和器具的配置、佩戴与使用情况。

7）危险化学品事故的应急管理情况。

（3）区域位置和总图布置

1）危险化学品生产装置和重大危险源储存设施与《危险化学品安全管理条例》中规定的重要场所的安全距离。

2）可能造成水域环境污染的危险化学品危险源的防范情况。

3）企业周边或作业过程中存在的易由自然灾害引发事故灾难的危险点排查、防范和治理情况。

4）企业内部重要设施的平面布置以及安全距离，主要包括：①控制室、变配电所、化验室、办公室、机柜间以及人员密集区或场所；②消防站及消防泵房；③空分装置、空压站；④点火源（包括火炬）；⑤危险化学品生产与储存设施等；⑥其他重要设施及场所。

5）其他总图布置情况，主要包括：①建构筑物的安全通道；②厂区道路、消防道路、安全疏散通道和应急通道等重要道路（通道）的设计、建设与维护情况；③安全警示标志的设置情况；④其他与总图相关的安全隐患。

（4）工艺管理

1）工艺的安全管理，主要包括：①工艺安全信息的管理；②工艺风险分析制度的建立和执行；③操作规程的编制、审查、使用与控制；④工艺安全培训程序、内容、频次及记录的管理。

2）工艺技术及工艺装置的安全控制，主要包括：①装置可能引起火灾、爆炸等严重事故的部位是否设置超温、超压等检测仪表、声和/或光报警、泄压设施和安全联锁装置等设施；②针对温度、压力、流量、液位等工艺参数设计的安全泄压系统以及安全泄压措施的完好性；③危险物料的泄压排放或放空的安全性；④按照《首批重点监管的危险化工工艺目录》和《首批重点监管的危险化工工艺安全控制要求、重点监控参数及推荐的控制方案》（安监总管三〔2009〕116号）的要求进行危险化工工艺的安全控制情况；⑤火炬系统的安全性；⑥其他工艺技术及工艺装置的安全控制方面的隐患。

3）现场工艺安全状况，主要包括：①工艺卡片的管理，包括工艺卡片的建立和变更，以及工艺指标的现场控制；②现场联锁的管理，包括联锁管理制度及现场联锁投用、摘除与恢复；③工艺操作记录及交接班情况；④剧毒品部位的巡检、取样、操作与检维修的现场管理。

（5）设备管理

1）设备管理制度与管理体系的建立与执行情况，主要包括：①按照国家相关法律法规制定修订本企业的设备管理制度；②有健全的设备管理体系，设备管理人员按要求配备；③建立健全安全设施管理制度及台账。

2）设备现场的安全运行状况，包括：①大型机组、机泵、锅炉、加热炉等关键设备装置的联锁自保护及安全附件的设置、投用与完好状况；②大型机组关键设备特级维护到位，备用设备处于完好备用状态；③转动机器的润滑状况，设备润滑的“五定”“三级过滤”；④设备状态监测和故障诊断情况；⑤设备的腐蚀防护状况，包括重点装置设备腐蚀的状况、设备腐蚀部位、工艺防腐措施，材料防腐措施等。

3）特种设备（包括压力容器及压力管道）的现场管理，主要包括：①特种设备（包括压力容器、压力管道）的管理制度及台账；②特种设备注册登记及定期检测检验情况；③特种设备安全附件的管理维护。

（6）电气系统

1）电气系统的安全管理，主要包括：①电气特种作业人员资格管理；②电气安全相关管理制度、规程的制定及执行情况。

2）供配电系统、电气设备及电气安全设施的设置，主要包括：①用电设备的电力负荷等级与供电系统的匹配性；②消防泵、关键装置、关键机组等特别重要负荷的供电；③重要场所事故应急照明；④电缆、变配电相关设施的防火防爆；⑤爆炸危险区域内的防爆电气设备选型及安装；⑥建构筑、工艺装置、作业场所等的防雷防静电。

3）电气设施、供配电线路及临时用电的现场安全状况。

（7）仪表系统

1）仪表的综合管理，主要包括：①仪表相关管理制度建立和执行情况；②仪表系统的档案资料、台账管理；③仪表调试、维护、检测、变更等记录；④安全仪表系统的投用、摘除及变更管理等。

2）系统配置，主要包括：①基本过程控制系统和安全仪表系统的设置满足安全稳定生产需要；②现场检测仪表和执行元件的选型、安装情况；③仪表供电、供气、接地与防护情况；④可燃气体和有毒气体检测报警器的选型、布点及安装；⑤安装在爆炸危险环境仪表满足要求等。

3）现场各类仪表完好有效，检验维护及现场标识情况，主要包括：①仪表及控制系统的运行状况稳定可靠，满足危险化学品生产需求；②按规定对仪表进行定期检定或校准；③现场仪表位号标识是否清晰等。

（8）危险化学品管理

1）危险化学品分类、登记与档案的管理，主要包括：①按照标准对产品、所有中间产品进行危险性鉴别与分类，分类结果汇入危险化学品档案；②按相关要求建立健全危险化学品档案；③按照国家有关规定对危险化学品进行登记。

2）化学品安全信息的编制、宣传、培训和应急管理，主要包括：①危险化学品安全技术说明书和安全标签的管理；②危险化学品“一书一签”制度的执行情况；③24 小时应急咨询服务或应急代理；④危险化学品相关安全信息的宣传与培训。

（9）储运系统

1）储运系统的安全管理情况，主要包括：①储罐区、可燃液体、液化烃的装卸设施、危险化学品仓库储存管理制度以及操作、使用和维护规程制定及执行情况；②储罐的日常和检维修管理。

2）储运系统的安全设计情况，主要包括：①易燃、可燃液体及可燃气体的罐区，如罐组总容、罐组布置，防火堤及隔堤，消防道路、排水系统等；②重大危险源罐区现场的安全监控装备是否符合《危险化学品重大危险源监督管理暂行规定》（国家安全监管总局令第 40 号）的要求；③天然气凝液、液化石油气球罐或其他危险化学品压力或半冷冻低温储罐的安全控制及应急措施；④可燃液体、液化烃和危险化学品的装卸设施；⑤危险化学品仓库的安全储存。

3）储运系统罐区、储罐本体及其安全附件、铁路装卸区、汽车装卸区等设施的完好性。

（10）消防系统

1）建设项目消防设施验收情况；企业消防安全机构、人员设置与制度的制定，消防人员培训、消防应急预案及相关制度的执行情况；消防系统运行检测情况。

2）消防设施与器材的设置情况，主要包括：①消防站设置情况，如消防站、消防车、消防人员、移动式消防设备、通讯等；②消防水系统与泡沫系统，如消防水源、消防泵、泡沫液储罐、消防给水管道、消防管网的分区阀门、消火栓、泡沫栓，消防水炮、泡沫炮、固定式消防水喷淋等；③油罐区、液化烃罐区、危险化学品罐区、装置区等设置的固定式和半固定式灭火系统；④甲、乙类装置、罐区、控制室、配电室等重要场所的火灾报警系统；⑤生产区、工艺装置区、建构筑物的灭火器材配置；⑥其他消防器材。

3）固定式与移动式消防设施、器材和消防道路的现场状况。

（11）公用工程系统

1）给排水、循环水系统、污水处理系统的设置与能力能否满足各种状态下的需求。

2）供热站及供热管道设备设施、安全设施是否存在隐患。

3）空分装置、空压站位置的合理性及设备设施的安全隐患。

5. 隐患治理与上报

（1）隐患级别

1）事故隐患可按照整改难易及可能造成的后果严重性，分为一般事故隐患和重大事故隐患。

2）一般事故隐患，是指能够及时整改，不足以造成人员伤亡、财产损失的隐患。对于一般事故隐患，可按照隐患治理的负责单位，分为班组级、基层车间级、基层单位（厂）级直至企业级。

3）重大事故隐患，是指无法立即整改且可能造成人员伤亡、较大财产损失的隐患。

（2）隐患治理

1）企业应对排查出的各级隐患，做到“五定”，并将整改落实情况纳入日常管理进行监督，及时协调在隐患整改中存在的资金、技术、物资采购、施工等各方面问题。

2）对一般事故隐患，由企业[基层车间、基层单位（厂）]负责人或者有关人员立即组织整改。

3）对于重大事故隐患，企业要结合自身的生产经营实际情况，确定风险可接受标准，评估隐患的风险等级。评估风险的方法可参考附录A。

4）重大事故隐患的治理应满足以下要求：①当风险处于很高风险区域时，应立即采取充分的风险控制措施，防止事故发生，同时编制重大事故隐患治理方案，尽快进行隐患治理，必要时立即停产治理；②当风险处于一般高风险区域时，企业应采取充分的风险控制措施，防止事故发生，并编制重大事故隐患治理方案，选择合适的时机进行隐患治理；③对于处于中风险的重大事故隐患，应根据企业实际情况，进行成本—效益分析，编制重大事故隐患治理方案，选择合适的时机进行隐患治理，尽可能将其降低到低风险。

5）对于重大事故隐患，由企业主要负责人组织制定并实施事故隐患治理方案。重大事故隐患治理方案应包括：①治理的目标和任务；②采取的方法和措施；③经费和物资的落实；④负责治理的机构和人员；⑤治理的时限和要求；⑥防止整改期间发生事故的安全措施。

6）事故隐患治理方案、整改完成情况、验收报告等应及时归入事故隐患档案。隐患档案应包括以下信息：隐患名称、隐患内容、隐患编号、隐患所在单位、专业分类、归属职能部门、评估等级、整改期限、治理方案、整改完成情况、验收报告等。事故隐患排查、治理过程中形成的传真、会议纪要、正式文件等，也应归入事故隐患档案。

（3）隐患上报

1）企业应当定期通过“隐患排查治理信息系统”向属地安全生产监督管理部门和相关部门上报隐患统计汇总及存在的重大隐患情况。

2）对于重大事故隐患，企业除依照前款规定报送外，应当及时向安全生产监督管理部门和有关部门报告。重大事故隐患报告的内容应当包括：①隐患的现状及其产生原因；②隐患的危害程度和整改难易程度分析；③隐患的治理方案。

二、《危险化学品重大危险源监督管理暂行规定》相关要点

2011 年 8 月 5 日，国家安全生产监督管理总局公布《危险化学品重大危险源监督管理暂行规定》（国家安全生产监督管理总局令第 40 号），自 2011 年 12 月 1 日起施行。

《危险化学品重大危险源监督管理暂行规定》（以下简称《规定》）分为六章三十六条，各章内容为：第一章　总则、第二章　辨识与评估、第三章　安全管理、第四章　监管检查、第五章　法律责任、第六章　附则。制定本《规定》的目的，是为了加强危险化学品重大危险源的安全监督管理，防止和减少危险化学品事故的发生，保障人民群众生命财产安全。

1. 总则中的有关规定

在“第一章　总则”中，对相关事项作了规定。

◆从事危险化学品生产、储存、使用和经营的单位（以下统称危险化学品单位）的危

险化学品重大危险源的辨识、评估、登记建档、备案、核销及其监督管理，适用本规定。

城镇燃气、用于国防科研生产的危险化学品重大危险源以及港区内危险化学品重大危险源的安全监督管理，不适用本规定。

◆本规定所称危险化学品重大危险源（以下简称重大危险源），是指按照《危险化学品重大危险源辨识》（GB 18218）标准辨识确定，生产、储存、使用或者搬运危险化学品的数量等于或者超过临界量的单元（包括场所和设施）。

◆危险化学品单位是本单位重大危险源安全管理的责任主体，其主要负责人对本单位的重大危险源安全管理工作负责，并保证重大危险源安全生产所必需的安全投入。

◆重大危险源的安全监督管理实行属地监管与分级管理相结合的原则。

县级以上地方人民政府安全生产监督管理部门按照有关法律、法规、标准和本规定，对本辖区内的重大危险源实施安全监督管理。

◆国家鼓励危险化学品单位采用有利于提高重大危险源安全保障水平的先进适用的工艺、技术、设备以及自动控制系统，推进安全生产监督管理部门重大危险源安全监管的信息化建设。

2. 重大危险源辨识与评估的有关规定

在“第二章　辨识与评估”中，对相关事项作了规定。

◆危险化学品单位应当按照《危险化学品重大危险源辨识》标准，对本单位的危险化学品生产、经营、储存和使用装置、设施或者场所进行重大危险源辨识，并记录辨识过程与结果。

◆危险化学品单位应当对重大危险源进行安全评估并确定重大危险源等级。危险化学品单位可以组织本单位的注册安全工程师、技术人员或者聘请有关专家进行安全评估，也可以委托具有相应资质的安全评价机构进行安全评估。

重大危险源根据其危险程度，分为一级、二级、三级和四级，一级为最高级别。重大危险源分级方法由本规定附件 1 列示。

◆重大危险源有下列情形之一的，应当委托具有相应资质的安全评价机构，按照有关标准的规定采用定量风险评价方法进行安全评估，确定个人和社会风险值：

（1）构成一级或者二级重大危险源，且毒性气体实际存在（在线）量与其在《危险化学品重大危险源辨识》中规定的临界量比值之和大于或等于 1 的。

（2）构成一级重大危险源，且爆炸品或液化易燃气体实际存在（在线）量与其在《危险化学品重大危险源辨识》中规定的临界量比值之和大于或等于 1 的。

◆重大危险源安全评估报告应当客观公正、数据准确、内容完整、结论明确、措施可行，并包括下列内容：

（1）评估的主要依据。

（2）重大危险源的基本情况。

（3）事故发生的可能性及危害程度。

（4）个人风险和社会风险值（仅适用定量风险评价方法）。

（5）可能受事故影响的周边场所、人员情况。

（6）重大危险源辨识、分级的符合性分析。

（7）安全管理措施、安全技术和监控措施。

（8）事故应急措施。

（9）评估结论与建议。

危险化学品单位以安全评价报告代替安全评估报告的，其安全评价报告中有关重大危险源的内容应当符合本条第一款规定的要求。

◆有下列情形之一的，危险化学品单位应当对重大危险源重新进行辨识、安全评估及分级：

（1）重大危险源安全评估已满三年的。

（2）构成重大危险源的装置、设施或者场所进行新建、改建、扩建的。

（3）危险化学品种类、数量、生产、使用工艺或者储存方式及重要设备、设施等发生变化，影响重大危险源级别或者风险程度的。

（4）外界生产安全环境因素发生变化，影响重大危险源级别和风险程度的。

（5）发生危险化学品事故造成人员死亡，或者 10 人以上受伤，或者影响到公共安全的。

（6）有关重大危险源辨识和安全评估的国家标准、行业标准发生变化的。

3. 安全管理的有关规定

在“第三章　安全管理”中，对相关事项作了规定。

◆危险化学品单位应当建立完善重大危险源安全管理规章制度和安全操作规程，并采取有效措施保证其得到执行。

◆危险化学品单位应当根据构成重大危险源的危险化学品种类、数量、生产、使用工艺（方式）或者相关设备、设施等实际情况，按照下列要求建立健全安全监测监控体系，完善控制措施：

（1）重大危险源配备温度、压力、液位、流量、组分等信息的不间断采集和监测系统以及可燃气体和有毒有害气体泄漏检测报警装置，并具备信息远传、连续记录、事故预警、信息存储等功能；一级或者二级重大危险源，具备紧急停车功能。记录的电子数据的保存时间不少于 30 天。

（2）重大危险源的化工生产装置装备满足安全生产要求的自动化控制系统；一级或者二级重大危险源，装备紧急停车系统。

（3）对重大危险源中的毒性气体、剧毒液体和易燃气体等重点设施，设置紧急切断装置；毒性气体的设施，设置泄漏物紧急处置装置。涉及毒性气体、液化气体、剧毒液体的一级或者二级重大危险源，配备独立的安全仪表系统（SIS）。

（4）重大危险源中储存剧毒物质的场所或者设施，设置视频监控系统。

（5）安全监测监控系统符合国家标准或者行业标准的规定。

◆通过定量风险评价确定的重大危险源的个人和社会风险值，不得超过本规定附件2列示的个人和社会可容许风险限值标准。

超过个人和社会可容许风险限值标准的，危险化学品单位应当采取相应的降低风险措施。

◆危险化学品单位应当按照国家有关规定，定期对重大危险源的安全设施和安全监测监控系统进行检测、检验，并进行经常性维护、保养，保证重大危险源的安全设施和安全监测监控系统有效、可靠运行。维护、保养、检测应当做好记录，并由有关人员签字。

◆危险化学品单位应当明确重大危险源中关键装置、重点部位的责任人或者责任机构，并对重大危险源的安全生产状况进行定期检查，及时采取措施消除事故隐患。事故隐患难以立即排除的，应当及时制定治理方案，落实整改措施、责任、资金、时限和预案。

◆危险化学品单位应当对重大危险源的管理和操作岗位人员进行安全操作技能培训，使其了解重大危险源的危险特性，熟悉重大危险源安全管理规章制度和安全操作规程，掌握本岗位的安全操作技能和应急措施。

◆危险化学品单位应当在重大危险源所在场所设置明显的安全警示标志，写明紧急情况下的应急处置办法。

◆危险化学品单位应当将重大危险源可能发生的事故后果和应急措施等信息，以适当方式告知可能受影响的单位、区域及人员。

◆危险化学品单位应当依法制定重大危险源事故应急预案，建立应急救援组织或者配备应急救援人员，配备必要的防护装备及应急救援器材、设备、物资，并保障其完好和方便使用；配合地方人民政府安全生产监督管理部门制定所在地区涉及本单位的危险化学品事故应急预案。

对存在吸入性有毒、有害气体的重大危险源，危险化学品单位应当配备便携式浓度检测设备、空气呼吸器、化学防护服、堵漏器材等应急器材和设备；涉及剧毒气体的重大危险源，还应当配备两套以上（含本数）气密型化学防护服；涉及易燃易爆气体或者易燃液体蒸气的重大危险源，还应当配备一定数量的便携式可燃气体检测设备。

◆危险化学品单位应当制定重大危险源事故应急预案演练计划，并按照下列要求进行

事故应急预案演练：

（1）对重大危险源专项应急预案，每年至少进行一次。

（2）对重大危险源现场处置方案，每半年至少进行一次。

应急预案演练结束后，危险化学品单位应当对应急预案演练效果进行评估，撰写应急预案演练评估报告，分析存在的问题，对应急预案提出修订意见，并及时修订完善。

◆危险化学品单位应当对辨识确认的重大危险源及时、逐项进行登记建档。

重大危险源档案应当包括下列文件、资料：

（1）辨识、分级记录。

（2）重大危险源基本特征表。

（3）涉及的所有化学品安全技术说明书。

（4）区域位置图、平面布置图、工艺流程图和主要设备一览表。

（5）重大危险源安全管理规章制度及安全操作规程。

（6）安全监测监控系统、措施说明、检测、检验结果。

（7）重大危险源事故应急预案、评审意见、演练计划和评估报告。

（8）安全评估报告或者安全评价报告。

（9）重大危险源关键装置、重点部位的责任人、责任机构名称。

（10）重大危险源场所安全警示标志的设置情况。

（11）其他文件、资料。

◆危险化学品单位在完成重大危险源安全评估报告或者安全评价报告后 15 日内，应当填写重大危险源备案申请表，连同重大危险源档案材料，报送所在地县级人民政府安全生产监督管理部门备案。

◆危险化学品单位新建、改建和扩建危险化学品建设项目，应当在建设项目竣工验收前完成重大危险源的辨识、安全评估和分级、登记建档工作，并向所在地县级人民政府安全生产监督管理部门备案。

4. 有关法律责任的规定

在“第五章　法律责任”中，对相关事项作了规定。

◆危险化学品单位有下列行为之一的，由县级以上人民政府安全生产监督管理部门责令限期改正；逾期未改正的，责令停产停业整顿，可以并处 2 万元以上 10 万元以下的罚款：

（1）未按照本规定要求对重大危险源进行安全评估或者安全评价的。

（2）未按照本规定要求对重大危险源进行登记建档的。

（3）未按照本规定及相关标准要求对重大危险源进行安全监测监控的。

（4）未制定重大危险源事故应急预案的。

◆危险化学品单位有下列行为之一的，由县级以上人民政府安全生产监督管理部门责令限期改正；逾期未改正的，责令停产停业整顿，并处5万元以下的罚款：

（1）未在构成重大危险源的场所设置明显的安全警示标志的。

（2）未对重大危险源中的设备、设施等进行定期检测、检验的。

◆危险化学品单位有下列情形之一的，由县级以上人民政府安全生产监督管理部门给予警告，可以并处5 000元以上3万元以下的罚款：

（1）未按照标准对重大危险源进行辨识的。

（2）未按照本规定明确重大危险源中关键装置、重点部位的责任人或者责任机构的。

（3）未按照本规定建立应急救援组织或者配备应急救援人员，以及配备必要的防护装备及器材、设备、物资，并保障其完好的。

（4）未按照本规定进行重大危险源备案或者核销的。

（5）未将重大危险源可能引发的事故后果、应急措施等信息告知可能受影响的单位、区域及人员的。

（6）未按照本规定要求开展重大危险源事故应急预案演练的。

（7）未按照本规定对重大危险源的安全生产状况进行定期检查，采取措施消除事故隐患的。

附件：①危险化学品重大危险源分级方法；②可容许风险标准。（略）

三、《关于加强化工企业泄漏管理的指导意见》相关要点

2014年8月29日，国家安全生产监督管理总局印发《关于加强化工企业泄漏管理的指导意见》（安监总管三〔2014〕94号）（以下简称《意见》），《意见》指出：为进一步加强化工企业安全生产基础工作，推动企业落实安全生产主体责任，有效预防和控制泄漏，防止和减少由泄漏引起的事故，提升企业本质安全水平，现提出以下几项意见。

1. 充分认识加强泄漏管理的意义

（1）加强泄漏管理是确保化工企业安全生产的必然要求。化工企业生产工艺过程复杂，工艺条件苛刻，设备管道种类和数量多，工艺波动、违规操作、使用不当、设备失效、缺乏正确维护等情况均可造成易燃易爆、有毒有害介质泄漏，从而导致事故发生。

（2）加强泄漏管理是预防事故发生的有效措施。泄漏是引起化工企业火灾、爆炸、中毒事故的主要原因，要树立“泄漏就是事故”的理念，从源头上预防和控制泄漏，减少作业人员接触有毒有害物质，提升化工企业本质安全水平。

2. 化工企业泄漏表现形式和管理的主要内容

（1）化工企业泄漏的表现形式。化工生产过程中的泄漏主要包括易挥发物料的逸散性泄漏和各种物料的源设备泄漏两种形式。逸散性泄漏主要是易挥发物料从装置的阀门、法兰、机泵、人孔、压力管道焊接处等密闭系统密封处发生非预期或隐蔽泄漏；源设备泄漏主要是物料非计划、不受控制地以泼溅、渗漏、溢出等形式从储罐、管道、容器、槽车及其他用于转移物料的设备进入周围空间，产生无组织形式排放（设备失效泄漏是源设备泄漏的主要表现形式）。

（2）化工企业泄漏管理的主要内容。化工泄漏管理主要包括泄漏检测与维修和源设备泄漏管理两个方面。要通过预防性、周期性的泄漏检测发现早期泄漏并及时处理，避免泄漏发展为事故。泄漏检测与维修管理工作包括：配备监测仪器、培训监测人员、建立泄漏检测目录、编制泄漏检测与维修计划、验证维修效果等。源设备泄漏管理工作包括：泄漏根原因的调查和处理、泄漏事件的评定和上报、泄漏率统计、泄漏绩效考核等。泄漏检测维修工作要实行 PDCA 循环（戴明环）管理方式。对所有的泄漏事件都要参照事故调查要求严格管理。

3. 优化装置设计，从源头全面提升防泄漏水平

（1）优化设计以预防和控制泄漏。在设计阶段，要全面识别和评估泄漏风险，从源头采取措施控制泄漏危害。要尽可能选用先进的工艺路线，减少设备密封、管道连接等易泄漏点，降低操作压力、温度等工艺条件。在设备和管线的排放口、采样口等排放阀设计时，要通过加装盲板、丝堵、管帽、双阀等措施，减少泄漏的可能性，对存在剧毒及高毒类物质的工艺环节要采用密闭取样系统设计，有毒、可燃气体的安全泄压排放要采取密闭措施设计。

（2）优化设备选型。企业要严格按照规范标准进行设备选型，属于重点监控范围的工艺以及重点部位要按照最高标准规范要求选择。设计要考虑必要的操作裕度和弹性，以适应加工负荷变化的需要。要根据物料特性选用符合要求的优质垫片，以减少管道、设备密封泄漏。

新建和改扩建装置的管道、法兰、垫片、紧固件选型，必须符合安全规范和国家强制性标准的要求；压力容器与压力管道要严格按照国家标准要求进行检验。选型不符合现行安全规范和强制性标准要求的已建成装置，泄漏率符合规定的，企业要加强泄漏检测，监护运行；泄漏率不符合要求的，企业要限期整改。

（3）科学选择密封配件及介质。动设备选择密封介质和密封件时，要充分兼顾润滑、散热。使用水作为密封介质时，要加强水质和流速的检测。输送有毒、强腐蚀介质时，要

选用密封油作为密封介质，同时要充分考虑针对密封介质侧大量高温热油泄漏时的收集、降温等防护措施，对于易汽化介质要采用双端面或串联干气密封。

（4）完善自动化控制系统。涉及重点监管危险化工工艺和危险化学品的生产装置，要按安全控制要求设置自动化控制系统、安全联锁或紧急停车系统和可燃及有毒气体泄漏检测报警系统。紧急停车系统、安全联锁保护系统要符合功能安全等级要求。危险化学品储存装置要采取相应的安全技术措施，例如高、低液位报警和高高、低低液位联锁，以及紧急切断装置等。

4. 系统识别泄漏风险，规范工艺操作行为

（1）全面开展泄漏危险源辨识与风险评估。企业要依据有关标准、规范，组织工程技术和管理人员或委托具有相应资质的设计、评价等中介机构对可能存在的泄漏风险进行辨识与评估，结合企业实际设备失效数据或历史泄漏数据分析，对风险分析结果、设备失效数据或历史泄漏数据进行分析，辨识出可能发生泄漏的部位，结合设备类型、物料危险性、泄漏量对泄漏部位进行分级管理，提出具体防范措施。当工艺系统发生变更时，要及时分析变更可能导致的泄漏风险并采取相应措施。

（2）全面开展化工设备逸散性泄漏检测及维修。企业要根据逸散性泄漏检测的有关标准、规范，定期对易发生逸散性泄漏的部位（如管道、设备、机泵等密封点）进行泄漏检测，排查出发生泄漏的设备要及时维修或更换。企业要实施泄漏检测及维修全过程管理，对维修后的密封进行验证，达到减少或消除泄漏的目的。

（3）加强化工装置源设备泄漏管理，提升泄漏防护等级。企业要根据物料危险性和泄漏量对源设备泄漏进行分级管理、记录统计。对于发生的源设备泄漏事件要及时采取消除、收集、限制范围等措施，对于可能发生严重泄漏的设备，要采取第一时间能切断泄漏源的技术手段和防护性措施。企业要实施源设备泄漏事件处置的全过程管理，加强对生产现场的泄漏检查，努力降低各类泄漏事件发生率。

（4）规范工艺操作行为，降低泄漏概率。操作人员要严格按操作规程进行操作，避免工艺参数大的波动。装置开车过程中，对高温设备要严格按升温曲线要求控制温升速度，按操作规程要求对法兰、封头等部件的螺栓进行逐级热紧；对低温设备要严格按降温曲线要求控制降温速度，按操作规程要求对法兰、封头等部件的螺栓进行逐级冷紧。要加强开停车和设备检修过程中泄漏检测监控工作。

（5）加强泄漏管理培训。企业要开展涵盖全员的泄漏管理培训，不断增强员工的泄漏管理意识，掌握泄漏辨识和预防处置方法。新员工要接受泄漏管理培训后方能上岗。当工艺、设备发生变更时，要对相关人员及时培训。对负责设备泄漏检测和设备维修的员工进行泄漏管理专项培训。

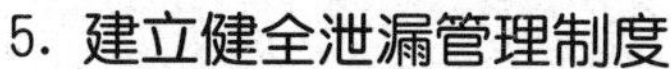

5. 建立健全泄漏管理制度

（1）建立泄漏常态化管理机制。要根据企业实际情况制定泄漏管理的工作目标，制定工作计划，责任落实到人，保证资金投入，统筹安排、严格考核，将泄漏管理与工艺、设备、检修、隐患排查等管理相结合，并在岗位安全操作规程中体现查漏、消漏、动静密封点泄漏率控制等要求。

（2）建立和完善泄漏管理责任制。建立健全并严格执行以企业主要负责人为第一责任人、分管负责人为责任人、相关部门及人员责任明确的泄漏管理责任制。

（3）建立和不断完善泄漏检测、报告、处理、消除等闭环管理制度。建立定期检测、报告制度，对于装置中存在泄漏风险的部位，尤其是受冲刷或腐蚀容易减薄的物料管线，要根据泄漏风险程度制定相应的周期性测厚和泄漏检测计划，并定期将检测记录的统计结果上报给企业的生产、设备和安全管理部门，所有记录数据要真实、完整、准确。企业发现泄漏要立即处置、及时登记、尽快消除，不能立即处置的要采取相应的防范措施并建立设备泄漏台账，限期整改。加强对有关管理规定、操作规程、作业指导书和记录文件以及采用的检测和评估技术标准等泄漏管理文件的管理。

（4）建立激励机制。企业要鼓励员工积极参与泄漏隐患排查、报告和治理工作，充分调动全体员工的积极性，实现全员参与。

6. 全面加强泄漏应急处置能力

（1）建立和完善化工装置泄漏报警系统。企业要按照《石油化工可燃气体和有毒气体检测报警设计规范》（GB 50493—2009）和《工作场所有毒气体检测报警装置设置规范》（GBZ/T 223—2009）等标准要求，在生产装置、储运、公用工程和其他可能发生有毒有害、易燃易爆物料泄漏的场所安装相关气体监测报警系统，重点场所还要安装视频监控设备。要将法定检验与企业自检相结合，现场检测报警装置要设置声光报警，保证报警系统的准确、可靠性。

（2）建立规范、统一的报警信息记录和处理程序。操作人员接到报警信号后，要立即通过工艺条件和控制仪表变化判别泄漏情况，评估泄漏程度，并根据泄漏级别启动相应的应急处置预案。操作人员和管理人员要对报警及处理情况做好记录，并定期对所发生的各种报警和处理情况进行分析。

（3）建立泄漏事故应急处置程序，有效控制泄漏后果。企业要充分辨识安全风险，完善应急预案，对于可能发生泄漏的密闭空间，应当编制专项应急预案并组织进行预案演练，完善事故处置物资储备。要设置符合国家标准规定的泄漏物料收集装置，对泄漏物料要妥善处置，如采取带压堵漏、快速封堵等安全技术措施。对于高风险、不能及时消除的泄漏，要果断停车处置。处置过程中要做好检测、防火防爆、隔离、警戒、疏散等相关工作。

7. 强化考核

（1）加强泄漏管理内部审核。企业要对泄漏台账、目标责任书、作业文件、现场检测或检查记录等泄漏管理文件定期进行审核，对作业现场进行抽检抽查，核实检测或检查记录的可靠性，对泄漏管理系统进行内部审计。

（2）加强对泄漏管理的检查考核。企业要加强对泄漏管理过程、结果的检查考核，确保泄漏管理实现持续改进。企业要按泄漏控制目标的量化要求，对各部门和岗位的泄漏管理状况进行绩效考核。

化工企业要依据本指导意见，进一步落实安全生产主体责任，结合自身生产实际建立和完善泄漏管理制度，将泄漏管理与安全生产标准化和隐患排查治理工作相结合，积极开展泄漏预防与控制，提高泄漏管理水平。

第三节　化工企业典型事故案例分析

化工企业相对于其他企业来讲，由于生产原料、成品、半成品通常具有易燃易爆危险特性，因而比较容易发生火灾爆炸和人员中毒等事故。导致化工企业火灾爆炸事故、人员中毒事故发生的原因很多，其中就包括对事故隐患排查治理认识不足，隐患长期存在未能及时整改。事故隐患具有发展性、隐蔽性、危害性等特点，如果不能及时排查治理，就有可能转化为事故。在对事故隐患的排查中，要特别注意设备设施存在的隐患，因为此类隐患如果不能及时发现和消除，容易导致重大事故的发生。因此，要采取切实有效的措施，加强安全管理，积极排查治理事故隐患，全力遏制各类事故的发生。

一、设备设施隐患未能及时消除导致的事故

1. 克尔化工公司忽视隐患整改反应釜放料阀着火导致的爆炸事故

2012 年 2 月 28 日，河北克尔化工有限责任公司生产硝酸胍的一车间发生重大爆炸事故，造成 25 人死亡、4 人失踪、46 人受伤。

事故经过：

河北克尔化工公司成立于 2005 年 2 月，年产 10 000 t 噁二嗪、1 500 t 2-氯-5-氯甲基吡啶、1 500 t 西林钠、1 000 t N-氰基乙亚胺酸乙酯等，现有职工 351 人。

该公司一车间共有 8 个反应釜，依次为 1～8 号反应釜。原设计用硝酸铵和尿素为原料，生产工艺是硝酸铵和尿素在反应釜内混合加热熔融，在常压、175～220℃条件下，经 8～10小时的反应，间歇生产硝酸胍，原料熔解热由反应釜外夹套内的导热油提供。实际生产过程中，将尿素改为双氰胺并提高了反应温度，反应时间缩短至 5～6 小时。

事故发生前，一车间有 5 个反应釜投入生产。2 月 28 日上午 8 时，该车间当班人员接班时，2 个反应釜空釜等待投料，3 个反应釜投料生产。8 时 40 分左右，1 号反应釜底部放料阀（用导热油伴热）处导热油泄漏着火；9 时 4 分，一车间发生爆炸事故并被夷为平地，造成 25 人死亡、4 人失踪、46 人受伤。爆炸导致周边设备、管道严重损坏，厂区遭到严重破坏，周边 2 km 范围内部分居民房屋玻璃被震碎。

事故原因分析：

造成事故的直接原因，是河北克尔化工公司一车间的 1 号反应釜底部放料阀（用导热油伴热）处导热油泄漏着火，造成釜内反应产物硝酸胍和未反应完的硝酸铵局部受热，急剧分解发生爆炸，继而引发存放在周边的硝酸胍和硝酸铵爆炸。

造成事故的间接原因，是装置本质安全水平低，工厂布局不合理。装置自动化程度低，反应温度缺乏有效、快捷的控制手段；加料、出料、冷却等作业均需人工操作，现场操作人员多。一车间与二车间厂房均采用框架砖混结构，同向相距约 25 m 布置，且中间建有硫酸储罐。一车间爆炸后波及到二车间，造成厂房损毁和重大人员伤亡。

事故教训：

这起事故的发生，与该企业安全隐患排查治理不认真有直接的关系。2011 年 6 月，国家安全监管总局公布了首批重点监管的危险化学品名录，对重点监管危险化学品的安全措施和应急处置原则提出了明确要求，要求在隐患排查治理工作中将其作为重点进行排查，切实消除安全隐患。但从这起事故的初步调查情况来看，该企业在隐患排查中，没有发现生产工艺所固有的隐患和变更生产原料、提高导热油最高控制温度等所带来的安全隐患。因此，事故单位要深刻吸取事故教训，进一步抓实隐患排查治理工作，举一反三，防微杜渐，切实加强危险化学品安全管理，进一步加大安全隐患排查治理力度，持续深入做好隐患排查治理工作，并加强监督检查。

2. 中升药业公司管理存在隐患，固体光气分解泄漏导致中毒事故

2012 年 4 月 18 日 19 时 30 分左右，安徽中升药业有限公司二车间发生一起中毒事故，造成 3 人死亡、4 人受伤。

事故经过：

安徽中升药业有限公司成立于 2007 年 8 月，现有员工 118 人。事故发生在二车间，原设计为年产 10 t α-溴代对羟基苯乙酮生产线，设备于 2011 年年底安装完工，由于产品市场

原因尚未进行试生产。2012 年 3 月，该公司因急于生产尼卡巴嗪产品，自行决定对二车间 α-溴代对羟基苯乙酮生产工艺装置系统进行改造，增加了固体光气配料釜等装置。2012 年 4 月 18 日，该公司在进行第二次试制尼卡巴嗪送检样品时发生了中毒事故。

4 月 18 日 19 时 30 分左右，生产现场人员听见配料釜投料口处发出类似汽车轮胎爆裂声，随后大量微黄色气体冒出，现场人员立即由二层平台跑向三层平台关闭蒸汽阀门，随后跑离现场至二车间外真空泵旁；现场其他人员先后跑出二车间，在撤离过程中不同程度吸入光气。这起光气中毒事故共造成 3 人死亡，直接经济损失 450 余万元。

事故原因分析：

造成事故的直接原因，一是用蒸汽对配料釜直接加热，致使固体光气在高温下分解成光气并发生泄漏；二是企业非法生产，且生产装置、生产工艺存在安全隐患。

造成事故的间接原因，是企业安全管理存在漏洞。未依法办理安全设施“三同时”安全许可手续，不具备从事产品生产的安全生产条件。企业安全教育培训不到位，未对职工进行有效培训，没有如实告知从业人员作业场所和工作岗位存在的危险因素、防范措施和事故应急措施。

事故教训：

事故单位要认真吸取事故教训，按照相关规定依法取得生产许可，具备从事产品生产的安全生产条件，消除生产装置、生产工艺存在的安全隐患。要做好劳动防护用品和应急救援设施配备并落实员工正确佩戴和使用，要加大对员工的安全教育培训力度，保证培训质量，确保员工达到岗位操作水平要求。要完善应急救援预案和现场处置方案并定期进行演练，提高从业人员安全责任意识和防范事故能力。要按照《危险化学品企业事故隐患排查治理实施导则》，建立隐患排查制度，安排专职人员负责隐患排查工作，发现隐患及时上报并整改，有效防范类似事故发生。

3. 冀南化工公司铜洗塔平台安全设施缺失导致高空坠落事故

2013 年 6 月 13 日下午 15 时 20 分左右，邯郸冀南化工股份有限公司在检修铜洗塔平台时发生一起高空坠落事故，造成一人死亡。

事故经过：

邯郸冀南化工股份有限公司 1993 年动工建设，1997 年 1 月投产，主要业务为生产、销售合成氨、尿素及化工机械制造，现有员工 590 人。

2013 年 4 月 27 日，邯郸冀南化工股份有限公司因市场原因全厂停车，单位大部分人员放假，放假期间放假人员停发工资，单位留用生产骨干 120 人。6 月 13 日下午 14 时 20 分，该公司安排三名员工检修铜洗塔顶部平台、支架，三人更换工作服后到铜洗塔检修。在割除检修用三角支架时，一名员工在寻找安全位置时，不慎从平台缺口处坠落。事故发生后现场人员立即进行抢救，伤者送医院抢救无效死亡。这起事故造成直接经济损失 60 万元。

事故原因分析：

造成事故的主要原因，是铜洗塔顶部平台安全设施缺失，并且没有及时采取相应的防护措施。

事故教训：

事故单位要认真总结和吸取事故教训，依据有关法律、法规和标准立即组织开展一次全面的安全生产检查，及时消除事故隐患。要认真履行安全生产的主体责任，进一步完善和落实安全生产责任制、安全生产规章制度和操作规程，进一步加强对检修现场的安全管理。

4. 兰州石化公司裂解球罐出口管路弯头泄漏导致的爆炸火灾事故

2010 年 1 月 7 日 17 时 24 分，位于甘肃省兰州市的中国石油天然气股份有限公司兰州石化分公司 316 号罐区发生一起爆炸火灾事故，造成 6 人死亡、6 人受伤（其中 1 人重伤）。

事故经过：

兰州石化分公司现有总资产约 340 亿元，员工 2.74 万人，下属 9 个生产分厂，90 套炼化生产装置。这次事故涉及的合成橡胶厂有 10 套生产装置。发生事故的 316 号罐区始建于 1969 年，共有 29 个中间物料储罐，分属于兰州石化分公司石油化工厂和合成橡胶厂。合成橡胶厂负责管理 4 个裂解碳四球罐和 3 个丁二烯球罐，7 个球罐容积均为 120 m^3。石油化工厂负责管理的 22 个储罐中，有 10 个为立式储罐（属压力容器），储存拔头油、丙烯、丙烷和 1-丁烯；另外 12 个为常压立式罐，分别储存碳九、抽余油、加氢汽油等重组分。

2010 年 1 月 7 日 17 时 16 分左右，合成橡胶厂 316 罐区操作工在巡检中发现裂解碳四球罐（R202）出口管路弯头处泄漏，立即报告当班班长。17 时 18 分，当班班长打电话向合成橡胶厂生产调度室报告现场发生泄漏，并要求派消防队现场监护。17 时 20 分，位于泄漏点北面约 50m 的丙烯腈装置焚烧炉操作工向石油化工厂生产调度室报告 R202 所在罐区产生白雾，接着又报告白雾迅速扩大。17 时 21 分，合成橡胶厂 316 罐区当班班长再次向生产调度室报告现场泄漏严重。17 时 24 分，现场发生爆炸。之后又接连发生数次爆炸，爆炸导致 316 号罐区 4 个区域发生大火。

事故发生后，企业和地方消防部门调集 460 余名消防官兵、86 台各类消防车辆迅速赶到现场，展开扑救。由于着火物料多为轻质烃类，扑救十分困难，现场抢险灭火指挥部决定对 4 个着火区实行控制燃烧，同时对周边罐采取隔离冷却保护措施。大火直到 9 日 19 时才基本扑灭。事故造成企业员工 6 人当场死亡、6 人受伤（其中 1 人重伤），316 罐区 8 个立式储罐、2 个球罐损毁，内部管廊系统损坏严重。

事故原因分析：

造成这起事故的主要原因，是裂解碳四球罐（R202）内物料从出口管线弯头处发生泄漏并迅速扩大，泄漏的裂解碳四达到爆炸极限，遇点火源后发生空间爆炸，进而引起周边储罐泄漏、着火和爆炸。

事故教训：

事故单位要加大投入，采用先进科学手段，加快本质安全化改造，全面提升危险化学品储罐区等重大危险源的安全监控水平。要对在用的老装置、老罐区开展一次彻底排查，超过设计年限的压力容器、压力管道，不能满足安全生产需要的，要坚决报废；能够继续使用的，要开展改造升级，使安全设施满足现行安全标准、规范的要求，特别是液态烃、液氯、液氨及剧毒化学品等重点储罐，应按照相关规定要求设置紧急切断阀、装备安全联锁装置。

事故单位要认真做好冬季化工企业安全生产工作。冬季是化工企业、特别是北方化工企业事故高发季节，化工企业要针对冬季安全生产的特点，进一步加强安全生产管理工作。要加强对危险化学品重大危险源和生产装置关键要害部位的安全监控，发现隐患和异常现象及时处理，把事故消灭在萌芽状态。要切实加强生产装置防冻防凝工作。对防冻防凝的重点部位要落实责任，加大检查力度，确保保温伴热措施发挥应有功效，防止因冻裂、冻凝而引发泄漏、火灾爆炸事故。

5. 向阳化工厂基础条件先天不足存在隐患导致的反应釜爆炸事故

2012 年 1 月 4 日 21 点 53 分，浙江省嘉兴市向阳化工厂二氯乙烷车间反应釜发生爆炸事故，并引发火灾，造成 3 人死亡、4 人受伤，直接经济损失约 120 万元。

事故经过：

嘉兴市向阳化工厂成立于 1979 年，生产销售的产品主要有 N，N-二乙基羟胺、对甲苯磺酰胺和 N-异丙基羟胺三个品种。事故发生点是该厂的 4 号车间，为 N-异丙基羟胺的生产车间。爆炸点为 N-异丙基羟胺车间二楼的 30001 带夹套搪玻璃反应釜（以下简称浓缩釜），系筒内化学爆炸。

发生爆炸事故的 4 号车间，生产工艺流程是：三楼操作平台为氧化反应工序，二楼为浓缩精馏成品工序。操作人员在一楼将每桶 140 kg 的二异丙胺分别抽送至三楼的 6 个氧化反应釜中（每个氧化反应釜放入二异丙胺 140 kg），再从双氧水储罐区通过流量器分别给每个氧化反应釜的双氧水高位槽中注入 280 kg 双氧水，并在每个加入二异丙胺的氧化反应釜中加入 15 kg 催化剂，然后通过 8～9 小时的滴加双氧水进行氧化反应，生成 N-异丙基羟胺和丙酮。中间产物转入二楼的浓缩釜，并在加热和真空条件下脱去过量的二异丙胺和水，再用盐酸处理生成 N-异丙基羟胺盐酸盐，经浓缩带水蒸出丙酮，N-异丙基羟胺盐酸盐用碱中和得 N-异丙基羟胺，再经调整浓度得成品。该生产工艺流程中，双氧水是爆炸性强氧化剂，二异丙胺与双氧水的氧化反应为强放热反应，需在二异丙胺过量且冷却条件下滴加双氧水进行反应，正常反应温度在25～30℃，超过40℃则反应过激。

1月4日16时30分，该厂6名员工到4号车间上班，按照分工，3人在该车间的二楼操作平台工作，另外3人在该车间的三楼操作平台工作。21时53分，浓缩釜突然发生爆炸并引发火灾，造成3人死亡、4人受伤，直接经济损失约120万元。

事故原因分析：

造成事故的直接原因，一是滴加过量的双氧水和未反应的二异丙胺等有机物，在二楼浓缩釜中浓缩加温操作条件下发生化学爆炸。二是技术不成熟，在生产工艺组织上，氧化反应自控测量参数设置不全面，操作人员凭经验判断氧化反应终点，未对反应物的消耗情况分析检测，组织工人盲目蛮干，造成氧化剂双氧水转入不具备反应控制条件的浓缩工序。

造成事故的间接原因，是事故车间安全生产条件不具备，未满足安全生产新标准、新要求，基础条件先天不足，且安全生产投入不足，未持续进行整改。老厂区布局不合理，车间自动化程度低，未单独设置自动化操作控制室，致使事故发生时，车间现场操作人员过多，造成伤亡扩大。

事故教训：

事故单位要深刻吸取事故的教训，在企业内开展全面安全隐患排查，对存在的隐患和问题要认真制定整改方案，进行全面彻底整治。要认真落实企业的安全生产主体责任，依法组织生产经营活动。要建立健全安全生产责任制、安全管理制度和操作规程，建立和完善有效的隐患排查治理机制，加强员工的安全教育培训，依法设置安全生产管理机构或配备与企业规模相适应的专职安全管理人员。

二、人员违章作业隐患未能及时消除导致的事故

1. 盛华化工公司乙炔工段维修作业违规操作导致爆炸伤亡事故

2013年1月3日，河北盛华化工有限公司望山产业区氯碱厂乙炔工段5号发生器维修作业现场，发生一起气体爆炸事故，造成1人死亡，1人受伤，直接经济损失80万元。

事故经过：

河北盛华化工有限公司下设氯碱厂、电石厂等6个生产厂，共有员工255人。2013年1月2日22时40分，盛华公司氯碱厂乙炔工段交接班时，中班的人员交代说5号乙炔发生器下料不畅。1月3日零点，一名加料工在给5号乙炔发生器称重料斗加料时，发现称重料斗内的料下不去，随即将此情况报告了班长赵某。赵某去5号乙炔发生器现场进行检查，通过敲击震动的方法未果。赵某将此情况向氯碱厂厂长助理（带班厂长）李某进行了报告。李某到达现场后和赵某一起打开称重料斗与上料斗间的检查孔，发现有一块大倾角皮带横

隔板卡在称重料斗下部碟阀部位，由于处理不慎，皮带横隔板和电石一同掉入了上料斗。2人封好检查孔，关闭了称重料斗下部蝶阀及5号乙炔发生器的正、逆水封，赵某将下料斗氮气置换的阀门打开，对下料斗进行氮气置换，之后2人到DCS控制室进一步商议处理方案。40分钟后，2人又来到了5号发生器现场，赵某关闭了下料斗氮气置换的阀门，2人开始拆上、下料斗间的检查孔盖板，打开检查孔盖板后，为防止皮带隔板再掉进下料斗，2人又找来了扁钢和木棍架在蝶阀下部。1时30分左右，李某指挥控制室打开碟阀后，李某手扶架在蝶阀下部的扁钢和木棍，赵某开始用铁质撬棍捅料。期间又有部分电石掉进了下料斗，发生化学反应，产生乙炔气体并与空气混合，赵某用撬棍继续捅的时候产生火花发生爆炸，造成1人死亡、1人受伤，直接经济损失80万元。

事故原因分析：

造成事故的直接原因，是违章指挥、违规操作。维修作业时，未在下料斗下部伸缩节处加装盲板，未将下料斗与发生器完全隔开；产生乙炔等气体与空气混合，达到爆炸极限，使用铁质撬棍作业产生火花，气体遇火花发生爆炸。

造成事故的间接原因，一是巡查工责任心不强。破碎工序皮带巡查工没有认真履行职责，没有及时发现和分拣出皮带机掉下的横隔板。二是安全培训教育不到位。职工安全知识匮乏，对危险作业的危险性认识不足，安全意识淡薄。三是设备设计不够严密。乙炔发生器称重料斗进料口未设计安装箅子，导致皮带横隔板掉进称重料斗，发生堵塞。

事故教训：

事故单位要认真吸取这起事故教训，举一反三，开展一次彻底的安全生产大检查，保障安全生产责任制、规章制度、操作规程和安全措施切实落到实处，消除事故隐患，杜绝类似事故，防止其他事故，确保安全生产。要进一步加强安全教育与培训，增强目的性、针对性、实效性，牢固树立“安全第一”的理念，认真开展反“违章指挥、违章作业、违反劳动纪律”活动，增强广大员工的安全意识和遵章守纪的自觉性。

2. 宏顺化工原料公司炉火工擅自对管道进行疏通作业导致中毒事故

2013年3月29日，河北省魏县宏顺化工原料有限公司在排除二硫化碳冷凝管道堵塞故障中发生中毒窒息事故，造成3人死亡、2人轻伤，直接经济损失约200万元。

事故经过：

魏县宏顺化工原料有限公司共有南北纵向布置呈一字形的两条二硫化碳生产线。2013年3月29日上午，北炉（北部生产线）自南向北第3个脱硫器至二硫化碳冷却器之间的管道发生堵塞。8时左右，当班炉火工孙某爬上冷却水池池壁（距地面高约1.6 m，水深约2 m），打开堵塞管道疏通口泥土封堵，对管道进行疏通作业，管道中逸出的有毒气体致使孙某中毒昏厥后掉入冷却水池中，技术员张某、炉火工朱某发现后，在呼叫救人的同时，未采取任何安全防护措施上前施救。其他人员听到呼唤后来到现场，在未采取任何安全防护措施的情况下进行救援，均中毒昏厥。这起事故共造成3人死亡、2人轻伤，直接经济损失约200万元。

事故原因分析：

造成事故的直接原因，是炉火工孙某在发现管道堵塞后，没有及时向厂方报告，在未采取任何防护措施的情况下，擅自打开运行中的有毒气体管道疏通口泥土封堵，对堵塞管道进行疏通作业，造成硫化氢、二硫化碳气体大量泄漏，吸入有毒气体后中毒昏厥跌落水池中死亡。现场人员未采取任何防护措施，盲目施救，先后中毒昏厥，致使事故扩大。

造成事故的间接原因，是企业安全培训不足，职工安全意识差，缺乏最基本的专业知识和自我保护能力。

事故教训：

事故单位要深刻吸取此次事故教训，举一反三，坚决贯彻“安全生产，预防为主，综合治理”方针，切实抓好安全生产工作，保障人民群众生命财产安全。要切实加强从业人员的安全培训教育工作，不断提高从业人员的安全意识、自我防护和自救能力。

3. 同辉化工公司系统未有效隔绝违章作业导致的中毒窒息事故

2011年4月21日，山东晋煤同辉化工有限公司在检修过程中，发生中毒和窒息事故，造成1人死亡、2人受伤。

事故经过：

山东晋煤同辉化工有限公司成立于2009年11月，是拥有13万t氨醇、2.5万t甲醇、18万t尿素生产能力的中型氮肥企业，现有职工530余人。

2011年4月18日，同辉化工有限公司开始停车检修。4月21日6时30分，工人进入旋风除尘器内部作业。8时左右，在设备顶部作业的工人发现一名设备内部作业人员趴在用于作业临时扎制的架子上，呼唤没有反应，便立即报告。在等待救援的过程中，另2名人员也出现中毒症状。现场人员将在设备内部作业的人员救出后紧急送到医院，伤员经抢救无效死亡；另2名人员受伤。

事故原因分析：

造成事故的直接原因，是因为旋风除尘器与气柜之间未做有效隔绝，气柜进口水封排水阀打开，水封水位下降后，气柜内的惰性气体通过进口水封倒流进入旋风除尘器，从而导致设备内部作业人员发生中毒和窒息。在施救过程中，由于救援措施不当，又有救援人员出现轻微中毒现象。

造成事故的间接原因，是企业安全管理混乱，执行规章制度不严格，进入旋风分离器内部作业的2名人员未办理“受限空间安全作业证”。作业时，设备与系统未进行有效隔绝。

事故教训：

事故单位要吸取生产安全事故教训，组织员工加强事故案例的学习，吸取事故的教训，结合企业自身的实际，查找存在的各类安全隐患和人的不安全行为，采取切实可行的措施，防范事故的发生。要加强对安全作业规范的培训。在检修时严格按照煤气安全管理的规定，做好系统置换、系统与检修设备的有效隔绝和检修设备的通风，制定检维修方案和作业指导书，完善应急救援措施，制定应急处置方案，落实应急救援人员，根据作业环境，配备便携式可燃气体检测报警仪、便携式有毒气体检测报警仪、便携式缺氧检测仪、空气呼吸器、移动式长管呼吸器、长管式呼吸器、送风式长管呼吸器、防护服和梯子、绳缆、氧气袋、可靠的通信工具等必需的安全防护器材和应急救援器材，在检维修前组织员工学习安全知识和应急处置的知识，做到一旦发生紧急情况后救援得当。

4. 华瑞煤焦化工公司气割作业习惯性违章导致高处坠落事故

2014 年 4 月 25 日，秦皇岛华瑞煤焦化工有限公司一期沥青高位槽发生高处坠落事故，事故造成 1 人死亡、2 人受伤，直接经济损失 150 万元。

事故经过：

华瑞煤焦化工有限公司成立于 2005 年，现有职工 195 人，主要从事蒽、轻油、洗油、萘、煤焦沥青、杂酚的生产和销售等。

2014 年 4 月 25 日 8 时，华瑞公司安排 7 名机修人员对公司沥青高位槽烟气回收管道进行维修。7 名维修人员先将与烟气回收管道连接的法兰拆解下来，并对作业部位烟气管道用蒸汽进行了吹扫。11 时左右吊车就位后对沥青成型机烟气回收管道完成吊装准备工作，此时 3 名维修人员登上沥青高位槽（距地面 8 m）顶部，对沥青成型机烟气回收管道与主工艺管道连接部位进行气割拆离，气割中作业点下方的 3 号高位槽内突然爆燃，将 3 号槽罐顶铁板扯裂并沿烟气回收管道引燃 150 m 外闪蒸油罐。1 名员工被抛起距罐顶 3 m 后落回地面沥青冷却池边，另外 2 人被罐顶的护栏拦住，先后顺沥青成型机烟气回收管道逃离现场。事故造成 1 人死亡、2 人受伤，直接经济损失 150 万元。

事故原因分析：

造成事故的直接原因，是沥青烟气管道盲板加装位置不恰当，导致动火作业点相关的 3 号高位槽未与焦油工段切断。当对烟气管道进行气割作业时，有火花飞溅到有爆炸性混合气体的 3 号高位槽内，引发爆燃。

造成事故的间接原因，一是企业安全培训教育工作落实不到位，职工安全意识淡薄，对作业现场存在的危险性认识不足，未严格遵守操作规程，存在习惯性违章违规行为。二是现场指挥人员、技术人员作业现场安全管理工作不到位，企业对维修作业现场的安全管理检查不到位，没有及时发现作业中存在的安全隐患。

事故教训：

事故单位应认真吸取这起事故的教训，严格执行《化学品生产单位动火作业安全规范》，严格执行一点一证制度，动火过程中作业点改动必须及时补开作业证，严禁私自增加和改动作业点。要严格落实企业安全培训教育工作，尤其是班组的日常安全教育培训，加强对作业现场的危险因素辨识和作业中的遵章守纪教育。在进行危险作业前，单位主管安全技术的领导应组织所有参加危险作业的人员，进行作业风险分析和评估。

5. 上海浦三路油气加注站检修施工违章作业导致储罐爆炸事故

2007 年 11 月 24 日，上海市浦三路某油气加注站，在停业检修时发生液化石油气储罐爆炸，事故造成 4 人死亡、30 人受伤，周围建筑物被破坏。

事故经过：

该油气加注站共有 10 m^3 液化石油气储罐 3 个、20 m^3 汽油储罐 2 个、15 m^3 汽油储罐 1 个、15 m^3 柴油储罐 1 个，以上 7 个储罐均为埋地罐。该油气加注站主要经营车用液化石油气、汽油、柴油。

2007 年 9 月，在安全检查中发现浦三路油气加注站存在安全隐患，于是浦东销售中心与上海太平洋燃气有限公司签订工程承包合同，将检修工作委托给太平洋公司负责，太平洋公司又转包给没有压力管道施工资质的上海威喜建筑安装工程有限公司。计划检修项目为油气加注站管道刷油漆防腐、更换紧急切断阀、校验安全阀。

2007 年 10 月 12 日，油气加注站暂停营业，进行检修。同日，威喜公司用 10 瓶氮气分别将 1 号、2 号储罐内的剩余液化石油气物料压到槽车内，进行退料，至储罐液位表到零位后结束，但没有对液化石油气储罐进行置换。

11 月 7 日，施工人员按合同内容开始对管路进行除锈、刷漆。11 月 14 日，浦东销售中心变更工程项目内容，在原有合同的基础上增加了更换系统管道的内容。11 月 22 日，管道全部更换完毕。

11 月 23 日 15 时，上海威喜建筑安装工程有限公司违反压力管道试压规定，擅自用压缩空气气密性试验代替对新更换管道的压力试验，并确定管道系统气密性试验压力为 1.76 MPa。在没有用盲板将试压管道与埋地液化石油气储罐隔离，且在储罐的液相管道阀门和气相平衡管阀门处于全开情况下，用空气压缩机将试压管道连同埋地液化石油气储罐一起加压至 1.2 MPa，保压至 24 日上午。24 日 7 时 10 分，继续升压。7 时 40 分，焊工进行液化石油气管道防静电装置焊接作业。7 时 51 分，当将第 3 只单头螺栓焊至液化石油气管道气相总管，空压机加压至 1.36 MPa 时，2 号液化石油气储罐发生爆炸，罐体冲出地面，严重损坏，其余两个埋地液化石油气储罐受爆炸冲击，向左右偏转，造成液化石油气罐区全部破坏，爆炸形成的冲击波将混凝土盖板碎块最远抛出 420 m。

事故造成 2 名作业人员当场死亡，30 名附近居民和油气加注站旁边道路上行人受伤，其中 2 名伤势严重的行人在送往医院途中死亡，周边约 180 户居民房屋的玻璃不同程度损坏，12 家商店和 70 余部车辆破损。

事故原因分析：

造成事故的直接原因，是在进行管道气密性试验时，没有将管道与埋地液化石油气储罐用盲板隔断，液化石油气储罐用氮气压完物料后没有置换，导致液化石油气储罐与管道系统一并进行气密性试验，罐内未置换干净的液化石油气与压缩空气混合，形成爆炸性混合气体，因现场同时进行电焊动火作业，电焊火花引发试压系统发生爆炸。

造成事故的间接原因，一是层层转包，太平洋公司承接检修工程项目后，又将检修工程转包给没有相关施工资质的上海威喜建筑安装工程有限公司。二是没有按照安全检修要求对检修管道和设备内的气体进行置换，擅自用气密性试验代替管道的压力试验，在管道气密性试验时，没有将管道与液化石油气储罐用盲板隔离。三是安全意识差，在油气加注站的检修过程中没有执行动火有关规定，在没有动火许可证的情况下擅自动火，从而引发事故。

事故教训：

事故单位要提高企业管理人员的安全意识，加强对各类从业人员的安全培训，掌握与工作相关事故的处置技能和防范措施。企业必须强化各项安全管理规章制度的落实，严格岗位安全操作规程，坚决制止违章指挥、违章作业行为。

事故单位要加强危险场所直接作业环节安全管理，尽量避免交叉作业，建立和完善拆装盲板、动火、进入受限空间等危险作业安全管理制度和操作规程，明确作业流程和审批制度。加强装置局部停工检修安全管理，作业前要明确现场安全负责人，做好安全检修方案和安全技术交底，开展作业危害识别和风险评估，制定切实可行的安全防范措施并认真予以落实，交付检修前要进行安全条件确认。作业过程中要加强现场的监护和安全检查。

第四节　化工企业班组事故隐患排查治理做法

对于化工企业来讲，排查治理事故隐患是预防事故发生的重要手段，同时也是安全工作的重点之一。安全来自防范，事故源于隐患；只有消除隐患，才能消灭事故。班组是企业的细胞，班组安全是企业安全的基础。要做好事故隐患排查治理工作，就必须抓好班组这个最基层、最基础的单位，班组事故隐患排查治理工作做好了，企业的安全才能有保障。

下面介绍一些化工企业班组做好事故隐患排查治理工作的做法。

一、电解换膜调整班做好现场管理及时消除事故隐患的做法

内蒙古兰太实业股份有限公司位于内蒙古阿拉善经济开发区，主要从事制盐、盐化工、生物制药、矿产资源开发，公司拥有世界产能最大的4.5万t/年金属钠生产线、全国产能最大的16万t/年氯酸钠生产线等。现有员工4 700余人。

内蒙古兰太实业公司所属泰达制钠一厂换膜调整班组成立于2010年，现有19名员工，主要是为电解槽的正常运行保驾护航，确保电解工艺稳定运行。班组自成立以来，先后获得集团公司先进班组、内蒙古自治区质量信得过班组等荣誉称号。

1. 完善班组安全生产制度，并严格执行

电解换膜调整班组工作在生产一线，与电解槽零距离接触，要忍受高达600℃的高温作业，稍不留神就会造成烫伤。因此，该班组根据生产作业情况，逐步修订、补充和完善了18项班组安全生产规章制度，用规章制度约束班组人员的行为，从而保证按照规章制度操作，避免发生事故。

该班组所制定的安全生产规章制度主要有：班组长安全生产责任制、班组兼职安全员安全职责、班组成员安全生产责任制、班组安全教育培训制度、班组交接班制度、班前班后会制度、班组安全举报制度、班组安全设施日常检查维护管理制度、班组安全互保制度、班组现场安全文明生产制度、班组安全生产奖惩制度、班组巡检制度、班组安全学习活动制度、班组安全检查制度、班组事故报告和处理程序、班组安全隐患治理管理规定等。规章制度的制定，使班组安全管理规范化，并以制度来约束、规范、细化、量化班组工作，使班组建设工作做到有章可依，有据可查，以制度、规范来保障和促进班组建设工作安全、健康、持续发展。

该班组还完善了班组安全生产目标控制、考核激励机制，把安全生产控制目标层层分解落实到班组成员，实行班组安全生产目标考核制度，严格考核奖惩，将安全生产作为评优评先、效益工资分配的“一票否决”指标。主要内容有：

（1）结合公司员工绩效考评，合理签订员工月度目标卡，明确目标卡中安全指标所占的权数，并且依据实际完成情况给予兑现。

（2）结合《内蒙古兰太实业股份有限公司安全生产奖惩办法》和《事业部贯彻（内蒙古兰太实业股份有限公司安全生产奖惩办法）的实施细则》，公平、合理地做好激励工作。

通过以上制度的实施，员工“安全第一”的思想认识加深了，安全意识增强了，安全防范也落在实处，几年来，该班组无一例事故发生。

2. 加强组员安全教育培训，强化班组安全文化建设

该班组在安全管理上，针对班组新员工对安全的认识不到位，主观上对于自己的要求不够严格，没有树立“安全第一”的思想等问题，积极开展班组安全活动。

(1) 由班组长每个月组织两次安全学习，认真学习公司下发的各类文件和相关制度，并将以往或类似岗位发生的具体案例作为关键内容进行学习。通过学习安全警示教育长廊事故案例，让大家深刻体会到违章作业给家庭、公司带来的极大痛苦。

(2) 对新入厂员工或转岗人员严格进行上岗前安全教育培训和验证，考试合格者方可上岗操作。

(3) 发动班组成员积极参与应急预案培训演练，以提高应对突发事故的能力，有效提高了员工安全生产技能。

(4) 积极开展安全生产月活动，在休息室粘贴宣传画报，营造安全生产氛围。

(5) 在班组安全学习时，班组长不定时进行指导帮助，跟踪督促，有步骤地组织班组安全活动，并要求活动必须达到有形式、有内容、有记录，并收到好的效果，让班组每个成员都能从中有所收益、有所启发，能够将所学运用到实际工作中。

3. 做好现场管理工作，将安全隐患消灭在萌芽状态

该班组为了做好现场管理工作，每天定时进行岗位巡检工作，并做好检查记录，发现问题隐患及时报告，及时处理，班组长及班组安全员在上班期间督促操作人员严格遵守操作规程，及时佩戴相应的防护用品，发现问题及时纠正，预先将安全隐患消灭在萌芽状态，有效地预防了安全事故的发生。

(1) 严格落实班前班后会制度，把开好班前会作为现场管理的第一道程序，针对每一个环节，每一个岗位，布置好当班安全生产和各岗位应协调处理的事项，明确工作中应注意的问题并识别不安全因素，落实并补充相应的防范措施。班后会针对当日工作中的操作细节、疑难问题、工作经验等进行沟通、交流。

(2) 充分发挥全员监督作用，要做到班组长不违章指挥，组员不违章作业、不违反劳动纪律，做到治之于未现、防患于未然。

(3) 加强隐患排查治理工作，抓好工作现场隐患排查。班组每周组织一次隐患排查，将所查到的安全隐患整改落实到责任人并有整改记录和反馈单。不定时对组内人员的安全操作规程执行情况和事故应急预案情况进行提问或抽查。

(4) 严格执行九大类作业安全规程。为了保证班组换膜工作安全有效地进行，首先严格执行九大类作业安全规程，使班组成员人人掌握辨识危险、有害因素的能力，促使员工规范操作，上标准岗，干标准活，通过签发相关作业票，把安全工作放到首位，为换膜工

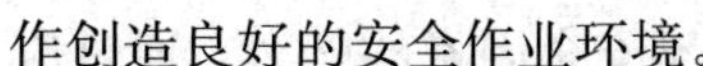

作创造良好的安全作业环境。

二、电解乙班强化班组安全管理让员工改变违章动作的做法

中盐吉兰泰盐化集团是国家西部一个重要的原材料工业基地，拥有 200 多 km^2 的盐湖，盐的总储量达 2 亿 t 以上，并有丰富的芒硝、石膏、花岗岩、绒毛等资源，产品涉及盐、盐化工、盐田生物、建材、绒毛纺织、医药等多种产业，是一家依托资源优势、科技优势、管理优势发展起来的大型企业集团。

中盐吉兰泰盐化集团氯碱事业部烧碱分厂电解乙班成立于 2007 年，现有员工 10 人，主要负责电解工序生产工作。电解工序是烧碱厂的核心工序，该工序分为二次盐水、电解、脱氯三部分，其中盐水与水在电解槽中进行电解，产出碱、氯气、氢气，并送往下游工序，通过脱氯塔真空脱氯等程序，生产出产品。因此，该班组每天要面对氯气、氢气、盐酸、液碱等危险化学品，需要预防氯气泄漏、燃烧爆炸等意外事故。在这种条件下，该班组通过有效开展安全管理标准化建设活动，让员工彻底改变习惯性违章动作，保证了生产作业安全。连续数年事故为零，职业健康体检率 100%，隐患排查治理率 100%，重点工作完成率 100%。先后获得“百日安全无事故先进集体”“氯碱事业部先进班组”等荣誉称号。

1. 创建安全管理班组，让员工行为进入遵章守纪的轨道

该班组在生产作业中，通过创建安全管理班组，让员工行为进入遵章守纪的轨道，具体采取的措施如下：

（1）加强人员管理，提高员工素质。该班组发扬本班组勤奋学习的风气，努力把员工的专业技术、安全培训工作落实好，每个月制订完善的学习培训计划，每个轮班组织岗位人员针对专业知识学习一次，每个月进行安全教育培训学习两次，每个月对法律法规、其他公司的经验和做法进行交流研讨，每个季度组织一次应急演练，并在每天交接班时与交接班人员对岗位工作经验进行讨论。积极参加事业部分厂的培训教育，逐步提高班组人员的专业技术和事故处理能力，有效提高了班组的管理水平。针对新进员工，采取岗前培训师带徒方式，培训合格方可安排独立上岗。

（2）提升学习能力，树立持续学习理念，营造技术创新氛围。该班组老员工比较多，通过学习交流活动，让老员工把多年来实践中的宝贵经验展示出来，毫无保留地与新员工进行交流和分享。每轮班定期学习班组建设方面的安全知识和岗位操作技能，人手一本笔记本，每次会议结束后都要记录自己学到和领悟到的内容。将领悟出来的内容共同分享，有新的想法说出来共同研究可行性，一方面努力提高了班组成员的思想觉悟、理论文化水平和业务操作技能；另一方面加强了安全教育培训。班组坚持以人为本，以现场为阵地，

以管理为重点，注意引导班组成员从思想上、行为上提高控制不安全因素的能力。通过应急器材“大比武”、事故演练等多种手段提高班员的技能水平和安全意识，形成了学习工作化、工作学习化的良好氛围。

(3) 开设安全小讲堂，人人争当小老师。该班组推行安全小讲堂的学习形式，让班组成员个个站在讲堂上讲安全、讲工艺流程，让班组的每个人既当老师又当学生，改变了以往由班组长唱“独角戏”的学习方式，班组的安全学习氛围变得活跃起来。为了讲好一节课，人人都要认真选题，查找资料，大家备课、讲课的积极性有了很大提高。在台下听100次不如上台讲1次。通过进行班组安全小讲堂活动，使得班组成员对安全知识的学习不再感到枯燥乏味，同时安全知识掌握得更扎实了。

(4) 认真组织班组员工学习公司的各项安全管理规定，将安全工作规范化、制度化。定期进行隐患排查工作，及时制定有针对性的整改措施并限期整改。定期召开安全经验分享会，学习安全生产法律法规。明确了班组长和班组成员的安全职责和安全管理工作分工。

2. 加强班组民主管理，构建和谐班组

加强了班组民主管理，构建和谐班组，从而促进了班组安全生产。

(1) 加强班组民主管理，重视班组全员参与。班组建设不仅仅是班长一个人的事情，更是班组全体成员的事情，必须充分调动班组成员的积极性，使班组成员以集体之荣为荣，以集体之耻为耻，从而使班组成员保持积极向上、主动自发的工作热情。该班将班组建设工作分解，落实到班组的每个成员身上，实行责任考核制度，使每个人参与到班组建设当中，如设立班组“三大小组长”“五大员”，使班组成员人人有事做，调动每个成员的积极性。

(2) 构建和谐班组，共建温馨家园。该班组在岗位上设立了小药箱，长期备有硼酸软膏、藿香正气水等，以便不时之需。更为岗位上员工提供免费学习资料。得知大部分员工都离家比较远，该班组还建立了员工生日温馨祝福记录。员工困难帮扶记录。哪位员工过生日，班组都会送上温馨的祝福，每当员工家中有困难，班组都会伸出援助之手，使员工能够感受到家的温暖和关爱。该班组在工作中做到“六个必到”：一是员工生病住院必到，二是员工婚丧嫁娶必到，三是员工之间产生纠纷必到，四是逢年过节慰问必到，五是员工家中有困难必到，六是员工做出成绩时必到。从而形成一个班组关心人、理解人、帮助人、激励人的氛围，增强了队伍的凝聚力，使班组成为一个和谐温馨的大家庭。

(3) 营造安全文化氛围，让员工知道什么事情该用什么方式去做，该怎么做才最安全。该班组采用教育、指导、培训的方式，使员工形成“做人尽职尽责、做事尽善尽美”的思想理念，进一步树立“安全生产第一、质量环保第一、技能培养第一”的意识，落实岗位责任制，做到班组“三大小组长”“五大员”分工明确，岗位员工职责清楚。同时通过推行

标准化作业程序，从理论知识培训、现场操作示范、工序流程施工、质量验收回访等环节入手，全面推行标准化、程序化操作，提升整体操作人员标准化意识。

（4）做好班组活动计划，按期开展班组活动。该班组针对生产作业中可能出现的意外情况，加强对员工的能力培养，开展班组小讲堂、灭火器材比武、民主生活会等活动，提升员工安全生产水平和应急处置能力。

3. 完善班组安全管理制度，严格执行操作规程

该班组在日常工作中，不断完善班组安全管理制度，严格执行操作规程，使班组员工成为遵章守纪的人。

（1）加强班组管理，致力于规章制度的落实。“没有规矩，不成方圆”，该班组针对生产作业状况，结合生产实际，对班组的规章制度予以汇总，不断健全和完善，建立了如《烧碱厂电解工序应急预案》《交接班制度》《安全生产制度》《安全生产三字经》《巡检制度》《烧碱厂 6S 管理制度》等，使规章制度真正起到指导实际工作的作用。同时加强规章制度的落实，强化监督力度，对违反规章制度的行为，将依照《烧碱厂奖惩制度》从严处罚，决不姑息迁就。

（2）根据实际需要，不断完善安全管理制度。近年来，该班组根据生产作业的需要，不断完善班组规章制度，例如制定了《安全举报制度》《班前班后会制度》《班组安全互保制度》《交接班制度》《班组安全检查制度》《班组设施与设备检修和日常维护制度》《班组现场安全文明生产制度》《班组巡检制度》《班组隐患排查治理规定》等，对安全生产发挥了积极的作用。

（3）严格执行企业安全规章制度和操作规程，规范职工操作行为，遏制习惯性违章，将事故消灭在萌芽状态，防止事故的发生。

三、连续重整车间二班实施不间断巡检消除安全死角的做法

中国石化股份有限公司齐鲁分公司炼油厂地处山东省淄博市临淄区，是有着 47 年历史的老炼油基地，拥有常减压、催化、焦化、连续重整和高中低压多套装置。装置连续性生产，介质高温高压、易燃易爆，特别是近年来加工高硫高酸重质劣质原油，使得设备防腐要求加剧，生产风险增大。

齐鲁分公司炼油厂连续重整车间二班组建于 2000 年 2 月，现有成员 14 名，平均年龄 40.5 岁，实行五班三运转。该班组根据生产实际情况，设反应、分馏、反再、预处理、设备五大岗位。该班组在管理上精益求精、人员上团结合作、生产上保质保量、安全上一丝不苟，从而形成了安全、团结、奋进的班组文化，得到上级领导和全厂职工的肯定，曾获

厂“学习型班组”“先进班组”、公司“工人先锋号”等荣誉称号，2013 年获厂“安全管理标准化示范班组”荣誉称号。

1. 全面提升风险防范意识，完成班组安全闭锁管理

该班组针对生产实际，全面提升班组员工风险防范意识，完成班组安全闭锁管理。

（1）开展风险排查和安全讨论活动，营造互相学习的氛围。该班组结合生产作业中遇到的问题，组织班组员工开展“全员风险排查，安全生产讨论”活动，查找身边设备设施、工艺流程和岗位操作中存在的危险点源，通过员工的亲身参与，让每名员工都清楚自己的身边有哪些安全隐患，知道如何预防和控制。通过开展安全经验分享，吸取事故教训，获得安全警示，进而规范自身的行为。这种人人亲自讲安全活动的开展，使“想安全、能安全、会安全”成为岗位员工的思想共识和自觉需求。

（2）组织开展人人轮流当安全员活动。在班组，每位职工既是生产者又是安全管理者，用“我是安全员”活动带动安全主动性，完成班组安全闭锁管理。由班组人员轮流当值“安全员”，带领班组人员进行安全学习、安全喊话，学习安全制度、安全生产禁令等，对各项施工作业进行全面安全监管。班组职工熟知安全规章制度，熟练掌握安全操作法，严格按照标准作业卡实施现场作业。

（3）在班组中推行结对子，加强新入职员工的传帮带，并利用日常考核与现场实际操作相结合，把安全操作深入实际生产。每周开展一次班组安全例会，建立安全台账，保证字迹工整，记录长期保存。严格班组区域管理，坚持每周一次区域工艺、设备卫生清理，维护好所辖区域安全消防设施，对存在的问题做到及时汇报。

2. 实行 24 小时不间断巡检制度，消除安全死角

该班组的工作性质，决定了班组员工必须实行 24 小时不间断巡检制度，清除安全死角，保证生产安全。

（1）实行 24 小时不间断巡检制度，严格按照操作规程的规定执行。该班组要求员工在巡检时，要带齐几类工具，一是专业用具，如听诊器、扳手等，做到随时检查设备运转状况，及时处理常规问题。二是报话机、记录本等，做到室内外随时沟通，及时对比现场参数和远传仪表是否一致。三是安全器具，如报警仪、防护口罩等，做到看不见的隐患及早检测到，看不到的伤害及早防护到。该班组还对五个岗位班员巡检时间进行了优化，合理安排巡检时间和巡检间隔，时间分为单点和双点，当班期间全时段严格管理。班组人员每小时巡检一次，岗位之间岔开，确保每时每刻现场有人，每时每刻隐患能够被发现，每时每刻问题能够得到处理，每时每刻安全生产得到保证。

（2）现场作业坚持两卡制，即“标准作业卡”和“标准监护卡”，这是安全生产和检查

维修安全管理的科学工具。职工在进行机组切换、流程更改等作业时，严格按照“标准作业卡”，一步一确认，一步一签字，严格按照规定动作进行，实现了“傻瓜操作”，避免了误操作事故的发生。职工在现场作业监护时，严格落实“标准监护卡”，从作业票到每个细小的动火作业都认真把关，明确落实看火标准，真正变“看火”为“看活”，为实现现场施工的高质量保驾护航。该班组还坚持班前安全提醒，班后安全总结，作业前做好风险辨识，确保作业票证齐全，积极查找装置隐患，特别是安全死角，互保联保，坚持工完场地净，保持作业现场整洁有序、文明卫生。

(3) 熟练掌握岗位异常情况应急处理措施，为安全建言献策。该班组要求员工熟练掌握岗位职业危害防护的基本知识，定期完成安全培训和安全答题，每月组织一次应急演练活动，桌面演练与实际演练相结合，让岗位职工熟练掌握岗位异常情况发生时的应急处理措施，做到心知肚明。利用合理化建议平台，积极发挥职工的聪明才智，为安全建言献策，针对装置问题进行分析，提出解决方案，实现本质安全。扩展合理化建议范围，不仅节能降耗、技术改进属于合理化建议，现场“低老坏”问题也纳入合理化范围，压力表损坏、平台栏杆有问题、玻璃板看不清等影响装置安全运行的问题纷纷提了出来，提高了职工查问题的积极性。2013 年班组职工共提出 16 项建议，对车间提升技术经济指标、整治“低老坏”、保障安全运行起到了非常好的作用。

3. 积极吸取事故教训，参与隐患排查整改

该班组在生产中，积极开展了“安全故事会”活动，即以职工讲安全故事的形式开展安全班组日活动。特别是在学习了“11.22”黄岛输油管线爆燃等重大事故后，职工积极吸取事故教训，参与隐患排查整改，提高了安全风险意识，更加深刻认同“安全第一”的理念。

除了日常常规巡检，班组还制定了定期的隐患排查制度，每周例行周检，对班组责任区进行二次包干分配，将隐患排查进行到极致。

四、动力车间变降二班排查事故隐患消除不安全因素的做法

中盐湖南株洲化工集团有限公司是湖南最大的基础化工企业，下辖诚信、永利两大子公司，员工总人数达 5 390 人。变降二班是中盐株洲化工集团下属动力厂电气运行班组，下设总降岗位和变流岗位。主要负责全厂变压器的电压调节，部分电力还需要通过整流装置将交流电变成直流电，供离子膜电解槽电解盐水用。

1. 面对生产作业危险，创出班组安全业绩

变降二班在生产作业中所面对的主要危险有：操作开关、隔离开关误操作时，容易造

成短路起火、电弧伤害事故；误入带电间隔或带电区域，容易造成触电死亡事故；设备巡检时误碰带电设备，容易造成触电死亡事故；电气设备缺陷容易造成起火爆炸事故；行走时遇汽车、火车有可能发生车辆伤害事故；工具、用具缺陷有可能引起触电事故；突发恶劣环境、泄漏等有可能造成中毒事故；进入受限空间、进行登高作业等有可能造成中毒窒息、高处坠落等事故。

面对各种危险，该班组迎难而上，全班组员工在工作中严格执行电气倒闸操作制度，实行值长负责制，坚持唱票复诵制；严格办理电气工作票，看清工作区域，做好设备“五防”措施，警示标志和报警装置齐全；严格执行电气巡视检查制度，穿戴好防护用品，两人一起，保持电气安全距离，带电区域派专人监护，设置遮拦，挂警示牌；高处作业时要求注意力集中，系好安全带，对绝缘工具、移动式用具等定期检验，专人管理，使用前认真检查；禁止使用明火，电气用具等必须为防爆型；遵守电气操作规程和《电业安全工作规程》，熟悉电力系统和现场情况，经常开展预案演练，提高自我保护能力，做到自爱自保，互爱互保。

近年来，该班组以安全生产的优异成绩，多次被公司评为“模范职工小家”“安全模范班组”，曾获得“文明建设优秀班组一等奖”。

2. 明确岗位职责，严格执行制度、规程和标准

该班组在作业中，根据本班组的具体情况，明确岗位职责，严格执行制度、规程和标准。

（1）不断完善和优化岗位与职责。该班组对现有的规章制度、实施措施、达标标准和考核细则进行完善，在2013年年初，班组与工序、厂部签订安全生产责任状、承诺书，在第一次召开安全班组活动会上，班员也与班组签订安全生产责任状、承诺书，建立了安全台账，邀请厂部及工序主管安全方面的领导参加，讨论并通过了适合本班组的安全管理制度，制度规定，班组长为安全主要负责人，负责该班组的安全生产工作并督促班组成员开展安全教育活动，班员则要遵守班组的各项安全规章制度和操作规程，听从班组长的工作安排，并有权制止他人的违章行为。该班组还结合公司“三大纪律”与现场整顿活动，大力营造本质安全型员工和本质安全型班组的气氛，使安全工作充满生机和活力。

（2）严格制度、规程和标准，纠正各种违章操作。该班组认真执行各项规章制度，确定“学习创新，团结奋进，不断超越自我，争创‘五型’班组”的班组愿景。编写了层层负责的操作规程与步步明确的作业标准，严格执行倒闸操作票制度和监护复诵制度，操作票需经三重审核才能进行实际操作，保证了操作设备与人员的安全。工作中，该班组严格执行电气巡视检查制度、电气倒闸操作制度和唱票复诵制度，遵守电业安全工作规程，严格按照接到调度命令“开出倒闸操作票——多方审核无误签字——执行操作票——双方现

场检查安全措施执行情况”这一标准程序执行，严格遵守倒闸操作前、后的“三核对”，从2010年至今，共完成电气倒闸操作22 000余次，无一出现差错。

（3）让每一位组员都参加教育培训，不断提高员工的技术水平。该班组按照年初制定并实施的班组安全教育与培训计划，开展新进班或转岗人员的岗前三级安全教育和“四新”安全教育培训，坚持每月两次的班组安全会，并要求管理人员参加，提高全员的安全意识和安全技术水平。利用事故案例展示栏、安全黑板报、安全文化长廊等多种形式宣传安全；大力开展“安全生产月”活动，定期组织班员进行消防安全现场演练和针对关键装置、重点部位等电气事故预案演练，及时进行总结评比和效果评价。在业余时间，班长带领班员跟着专业技术人员学习安全操作技能，平时只要电气设备运行当中出现了故障，主动查找问题所在，将主要设备和现场出现的常见缺陷汇总，与专责技术员配合，有针对性地组织学习和分析，将理论知识和实际工作有机地结合起来，并通过现场技术问答、现场质量考评等方式，使全员安全操作技能和维修工艺质量得以提高，逐步形成了互相学习、共同进步的良好氛围。

（4）健全安全管理台账，做好设备与设施的巡检。该班组建立健全了完善的班组安全管理台账、运行记录台账、各类票证台账、检修操作台账等，专人负责，记录及时、准确、清楚，内容齐全，保存完好；利用班组安全活动对工作任务管理台账进行分析、总结，查找问题，提出改进措施。该班组还非常注重电气设备巡视检查工作，及时发现设备安全隐患。对照安全标准化的要求，制定了设备安全检查表，在公司开展的安全大检查活动中查出了10余条安全隐患，其中重大隐患2条，并及时进行了处理，确保了电气设备的安全运行和公司生产的稳定。对管辖设备区域和设备表面定期清扫，保证清洁、干燥，设备标识和警示标志齐全、清楚，柜内无杂物，设备分工责任到人，只要设备停电就马上对开关、瓷瓶、套管、电缆头等进行清扫，防止设备接地、短路事故的发生。

3. 排查事故隐患，加强危险辨识，消除不安全因素

该班组在生产中，特别注意排查事故隐患，加强危险辨识，消除不安全因素。

（1）制定班前、班后会标准内容。该班组制定了班组安全学习计划，充分利用班组班前/班后会、班组安全活动日、安全生产月活动等契机开展各种形式的安全教育，总结工作得失，学习安全规程。坚持利用班后会，对现场作业安全风险、控制措施执行情况进行分析、总结，提出存在问题及如何改进，让每位员工都能从中得到提高。

（2）加强危险辨识、作业行为的管理与控制。该班组建立了危险源辨识台账，将工作中存在的危险因素、可能导致的事故和有可能伤到的人员逐一记录，并提出控制措施，每位班员在操作、检修中根据每项作业活动提出标示、执行操作、检修规程，达到标准化作业。规范班员的劳护穿戴，进入生产现场必须佩戴安全帽，全面提升现场安全管理水平。

电气检修严格按照标准和内容开出一、二种工作票和电气倒闸操作票，层层审核，层层把关，确保不出一丝差错。

(3) 加大隐患事故排查与治理力度。该班组坚持每小时对所内的 4 个高压开关所和 12 套整流设备等进行检查，每天派出两人对分布在全公司范围内的近 80 台电力变压器和 12 个高压配电室内的 100 多个高压开关柜进行巡视检查，全部行程达 10 km，时间长达 3 小时。班组制定了设备安全检查表，对发现的隐患及时做好登记、汇报，并按照“三定”、“四不推”原则进行处理，确保了电气设备的安全运行和公司生产的稳定。

(4) 制定严谨的倒闸操作程序，确保电气倒闸操作“万无一失”。该班组制定了一套严谨的倒闸操作程序，先由具有主操以上资格的员工开具电气倒闸操作票，经值长审核后发令，再由值长带领操作人和监护人在图板上模拟操作无误，然后在实际操作中严格执行唱票、复诵制，监护人与操作人共同执行操作，做到层层把关，有条不紊地进行倒闸操作工作，3 年来共操作两万多次，从未发生一起因误操作而造成的事故。执行该程序，使得工作的安全性与准确率达到 100%。

(5) 注重细节，对小动物“严防死守”。对于电气设备、电缆电线来说，小动物进入变配电室、电缆线沟，会造成巨大的危害，能够直接导致公司电力系统崩溃、产品报废、环境污染、人员伤亡。在长期实践工作中，该班组摸索出一套切实可行的防小动物方法，制定了进出变配电室随手关门和检查制度，加高变配电室门槛，增设挡板，在电缆进出口设置 3 道以上防护墙，遇电缆隧道和高压配电室电缆口检修施工则在进出口派专人蹲守，完工后马上用水泥、沙子等覆上堵死，并且在季节交换时期打开沟盖板进入高压屏下方和电缆隧道里进行专项检查，在各配电室隐蔽处放置老鼠药并定期更换等。这些方法取得了很好的成效，动力厂多年来未发生一起因小动物进入高压配电室引起的设备短路事故。

在变降二班的工作场所，精心布置着一条安全文化宣传长廊，长廊里分布着班组先进事迹、倒闸操作、预案演练、安全检修、电气安全知识宣传、先进人物介绍、班组 5831 模式宣传、事故讨论园地、规章制度、公司电力系统图样等十多个板块。其中最特别的是事故讨论园地，引得班组成员们对以前发生的“血的教训”进行讨论，分析事故原因，总结经验教训，在每次停电大检修期间的动员会上，都要将事故搬到台面上来说，重申安全的重要性。安全长廊的设立，受到了公司安全部门的肯定和表扬，引发了全体员工的热议，吸引了众多单位争相参观学习，无形中树立了“我要安全，我学安全，我能安全”的氛围。

五、双氧水班组排查事故隐患做好生产现场安全工作的做法

中盐常州化工股份有限公司是以生产氯碱及其衍生产品为主的综合性化工企业，公司的前身是江苏江东化工股份有限公司，在职员工总数为 1 058 人，主要生产烧碱、盐酸、液

氯、次钠、氢气、聚氯乙烯树脂、消毒剂、氯化苄、邻氯苯甲醛、邻（对）氯甲苯、三氯氢硅等十余种化工原料及产品。

双氧水班组隶属于中盐常州化工股份有限公司精细厂，成立于2009年8月，现有员工39人，主要生产工业用过氧化氢（溶液俗称双氧水），年产27.5%双氧水6万t，采用蒽醌法生产工艺，以重芳烃、磷酸三辛酯为溶剂，2-乙基蒽醌为溶质配成工作液，在钯触媒的作用下进行加氢反应，再经氧化、萃取生产出双氧水，工作液循环使用。双氧水班组共有设备123台，其中主要设备有氢化塔、氧化塔、萃取塔、氢压机、空压机等。班组曾荣获2011年度常州市安全生产“先进班组”，2012年度中盐常化“先进班组”，2013年度中盐常化“先进班组”。

1. 建立健全各项制度，力求形成长效安全机制

双氧水在生产中使用的重芳烃和氢气是易燃易爆品，而且双氧水具有很强的氧化性，因此生产中需要特别注意安全，稍有不慎就会引发火灾爆炸事故。

双氧水班组为了保证生产安全和职工人身安全，针对各种制度不完善的地方进行完善，对原有的各类规章制度展开讨论，删除或修改不适用的内容，增加与对班组安全管理上有积极意义的内容。特别是操作规程，在经过技改、装置的优化操作后，许多内容如控制指标与原操作规程有出入，修改后与现有的操作控制完全适应。完成修改后的各种制度、标准装订成册分发到各个岗位，旧的制度全部更换。要求全体班组成员积极学习其中内容，一段时间后进行考核，考核不合格再次考核，一直到合格为止。

该班组还根据生产实际，建立完善了安全生产管理制度体系，制定和修订了相关生产岗位的安全生产操作规程。从班组长到各岗位操作工，层层制定了安全生产《岗位与职责》，做到了人人有职责，岗岗有规程，同时还制定了《交接班制度》《班组会议制度》《班组安全生产检查制度》《班组安全生产培训教育制度》《班组安全生产确认制度》《班组安全生产联保互保制度》《岗位练兵制度》《文明生产管理制度》《设备维护保养制度》《原始记录管理制度》《安全活动管理制度》以及安全生产所应有的各项规章制度。在建立健全各项规章制度的同时，该班组认真组织班组人员学习且严格执行，狠抓制度的落实，力求形成一种长效安全机制。

2. 排查事故隐患，做好生产现场安全工作

在双氧水生产现场，由于生产原料中的重芳烃对皮肤、黏膜有刺激作用，对中枢神经系统有麻醉作用，对造血系统有抑制作用。为此，必须要做好事故隐患排查，消除各种危险因素。

该班组要求员工必须熟悉自己的岗位职责，提高对班组安全工作重要性的认识，全面

肩负起对班组安全工作的责任，发动大家排查各种可能存在的隐患，做到发现问题及时解决。

（1）抓好班组安全教育培训。每年年初，班组根据全厂计划安排，做好全年班组教育培训计划，对于新员工，经班组培训后跟随师傅学习，直到取得上岗证才能独立操作。班组生产岗位人员每月进行一次理论或实践操作考核，考核结果与月奖挂钩，对于生产装置有改动的地方，班组及时以书面形式发放到各岗位，并要求全体岗位人员熟知并签字。

（2）做好班组预防性管理。该班组对装置所有可能性的危险因素进行了辨识和风险评价，在每次作业之前结合风险评价表再次确认，对重要检修作业还要写出具体的检修方案，并严格按照检修方案执行，以确保作业安全。在日常生产及其他相关作业中，要求班组成员遵守互保制度，对作业的不安全行为及时采取纠正和控制措施。该班组还对各种可能导致安全生产的问题进行深入检查和研究，班组在相关专业人员的配合下，完成了对装置所有工艺节点的 HAZOP，综合考虑了生产作业中所有潜在的危险因素，并对这些危险因素制定了具体的处理措施。将 HAZOP 文本打印出来分发到各岗位，要求班组成员认真学习并考核。

（3）做好班组安全台账管理和设备设施的维护管理。要求安全管理台账做到齐全、真实，各类原始记录及时、准确、清楚、内容齐全、保存完好。设备设施的维护主要由常日班人员完成，每日对现场设备进行巡回检查，及时消除跑、冒、滴、漏，保持各楼面设备及设备周围的环境卫生。重要设备每天测量电机温度并做好记录，发现设备有异常情况及时上报并处理。

（4）做好带班管理和交接班管理。该班组在生产中严格执行带班制度，除紧急停车外，生产装置所有开车停车必须有班组长在场，凡涉及班级内生产装置的各类施工，外来人员必须办理进场证和具体的施工手续，并在班组人员的监督下进行，否则不允许施工。对于涉及装置安全的作业必须对作业进行风险评价并提出作业方案。在交接班时，该班组严格要求执行交接班制度，要求各班在原始记录上做好生产相关记录，在班前会结束后，各岗位还应进行点对点详细交接，以便各岗位人员能清楚目前的具体生产情况，顺利完成本班工作任务。

3. 构建文化“屏障”，以安全文化促进安全

一切违章和事故都源于安全素养的缺失，该班组在日常工作中，始终将安全文化作为提升安全管理的有效支撑，注重“软、硬”两个安全环境的营造，推动班组员工参与安全管理。

（1）安全活动做到全员参与。在生产作业中，发动班组员工全面提出合理化建议；作业中严格规范作业程序，加强对不安全因素的控制，通过与互保制度的紧密结合，尽可能

纠正和避免各种违纪现象。班组还积极开展“走出去，请进来”，通过“走出去，请进来”活动，在安全管理提升上寻找了一些新途径。比如去一些管理水平较好的企业参观、交流，把优秀的管理经验应用到自己的班组里。

（2）通过安全活动促进生产现场安全。通过开展安全活动，班组职工的安全意识有了明显提高，业务水平都有极大的提升，现场及操作室内的环境有了明显改善，有效地促进了班组的安全文明生产，特别是HAZOP的应用，更为班组的安全生产提供了坚实的基础。班组所负责的区域清洁工作得到重视，每天由日班积极完成，始终保持各楼层和各作业活动现场环境清洁。该班组从2013年起实行了目视化管理，在生产区域周围增加了许多安全警示标志，严格执行物品定制化，使作业现场及操作室等保持整洁有序。目视化管理的严格执行为安全标准化管理的提升起到了很好的作用。

（3）提高班组员工应急处置能力。该班组生产中使用原料、产品的物化性质及危害防护知识就是日常考核的内容之一，作业中的劳保用品穿戴细节也是班组重要管理内容，如今，班组成员早已自觉养成了正确穿戴各类安全劳保用品的习惯。班组还制定了几十张应急处置卡和应知应会卡放在生产操作室供员工学习并定期考核。除上级部门要求开展的事故演练外，班组每年至少要进行两次生产装置事故处置演练，以不断提高员工的应急处置能力。

第六章 机械制造企业班组事故隐患排查治理做法

我国是机械制造大国，据统计，目前从事机械制造（包括电气机械及器材）的企业，2012年约有200万家，从业人数约576万人，机械制造业也是我国国民经济的支柱产业之一。在企业生产过程中，需要使用大量机械设备，不可避免地存在着各种危险因素和事故隐患。许多事故的发生都是由于事故隐患引起的，因此，排除事故隐患是预防事故的有效措施，也是保证安全生产的有效措施。

第一节 机械制造企业危险因素与事故特点

根据加工的物件特点不同，加工机械可分为冷加工机械（如金属切削机床、冲剪压设备等）和热加工机械（如锻造机械、铸造机械等），以及与机械制造、加工相配套的其他设备设施。在安全管理中，需要根据冷加工机械、热加工机械和其他配套设备设施的不同特点，采取有针对性的安全管理措施，保证作业场所和作业人员的安全。

一、机械设备存在的危险因素与危害

1. 机械设备存在的危险因素

机械设备在规定的使用条件下执行其功能的过程中，以及在运输、安装、调整、维修、拆卸和处理时，无论处于哪个阶段，处于哪种状态，都存在着危险与有害因素，有可能对操作人员造成伤害。

（1）机械设备正常工作状态存在的危险。机械设备在完成预定功能的正常工作状态下，存在着不可避免的却是执行预定功能所必须具备的运动要素，并可能产生危害后果。如零部件的相对运动、刀具的旋转、机械运转的噪声和振动等，使机械设备在正常工作状态下存在碰撞、切割、作业环境恶化等对操作人员安全不利的危险因素。

（2）机械设备非正常工作状态存在的危险。在机械设备运转过程中，由于各种原因引起的意外状态，包括故障状态和维修保养状态。设备的故障不仅可能造成局部或整机的停转，还可能对操作人员构成危险，如运转中的砂轮片破损会导致砂轮飞出造成物体打击事故；电气开关故障会产生机械设备不能停机的危险。机械设备的维修和保养一般都是在停机状态下进行，由于检修需要，往往迫使检修人员采用一些特殊的做法，如攀高、进入狭

小或几乎密闭的空间、将安全装置拆除等，使维护和修理过程容易出现正常操作不存在的危险。

2. 机械设备的主要危害

由危害因素导致的危害主要包括两大类，一类是机械性危害，一类是非机械性危害。

（1）机械性危害包括挤压、碾压、剪切、切割、碰撞或跌落、缠绕或卷入、戳扎或刺伤、摩擦或磨损、物体打击、高压流体喷射等。

（2）非机械性危害主要包括电流、高温、高压、噪声、振动、电磁辐射等产生的危害；因加工、使用各种危险材料和物质（如燃烧爆炸、毒物、腐蚀品、粉尘及微生物、细菌、病毒等）产生的危害；还包括因忽略安全人机学原理而产生的危害等。

3. 金属切削的主要危险因素

金属切削机床（简称“机床”）是用切削的方法将金属毛坯加工成一定的几何形状、尺寸精度和表面质量的机器零件的机器。在机床上装卡被加工工件和切削刀具，带动工件和刀具进行相对运动；在相对运动中，刀具从工件表面切去多余的金属层，使工件成为符合预定技术要求的机器零件。按加工性质和所用刀具分类，目前，国家标准《金属切削机床型号编制方法》（GB/T 15375－2008）将机床分为 11 大类。

在金属切削加工过程中，切削所产生的切屑可能对操作人员造成伤害，或对工件造成损坏，如崩碎的切屑可能迸溅伤人；带状切屑会连绵不断地缠绕在工件上，损坏已加工的表面。

金属切削主要的危险因素有：机械传动部件外露时，无可靠有效的防护装置；机床执行部件，如装夹工具、夹具或卡具脱落、松动；机床本体的旋转部件有突出的销、楔、键；加工超长工件时伸出机床尾端的部分；工、卡、刀具放置不当；机床的电气部件设置不规范或出现故障等。

4. 金属切削加工常见的机械伤害

（1）挤压。如压力机的冲头下落时，对手部造成挤压伤害；人手也可能在螺旋输送机、塑料注射成型机中受到挤压伤害。

（2）咬入（咬合）。典型的咬入点是啮合的齿轮、传送带与带轮、链与链轮、两个相反方向转动的轧辊。

（3）碰撞和撞击。典型例子是人受到运动着的刨床部件的碰撞；另一种是飞来物撞击造成的伤害。

（4）剪切。这种事故常发生在剪板机、切纸机上。

（5）卡住或缠住。运动部件上的凸出物、皮带接头、车床的转轴、加工件等都能将人的手套、衣袖、头发、辫子甚至工作服口袋中擦拭机械用的棉纱缠住而使人造成严重伤害。

需要注意的是，一种机械可能同时存在几种危险，即会同时造成几种形式的伤害。

5. 铸造工序存在的主要危害因素

铸造可分为手工造型和机械造型两大类。手工造型是指用手工完成紧砂、起模、修整及合箱等主要操作的过程，其劳动强度大，劳动者直接接触粉尘、化学毒物和物理因素，职业危害大。机械造型生产率高，质量稳定，工人劳动强度低，劳动者接触粉尘、化学毒物和物理因素的机会少，职业危害相对较小。

（1）粉尘危害。造型、铸件落砂与清理时产生大量的砂尘，其中粉尘性质及危害性大小主要取决于型砂的种类，如选用石英砂造型时，因游离二氧化硅含量高，其危害最大。

（2）毒物与物理因素危害。砂型与砂芯的烘干，以及熔炼、浇注产生高温与热辐射；如果采用煤或煤气作燃料还会产生一氧化碳、二氧化硫和氢氧化物等；如果采用高频感应炉或微波炉加热则存在高频电磁场和微波辐射。

6. 锻压工序存在的主要危害因素

锻压是对坯料施加外力，使坯料产生部分或全部的塑性变形，从而获得锻件的加工方法。

（1）物理因素危害。噪声是锻压工序中危害最大的职业病危害因素。锻锤（空气锤和压力锤）可产生强烈噪声和振动，一般为脉冲式噪声，其强度超过 100 dB（A）。冲床、剪床也可产生高强度噪声，但其强度一般比锻锤小。加热炉温度高达 1 200℃，锻件温度也在 500～800℃之间，因此工作场所中也存在高温与较强的热辐射等物理性危害因素。

（2）粉尘与毒物危害。锻造炉、锻锤工序中加料、出炉、锻造过程可产生金属粉尘、煤尘等，尤以燃料工业窑炉污染较为严重。燃料工业窑炉可产生一氧化碳、二氧化硫、氮氧化物等有害气体。

7. 热处理工序的主要危害因素

热处理工艺主要是使金属零件在不改变外形的条件下，改变金属的性质（硬度、韧度、弹性、导电性等），达到工艺上所要求的性能。热处理包括正火、淬火、退火、回火和渗碳等基本过程。热处理一般可分普通热处理、表面热处理（包括表面淬火和化学热处理）和特殊热处理等。

（1）有毒气体。金属零件的正火、退火、渗碳、淬火等热处理工序要用品种繁多的辅助材料，如酸、碱、金属盐、硝盐及氰盐等，这些辅料都是具有强烈的腐蚀性和毒性的物质。如氯化钡作为加热介质，工艺温度达 1 300℃时，氯化钡大量蒸发，产生氯化钡烟尘污染车间空气；氯化工艺过程中会有大量氨气排放于车间空气中；在渗碳、氰化等工艺过程使用的氰化盐（亚铁氰化钾等）毒性很大；盐浴炉中熔融盐液与工件的油污作用将产生氮氧化物。此外，热处理过程经常使用甲醇、乙醇、丙烷、丙酮及汽油等有机溶剂。

（2）物理因素危害。热处理工序都是在高温下进行的，车间内各种加热炉、盐浴槽和被加热的工件都是热源。这些热源可造成高温与强热辐射的工作环境。各种电机、风机、工业泵和机械运转设备也可产生噪声与振动，但多数热处理车间噪声强度不大，噪声超标现象较少见。

二、机械设备事故特点与原因

1. 机械伤害事故类型

机械伤害是指机械设备与工具引起的绞、辗、碰、割、戳、切等伤害。机械伤害的危害分为以下 5 类。

（1）夹伤。人的身体及四肢在机器的闭合或往返运动中被夹住。在有些情况下，肢体被卷进闭合运动的部件中时，会发生夹伤。例如，在使用抓夹工具不当时，会夹伤手指。

（2）撞伤。在受到机器的运动部件的撞击时，会造成伤害。

（3）接触伤害。当人体接触到机器锋利的或锉状的表面时，会发生伤害。另外，接触高温或带电部件，也会造成伤害。

（4）卷动伤害。头发、耳环、衣物等卷入机器的运动部件造成伤害。

（5）射伤。在机器运转时，因机器部件或工件被抛出而造成的伤害。例如，碎条、细渣、熔滴或机器部件的碎片抛出，造成的伤害。

2. 构成机械伤害事故的主要要素

通过对机械制造与加工企业大量事故的分析，构成事故的主要要素有：作业人员或其他人员的不安全行为，机械设备存在的不安全状态，生产以及作业环境的不安全条件，即人、物、环境三个要素。这三个要素构成了生产中的危险因素（事故隐患），事故的发生，可以看作是对这三个要素的失控。对这三个要素的控制是企业安全管理的主要任务，事故的发生则是由于在企业安全管理方面，没有将人、物、环境这三个要素控制好。所以，在事故分析上，把安全管理也作为一个重要因素看待。

各种事故发生的时间、地点和过程、原因虽然不尽相同，多种多样，但是通过大量事故分析，运用系统工程观点方法分析可知，每一种事故的发生都取决于一个或多个要素（见表 6—1）。

表 6—1　构成事故原因要素分析

人的不安全行为和状态	物和环境的不安全状态	管理上的原因
1. 忽视和违反安全生产规章制度及操作规程的行为 2. 操作上的误动作 3. 作业中的不注意 4. 疲劳作业 5. 身体有缺陷等	1. 设备和装置的结构不良，强度不够，零部件磨损和老化 2. 工作环境面积偏小或工作场所有其他缺陷 3. 物质的堆放和整理不当 4. 外来的或自然的不安全状态，危险物与有害物的存在 5. 安全防护装置失灵 6. 劳动保护用具或服装缺乏或有缺陷 7. 作业方法不安全 8. 工作环境，如照明、温度、噪声、振动、颜色和通风等条件不良	1. 技术缺陷：工业建筑物、构筑物、机械设备、仪器仪表的设计、选材、布置安装、维护检修有缺陷，或工艺流程及操作程序有问题 2. 对操作者缺乏必要的培训教育 3. 劳动组织不合理 4. 对作业现场缺乏检查和指导 5. 没有安全操作规程或操作规程不健全 6. 隐患整改不及时，事故防范措施不落实

3. 机械加工设备事故特点

机械加工设备是各行业机械加工的基础设备，主要有金属切削机床、锻压机械、冲剪压机械、起重机械、铸造机械、木工机械等。

机械伤害是企业职工在工作中最常见的事故类别，伤害类型多以夹挤、碾压、卷入、剪切等为主。各类机械设备的旋转部件和呈切线运动的部件间、对向旋转部件的咬合处、旋转部件和固定部件的咬合处等，都可能成为致人受伤的危险部位。据我国安全生产部门统计，近年来，夹挤、碾压类事故占机械伤害事故的一半左右，注重此类工伤事故的特点和预防，是一项不容忽视的重要工作。

4. 机械制造与加工企业事故的直接原因

从机械制造与加工企业发生的大量事故案例来看，机械制造与加工企业事故发生的原因，主要有直接原因与间接原因两个方面。事故的直接原因主要有如下两方面因素。

(1) 机械、物质或环境的不安全状态。如防护、保险、信号等装置缺乏或有缺陷，设备、设施、工具、附件有缺陷，个体防护用品用具缺少或有缺陷，生产（施工）场地环境不良等。

(2) 人的不安全行为。如操作错误造成安全装置失效，使用不安全设备，用手代替工具操作，物体存放不当，冒险进入危险场所，违反操作规定，注意力分散，忽视个体防护用品用具的使用，不安全装束等。

5. 机械制造与加工企业事故的间接原因

（1）技术和设计上有缺陷。工业构件、建筑物、机械设备、仪器仪表、工艺过程、操作方法、维修检验等的设计、施工和材料使用存在问题。

（2）教育培训不够。没有经过安全和技术培训，缺乏或不懂安全操作技术知识；劳动组织不合理。

（3）对作业现场缺乏检查或指导错误。没有安全操作规程或不健全；没有或不认真实施事故防范措施，对事故隐患整改不力等。

需要注意的是，有的事故的直接原因与间接原因很清楚，有的事故的直接原因与间接原因则模糊。对于大多数事故来讲，造成事故的直接原因通常只有一个，而有的事故的直接原因可能不局限于一个。一般来讲，造成事故的间接原因较多，往往是由于多种因素共同作用的结果。

在造成事故的直接原因中，违章作业、维护不周、操作失误这三个原因，又是直接原因中的主要原因。除此之外，还有设计缺陷、制造缺陷、化学腐蚀等原因，但不是导致事故的主要原因，尤其是那些常见多发事故。因此可以说，造成事故的主要原因是违章作业、维护不周、操作失误。

三、对机械设备的基本安全要求

机械设备安全是指机械设备在按照使用说明书规定的预定使用条件下，执行其功能和在对其运输、包装、调试、运行、维修、拆卸和处理时，对操作者不发生身体损伤或危害其健康的能力。

机械安全是由组成机械的各部分及整机的安全状态、机械设备操作人员的安全行为以及机械和人的和谐关系来保证的。解决机械安全问题要用安全系统的观点和方法，从人的安全需要出发，保证在机械设备整个寿命周期内，人的身心能够免受外界危害因素的伤害。机械设备安全应考虑其寿命周期的各个阶段，还应考虑机械的各种状态。

1. 机械设备安全基本原则

（1）机械设备及其零部件，必须有足够的强度、刚度和稳定性，在按规定条件制造、安装、运输、储存和使用时，不得对人员造成危险。

（2）机械设备的设计，必须履行安全人机工程的原则，以便最大限度减轻操作人员的体力和脑力消耗以及精神紧张状况。

（3）机械设备的安全，应通过以下途径予以保证：①选择最佳设计方案，并严格按照标准制造、检验。②合理采用机械化、自动化和计算机技术。③采用有效的防护措施。④安装、运输、储存、使用和维修的技术文件，应载明安全要求。⑤在使用过程中，机械设备不得排放超过标准规定的有害物质。

（4）机械设备的设计，应进行安全性评价。当安全技术措施与经济利益发生矛盾时，则应优先考虑安全技术上的要求，并按直接安全技术措施、间接安全技术措施、指示性安全技术措施的等级顺序选择安全技术措施：①直接安全技术措施指机械设备本身应具有本质安全性能，保证不会出现任何危险。②间接安全技术措施指当直接安全技术措施不能或者不完全能实现时，必须在机械设备总体设计阶段，设计出一种或多种可靠的安全防护装置。安全防护装置的设计、制造任务不应留给用户去承担。

（5）机械设备在整个使用期限内均应符合安全卫生要求。

2. 安全设计基本要求

决定机械安全性能的关键是机械安全设计，即在机械设备的设计阶段，从零部件材料到零部件的形状和相对位置，从限制操纵力、运动件的质量和速度到减少噪声和振动，采用本质安全技术与动力源，应用零部件之间的强制机械作用原理，结合人机工程学原则等多项措施，通过选用适当的结构设计，尽可能地避免或降低危险，也可以通过提高其可靠性、操作机械化或自动化以及实行在危险区之外的调整、维修等措施，以避免或降低危险。

所谓“本质安全”是指机械设备本身固有的、内在的，能够从根本上防止发生事故的功能，包括失误—安全功能、失效—安全功能两个方面，即当人操作失误或机械设备发生故障时，也不会发生事故或伤害。所谓“本质安全技术”是指利用该技术进行机械设备的设计和制造，不需要采用其他安全防护措施，就可以在预定条件下执行机械设备的预定功能时达到本质安全的要求。

3. 机械设备安全防护措施的重要性

机械设备在规定的使用条件下执行其功能的过程中，以及在运输、安装、调整、维修、拆卸和处理时，无论处于哪个阶段，处于哪种状态，都存在着危险与有害因素，有可能对操作人员造成伤害，但是主要伤害还是在使用阶段。在机械设备正常工作状态，完成预定功能时，存在着不可避免的运动要素，并可能产生危害后果，例如零部件的相对运动、刀具的旋转、机械运转的噪声和振动等，使机械设备在正常工作状态下存在碰撞、切割、作业环境恶化等，对操作人员造成意外伤害。

机械设备的安全防护，是通过采用安全装置、防护装置或其他手段，对一些机械危险进行预防的安全技术措施，其目的是防止机械在运行时产生的各种对人员的接触伤害。安全防护的重点是机械设备的传动部分、操作区、高空作业区、移动机械的移动区域以及某些机械设备由于特殊危险形式需要采取的特殊防护等。无论采取何种措施进行防护，都应对所需防护的机械设备进行风险评价以避免带来新的风险。

安全防护常常采用防护装置、安全装置及其他安全措施。防护装置是指通过物体障碍方式将人与危险部位隔离的装置，根据其结构，防护装置可以是壳、罩、屏、门、封闭式防护装置等。安全装置是指用于消除或降低机械伤害风险的单一装置或与防护装置联用的装置。

4. 防护装置安全技术要求

防护装置在人与危险之间构成安全保护屏障，在减轻操作者精神压力的同时，也使操作者形成心理依赖。一旦防护装置失效，会增加损伤或危害的风险。因此，防护装置必须满足与其保护功能相适应的安全技术要求；同时，所采取的安全措施不得影响机械设备的正常运行，而且使用方便，否则就可能出现为了追求达到设备的最大效用而导致避开安全措施的行为。

（1）固定防护装置和活动防护装置。防护装置按使用方式分为固定式和活动式两种。其安全技术要求如下：

1）对固定防护装置的要求。固定防护装置应该用永久固定方式（如焊接等）或借助紧固件（如螺钉、螺栓、螺母等）固定方式，将其固定在所需的地方，若不用工具就不能使其移动或打开。

2）对活动防护装置的要求。活动防护装置或防护装置的活动体打开时，尽可能与防护的机械保持相对固定（可通过铰链或导轨连接），防止挪开的防护装置或活动体丢失或难以复原。活动防护装置打开时或出现丧失安全功能故障时，设备的活动部件应不能运转或运转中的部件应停止运动。

（2）机械设备防护罩安全要求

1）防护罩结构和布局应设置合理，使人体不能直接进入危险区域（即人体进入后，可能引起致伤危险的空间区域）。

2）防护罩应有足够强度、刚度，一般应采用金属材料制造。

3）防护罩应尽量采用封闭结构，当现场需要采用网状结构时，其安全距离（即防护罩外缘与危险区域之间的距离）和网眼的开口宽度应符合有关标准规定的要求。

4）一般情况下，应采用固定式防护罩，经常进行调节和维护的运动部件，应优先采用联锁式防护罩，条件不允许时，可采用开启式或可调式防护罩。

5）防护罩表面应光滑，无毛刺和尖锐棱角，不应成为新的危险源。

6）防护罩不应影响视线和正常操作，应便于设备的检查和维修。

7）当防护罩需要涂漆时，应按照有关标准执行。

5. 常见安全装置的技术要求

安全装置通过自身的结构功能限制或防止机械设备的某种危险或限制运动速度、压力等危险因素。安全装置必须与控制系统一起操作并与其相联系，使不会轻易损坏。

常见安全装置技术要求如下：

（1）联锁装置。能够防止设备零部件在特定条件下（一般只要防护装置不关闭）运转，保证防护装置关闭前，被其“抑制”的危险机器功能不能执行；或者在危险机器功能执行时，如果防护装置被打开，就给出停机指令。

（2）控制装置。能与启动操纵器一起使用并且只有在连续动作时才能使机械设备工作。手动控制器应根据有关人类工效学原则进行设计和配置，一般配置于危险区外，并尽可能配置在操作它们时可以看见被控制的部分。

（3）止一动操作装置。其作用是只有当手动操纵器动作时，机器才能启动并保持连续运转；放开时，该手动操纵器能自动回复到停止位置。

（4）双手操纵装置。至少需要两个手动操纵器同时动作才能启动并保持机械设备或其元件运转。在选用这种安全装置时应注意，它只能对人操作操纵装置起防护作用，对危险区附近的其他危险不能防护。

（5）自动停机装置。当人或其身体的某一部分超越安全限度时，使机械设备或其零部件停止运转（或保证别的安全状态）。自动停机装置有机械驱动和非机械驱动两种。

（6）机械抑制装置。一种机械障碍（如楔、支柱、撑杆、止转棒等）装置，可通过自身的强度支撑在机构中，以防止某种危险运动的发生。

（7）有限运动控制装置。亦称行程限制装置，控制机器零部件在规定的行程内动作。在这种控制装置有下一个分离动作前，机器零部件不能再进一步运动，以使风险尽可能降低至最小。

6. 事故及职业危害预防要求

为了有效预防事故与职业危害，机械设备在设计、制造和使用中，必须采取积极可靠的技术措施，达到预防事故及职业危害的安全要求。

预防事故与职业危害的安全技术措施要求如下：

（1）可动零部件伤害

1）人员易触及的可动零部件，应尽可能封闭，以避免在运转时与其接触。

2）机械设备运行时，操作者需要接近的可动零部件，必须配置符合规定要求的安全防护装置。

3）为防止运行中的机械设备或零部件超过极限位置，应配置可靠的限位装置。

4）若可动零部件（含其载荷）所具有的动能或势能可引起危险时，必须配置限速、防坠落或防逆转装置。

5）以人员操作位置所在平面为基准，凡高度在 2 m 之内的所有传送带、转轴、传动链、联轴节、带轮、齿轮、飞轮、链轮、电锯等危险零部件及危险部位，都必须配置符合规定要求的防护装置。

（2）飞出物伤害。高速旋转的零部件，必须配置具有足够强度、刚度与合适形状、尺寸的防护罩。必要时，应规定此类零部件检查和更换期限。机械设备运行过程中（或突然停电时），若存在工具、工件、连接件（含紧固件）或切屑等飞甩危险，应在设计中采取防松脱措施、配置防护罩或防护网等安全防护装置。

（3）过冷和过热。人员可触及的机械设备的过冷或过热部件，必须配置固定式防接触屏蔽。在不影响操作和设备功能的情况下，加工灼热件的机械设备，也必须配置固定式防接触屏蔽。

（4）防火与防爆。生产、使用、储存或运输中存在可燃气体、蒸气、粉尘或其他易燃易爆物质的机械设备，应根据不同情况采取相应的预防措施：密闭并严禁跑、冒、滴、漏；配置监测报警、防爆泄压装置及消防设施；采取措施消除各种点火源（如避免摩擦撞击、电火花、明火）。爆炸危险场所的电气安全设计应符合有关规定要求。

（5）防滑与防高处坠落

1）设计工作位置，必须充分考虑人员脚踏和站立的安全性。

2）若操作人员经常变换工作位置，必须在机械设备上配置安全走板。

3）若操作人员的工作位置在坠落基准面 2 m 以上时，必须在机械设备上配置符合标准规定要求的供站立的平台和防坠落的栏杆、安全圈及防护板等。

4）走板、梯子、平台均应具有良好的防滑性能。

5）对于有可能产生泄漏的机械设备，应有适宜的收集或排放装置，必要时，应设有特殊地板。

（6）液压与气压。使用液压或气压的机械设备，应能避免排出带压液体或压缩空气造成的危险。配备安全、可靠的隔离能源装置。

（7）控制和调节装置

1）控制装置，必须保证当能源发生异常（偶然或人为的切断或变化）时，也不会造成危险。必要时，控制装置应能自动切换到备用能源和备用设备系统。

2）自动或半自动的开关和控制程序，必须按照功能顺序保证排除危险的交叉和重叠，并应有必要的保护装置。

3）对复杂的机械设备和重要的安全系统，应配置自动监控装置。

4）机械设备的控制装置，应安装在使操作者能看到整个设备动作的位置上，对于某些开车时在控制台无法看到全貌的机械设备，应配置开车预警信号装置。

5）控制线路，应保证即使线路发生故障或损坏时也不致造成危害。

6）机械设备配置的作为安全技术措施的离合器、制动装置或联锁装置，必须起强制性作用。

7）调节部分，应采用自动联锁装置，以防止误操作与自动调节、自动操纵等的误动、误断。

（8）紧急事故开关

1）存在下列情况的机械设备，必须配置紧急事故开关：①发生事故时，不能迅速使用停车开关终止危险的运行。②不能通过一个总开关，迅速中断若干个可能造成危险的运动单元。③由于切断某个单元可能出现其他危险。④在控制台无法看到所控制的全部。

2）紧急事故开关必须有足够的数量，其形式有别于一般开关，颜色为红色。

3）紧急事故开关，应在所有控制点和给料点都能迅速而无危险地触及到。

4）机械设备由紧急事故开关停车后，其动能或势能可能引起危险时，必须配置与之联动的减缓运行和防逆转装置。必要时，必须迅速制动。

5）机械设备由紧急事故开关停车后，只有当事故排除后，方可再运行。

（9）预防意外启动

1）操作者进行调整、检查、维修作业，当人员需要进入或人体局部（手或臂）需要伸进机械设备的危险区域时，必须防止意外启动。为此，应采取下列措施：①在对危险区域进行机械保护的同时，还应强制切断机械设备的控制和能源。②应设计能多重锁闭的总开关。③控制或联锁元件应直接位于危险区域，并只能由此处开车或停车。④使用可拨出的开关钥匙。⑤机械设备上具有多种操纵和运转方式的选择器，应可锁闭在按照预定的操作方式所选择的位置上，选择器的每个位置，仅能与一个操作方式相对应。

2）机械设备因意外启动可能危及人身安全时，必须配置起强制作用的安全防护装置（必要时，需要配置两种或多种互为联锁的安全装置），以防止意外启动。

3）当能源偶然切断后又重新接通时，机械设备必须能够避免危险运转。

（10）噪声和振动。各类机械设备，都必须在产品标准中规定噪声（必要时加振动）的允许指标，并在设计中采取有效的防治措施，使产品实际产生的噪声和振动数值符合标准规定的要求。

（11）防尘、防毒和防放（辐）射

1）凡工艺过程中产生粉尘、有害气体或有害蒸气的机械设备，应尽可能采用自动加料、自动卸料装置，并必须配置吸入、净化及排放装置，以保证工作场所和排放的有害物质浓度符合有关职业卫生标准规定的要求。

2）凡可能产生放（辐）射的机械设备，必须采取有效的屏蔽、吸收措施，并应尽可能使用远距离操作或自动化作业，以保证工作场所放（辐）射强度符合有关职业卫生标准规定的要求。

3）设计上述各类设备时，应符合有关规程、标准规定要求。

4）必要时，上述工作场所应有监测、报警和联锁装置。

7. 其他安全要求

（1）标志

1）每台机械设备都必须有标牌。注明制造厂、制造日期、产品型号、出厂号、安全使用的主要参数等内容。

2）设计机械设备时，应使用安全色和安全标志。机械设备易发生危险的部位必须有安全标志。安全色和安全标志必须符合有关标准规定要求。

3）标牌、安全色、安全标志，应保持颜色鲜明、清晰、持久。

（2）说明。机械设备必须使用说明书等设计文件。说明书内容包括安装、搬运、储存、使用、维修和安全卫生等有关规定。

第二节 机械制造企业典型事故案例分析

机械制造企业比较常见的事故主要有金属切削加工事故、金属热加工事故、冲压机械事故、电工作业事故、焊工作业事故、起重作业事故、厂内机动车事故等。企业要注意吸取事故教训，加强对人、物、环境三个要素的控制，及时排查治理事故隐患，不要让隐患演变为事故。

一、设备设施隐患未能及时消除引发的事故

1. 机电制造公司起吊油缸使用自制吊环断裂造成的伤害事故

2008 年 2 月 23 日下午，某机电制造有限公司在组装企业自主研发的 2 000 t 油缸机缸体部分、吊装柱塞缸时，发生一起起重伤害事故，造成装配钳工一人右手受伤。

事故经过：

2008 年 2 月 23 日 17 时左右，某机电制造有限公司装配二车间主任陈某和装配钳工田

某，进行 2 000 t 油缸机缸体和柱塞缸装配，根据分工，陈某操作 2 t 手拉葫芦，田某负责扶住柱塞缸，将柱塞缸装入油缸机缸体内。准备工作完成后，陈某将手拉葫芦拉动，柱塞缸吊离垫着物，田某将垫着物两根槽钢抽掉，并扶住柱塞缸圆柱面，准备发出指令，让陈某拉动葫芦链条下降高度，进行入缸装配。此时，柱塞缸底面距油缸体上平面高度100 mm左右，田某看到柱塞缸底部有灰尘，就用右手去擦灰尘，就在此刻，承重的 $\phi12\times\phi90$ mm的圆形吊环齐焊接根部突然断裂，柱塞缸瞬间落下，将田某右手除拇指外其余四指砸断。

事故原因分析：

造成事故的直接原因，是自制的圆形吊环使用材料不当，造成受力后焊接处断裂。事故发生后，经过对钳工田某自制的圆形吊环进行取样分析，发现圆形吊环焊接性能差，不能承载柱塞缸重量。

造成事故的间接原因，是企业执行安全生产规章制度不力。对职工缺乏有针对性的安全教育，布置生产任务时，未告知装配人员工作场所存在的危险因素和防范措施。

事故教训：

这起事故是因装配人员违章操作、自制吊具先天性缺陷不安全而引起的生产安全事故。事故单位要吸取教训，举一反三，发动全公司职工在自己身边找隐患，提出整改对策措施，确保安全生产。要进一步完善企业规章制度，重申劳动纪律，严禁私自制作工具，杜绝“三违”现象，做到“三不伤害”。进一步加强对员工的安全生产教育培训，强化员工安全意识，提高安全操作技能，增加员工自我防护能力。

2. 正通石化机械公司吊车未经检验就进场作业导致的伤害事故

2014 年 6 月 4 日，张家口正通石化冶金机械有限公司在拆除旧厂房过程中发生一起起重伤害事故，造成 1 人死亡，直接经济损失 120 万元。

事故经过：

张家口正通石化冶金机械有限公司从事石油化工冶金机械设备及配件、普通机械零部件加工及其对外贸易进出口经营等。2014 年该公司准备搬迁后整合为机械加工、压力容器铆焊、热处理三个分公司，现有职工 236 人。

2014 年 6 月 4 日，正通公司旧厂房拆除现场工人们拆除楼板，并将拆下的楼板吊装到汽车上，16 时 40 分左右，吊车在吊装楼板下落过程中，在接近汽车高度 2 m 左右的位置，旧楼板由于强度大大降低，楼板一侧的两个吊装位置突然碎裂与吊车绳索脱开，另一侧随着楼板的脱落也随即脱离，楼板一下掉落并砸到刚上汽车准备整板的司机刘某身上。事故发生后，现场的工人们立即开展救援并拨打了 120 急救电话，120 急救车赶到后将刘某送往 251 医院进行抢救，但经抢救无效死亡。

事故原因分析：

造成事故的直接原因，是在吊装楼板过程中，楼板突然发生碎裂、脱落，砸到正在吊装物下作业的刘某身上，导致其受伤死亡。

造成事故的间接原因，是特种设备安全管理不到位。吊车未经技术监督部门检验就进场作业；现场作业没有安排专门的司索工和吊装指挥工。

事故教训：

事故单位要深刻吸取事故教训，进一步强化现场安全管理，开展施工现场安全隐患排查治理，督促现场作业人员严格执行操作规程，落实安全防护措施，切实提高安全生产水平。要加强安全教育培训。组织施工人员开展安全教育培训，促使施工人员增强安全生产意识，掌握正确的操作程序和技能，切实提高防范事故、预防事故的能力。

3. 机械公司天车电机固定螺栓松动电机坠落导致的物体打击事故

2014 年 1 月 20 日，深州市欧美佳焙烤机械有限公司，发生一起物体打击事故，1 人死亡，直接经济损失 83 万元。

事故经过：

深州市欧美佳焙烤机械有限公司成立于 2009 年 5 月，有从业人员 100 人，主要从事面包制作设备、食品烤炉、食品搅拌机、食品模具、烤箱配件等。

2014 年 1 月 17 日车间主任刘某某对天车例行检查时，发现天车运行异常，时走时停。刘某某没有做进一步仔细检查，没有发现天车电机固定螺栓已经松动。刘某某把天车存在异常的情况汇报给了当时在安平县分厂的生产部主任高某某，高某某指示暂停使用，但是当天刘某某没有把暂停使用该天车的指令通知给相关人员，且于 2014 年 1 月 18 日出差去了济南，造成工人在不知情的情况下使用“带病”天车，2014 年 1 月 20 日 16 时 40 分左右，该公司装配车间工人李某在用天车进行食品烤炉的燃烧机装配时，上方天车电机突然坠落，砸中其后脑部，导致李某当场昏迷。事故发生后，装配车间当班人员立即组织救援，并拨打 120 急救电话。120 急救车赶到后立即对李某进行现场抢救，经抢救无效死亡。

事故原因分析：

造成事故的直接原因，是天车电机固定螺栓松动并导致电机坠落。

造成事故的间接原因，是公司各项安全管理制度不落实，形同虚设。公司各部门之间管理脱节，存在管理漏洞，设备维护人员没有执行企业有关安全管理制度，对天车设备进行安全检查时粗心大意，没有逐项、逐部位仔细检查，发现设备存在安全隐患，没有立即采取有效措施。公司对安全大检查重视程度不够，日常安全监管不到位，安全隐患排查走过场，没有达到全覆盖，隐患排查治理工作存在死角、盲区。

事故教训：

事故单位要深刻吸取事故教训，要进一步健全安全生产责任制，落实主体责任，加强对生产现场的安全管理，加强对员工的安全教育培训，提高员工安全意识，完善隐患排查治理制度，切实全面、深入、细致开展隐患排查，及时治理各类事故隐患，杜绝同类事故再次发生。要切实开展职工三级安全教育培训，着力提高职工的安全防范意识和自我保护能力。完善隐患排查制度，采取多方式、全方位的安全检查，认真履行自查自纠职责，扎实开展隐患排查治理工作，要查实、查细、查严、查到位，全面消除事故隐患。

4. 中海钢管制造公司吊车起吊故障起吊物坠落导致的伤害事故

2013 年 4 月 9 日，河北盐山县中海钢管制造股份有限公司发生一起起重伤害事故，事故造成一人死亡，直接经济损失 76 万元。

事故经过：

河北盐山县中海钢管制造股份有限公司成立于 2004 年 12 月，现有员工 70 人，主要生产热扩无缝钢管，年产能 40 000 t。

2013 年 4 月 9 日 8 时 30 分左右，一辆货车在该公司东南厂区吊卸钢管，吊车操作工孙某某负责操作吊车，另外两名员工负责吊卸钢管，货车司机周某某（男，38 岁，初中文化）站在车厢钢管之上帮忙挂吊钩。挂好吊钩后，周某某并没有离开车厢，吊车操作工孙某某在没有收到信号员的信号便启动了吊车，当钢管吊起约 1.2 m 高时，吊车突然发生故障，钢管未脱钩，带着钢绳突然下滑，周某某因站在车厢钢管之上，躲闪不及，砸中右胸部以下部位，右腿被钢管压在下面，现场几名工人立即用撬杠进行施救，因钢管过重没有撬动，后又将另一台吊车开过来把钢管吊起，才把周某某救出。送往医院后经过几天的抢救，经治疗无效死亡。

事故原因分析：

造成事故的直接原因，是吊车在起吊过程中发生故障，并引起起吊物坠落。

造成事故的间接原因，一是货车司机周某某安全意识淡薄，自保意识较差，使身体处于危险部位，致使起重设备发生意外时，来不及躲避，导致事故发生。二是中海钢管制造股份有限公司疏于管理，未安排专门人员对吊装作业现场进行安全管理，未落实相应的安全管理制度，安全管理不到位。

事故教训：

事故单位要认真吸取事故教训，要严格按照《建筑起重机械安全监督管理规定》的相关要求，在进行吊装作业时，指派专职设备管理人员、专职安全生产管理人员进行现场监督检查，发现违反安全操作规程的行为要立即制止并采取相应的安全防护措施；认真开展公司安全生产隐患排查，要督促落实相应的管理制度和操作规程，切实加强企业安全管理，杜绝违规违章操作。要切实加强安全投入，做好设备设施的安全防护；确保从业人员配备必要的安全防护用具；要加强从业人员的三级教育，提高从业人员的安全素质。

二、人员违章作业隐患未能及时消除引发的事故

1. 机械制造公司人员违章戴手套操作旋转机床左手被绞断事故

2007 年 8 月 20 日，某机械制造公司修复中心埋弧俘班 3 名员工在完成角钢的钻孔任务时，一名员工违反安全技术操作规程，戴手套作业，且在机床旋转的情况下清理钻床上的切屑，左手不幸被绞断。

事故经过：

2007 年 8 月 20 日早 8 时 30 分，某机械制造公司修复中心埋弧俘班班长邓某，安排本班职工张某、刘某、段某 3 人去完成角钢的钻孔任务。3 人接到任务后，自行分工，张某负责操作钻床，刘某负责往钻床浇水冷却钻头，段某负责上下角钢。约 9 时 40 分，3 人完成一根角钢的钻孔时，刘某转身去喝水，段某从钻床上取下钻好孔的角钢放在地面，弯腰准备拿另一根角钢。这时，段、刘 2 人同时听见张某的哭喊声，段某转身发现张某的左手已被绞断，另一只手握着受伤处，便赶紧把张某抱出厂房，刘某关掉了钻床开关。班长邓某正准备进入厂房，发现出事了，立即给主任武某、主任助理王某打电话。接到电话，王某马上进入厂房，发现张某被绞断的左手在钻床上，手上戴着白色帆布手套，钻头握在手中，王某赶紧把手和钻头一起拿下来，立即派车将张某送往医院救治。

事故原因分析：

造成事故的直接原因，是张某本人安全意识不强，违反公司安全技术操作规程，戴手套在旋转机床作业，且在机床旋转的情况下清理钻床上的切屑。

造成事故的间接原因，是同一班组人员段某、刘某，对张某戴着手套违章操作的行为不加以制止。

事故教训：

事故单位要吸取事故教训，增强安全意识，牢固树立“安全第一”的思想，加强对安全生产的管理，查找管理漏洞，严格考核，落实安全生产规章制度。要开展“我要安全”活动，教育员工学习岗位安全操作规程，严格遵守规章制度，不违章作业，并制止违章作业。

2. 作业人员违反冲床安全操作规程擅自改动安全装置导致的事故

2004 年 2 月 11 日，安徽省某电气设备制造公司冲压车间，在夜班生产过程中，一名员工在操作 25 t 冲床时，擅自改动安全装置，左手进入冲床模腔失去保护，导致左手食指、中指、无名指被轧掉 5 节，构成重伤。

事故经过：

2004 年 2 月 11 日，安徽省某电气设备制造公司冲压车间，在夜班生产过程中，一名新员工马某（男，20 岁）在操作 25 t 冲床时，为了加快冲压速度，提高产量，违反安全操作规程，擅自将冲床左电源按钮用胶布封住，只使用右手启动右电源按钮。由于冲床失去安全防护，马某在进料、取料过程中不慎操作失误，左手进入冲床模腔，滑块下行，将马某左手食指、中指、无名指轧掉 5 节，构成重伤。现场人员急忙将马某送往医院治疗，因无法断肢再植，造成终生残疾。

事故原因分析：

造成事故的直接原因，是马某严重违反冲床安全操作规程，操作冲床时，擅自将冲床左电源按钮用胶布封住，只使用右手启动右电源按钮，结果导致事故。

造成事故的间接原因，是用人单位忽视对员工的岗前培训，安全教育培训不到位，夜间生产作业安全检查监督不到位。

事故教训：

冲床工是一个危险性较大的工种，对新进厂的冲床作业人员要认真进行安全教育和技术培训，考核合格后方可上岗操作。要严格要求冲床作业人员在操作时遵守安全操作规程，不得有任何违章行为。严格禁止作业人员擅自改变安全保护装置，凡出现此类情况，一律按严重违章处理。车间干部和班组长要增强责任心，加强对作业现场的安全检查，及时制止违章操作行为。

3. 作业人员严重违章戴手套操作车床导致的手指受伤事故

2006 年 7 月 5 日，四川省某钢铁公司轨梁厂机修车间一名车工，在对钢管进行抛光处理时，违反严禁戴手套操作车床的规定，作业中右手手套和砂布一起缠绕在旋转钢管上，造成右手严重受伤。

事故经过：

2006 年 7 月 5 日 12 时 20 分，四川省某钢铁公司轨梁厂机修车间车工班职工王某某（男，37 岁），从机修备件加工间的工具箱内找了一根钢管，在 2 号车床（型号：C620）上加工一件 1 号车床用的扳筒工具。当王某某把钢管在 2 号车床上车削加工成 ϕ23 mm×608 mm尺寸后，发现钢管表面有毛刺，于是便找来砂布对钢管进行抛光处理。王某某顺手戴上手套，把车床转速调到 380 r/min，两只手拿砂布对钢管进行抛光。当抛光处理完一遍后，发现其光洁度仍然不够，为了使加工后的钢管更加光滑，王某某便把刚才所用的砂布折叠并包裹住钢管，用右手握住其包裹处，把车床转速调到 600 r/min，再次对钢管进行抛光处理。在第二次抛光作业过程中，右手手套和砂布一起卷入缠绕在旋转钢管上。事故发生后（约 12 时 50 分左右），王某某迅速把受伤的右手抽离旋转钢管，把车床停下后，坐在 2 号车床旁的板凳上，呼叫坐在砂轮机房外同班职工唐某某，唐某某等人闻讯后将受伤的王某某送到医院进行救治。经医院诊断，王某某右手中指、无名指、小指近指间关节撕脱离断伤。

事故原因分析：

造成事故的直接原因，是王某某戴手套在旋转的车床上对钢管进行抛光作业，违反了在旋转机床上工作严禁戴手套操作的规定，属于严重的违章作业。

造成事故的间接原因，是车间、班组对职工安全教育不够，对违章作业等行为处罚力度不够，教育与考核没有使违章者警醒，违章作业行为没有得到及时和有效禁止。

事故教训：

事故单位要加强职工安全意识教育，开展以“反违章、防事故”为主题的大讨论活动。同时加大违章行为考核及处罚力度，让违章者下岗学习。要进一步纠正职工不规范行为，杜绝违章作业现象。要加大制度落实的检查力度，提高制度的执行力。对安全意识淡薄、违章作业、冒险蛮干、违章指挥等行为，要按照“四不放过”的原则，认真分析、严格处理，考核与教育并重，延伸考核效应，坚决杜绝各种违章行为。

4. 热处理车间作业人员相互之间开玩笑导致的头部被挤压事故

2005 年 11 月 10 日，河北省某机械加工厂热处理车间在生产过程中，两名作业人员在操作淬火水池上方的葫芦吊，准备用铁吊篮去炉旁装一批加工后的轴类零件时，因开关盒发生导电，致使吊车急速向左行驶，导致铁吊篮将一名作业人员挤到墙上，造成颅脑粉碎性骨折。

事故经过：

2005 年 11 月 10 日，河北省某机械加工厂热处理车间在生产过程中，工人黄某和孙某共同在淬火水池作业。作业中，黄某操作淬火水池上方的葫芦吊，准备用铁吊篮去炉旁装一批加工后的轴类零件。孙某见黄某把吊车开得晃动不稳，便开玩笑地责骂黄某说：“你怎么开的车啊，亏你还是一名老同志呢!”听到孙某这么说，黄某便生气地将手中葫芦吊开关盒扔向孙某说：“你会开，那你来开!”孙某接到开关盒后，表示不愿总帮着黄某干活，便将开关盒又扔给了黄某。但是黄某没有接住，结果开关盒掉入水池中。在水池中开关盒发生导电，使火线向左与开关粘连，致使吊车急速向左行驶。孙某见吊车急速向左行驶，他怕吊篮撞到墙上，下意识地用手去拽吊篮，吊篮受拽力后随钩转圈将孙某挤到墙上，造成孙某颅脑粉碎性骨折。

事故原因分析：

造成事故的直接原因，是由于黄某和孙某在工作中嬉笑打闹，在争执中将开关盒扔入水中，致使水导电使开关粘连，导致吊车在行进中失去控制，而孙某在慌乱中拽吊篮，结果被吊篮挤到墙上导致重伤。

造成事故的间接原因，是开关盒密封不严，在以前的安全检查和使用中，没有发现问题，致使开关盒入水后使开关粘连，导致吊车在行进中失去控制。

事故教训：

事故单位应加强员工的安全意识教育，强调在工作中必须遵守劳动纪律，严禁在生产作业中开玩笑、打闹。操作吊车应持有起重专业证上岗，严禁他人随意操作。特殊工作情况下必须安排专门人员进行监督管理。

5. 机械制造厂冲压工作业中进入模腔取工件导致的重伤事故

2002 年 4 月 11 日，江苏省某机械制造厂在生产过程中，一名冲工在操作 80 t 冲床加工台扇零件时，由于误操作，右手进入冲床模腔内，导致右手拇指、食指、中指、无名指、小指共 10 节冲掉，造成重伤事故。

事故经过：

2002 年 4 月 11 日 21 时 15 分，江苏省某机械制造厂 204 车间在夜班生产过程中，冲工杨某某（男，20 岁，工龄 2 年）按照工作安排，在 80 t 冲床上负责加工 14 寸台扇零件。该冲床采用光电保护装置，具有较高的安全可靠性，但是杨某某由于疏忽大意，在作业前没有将光电保护装置放在正确使用位置，作业中又违反安全操作规程，右手进入冲床模腔内取工件，模具下降时将右手拇指、食指、中指、无名指、小指共 10 节冲掉，造成重伤事故。

事故原因分析：

造成事故的直接原因，是杨某某疏忽大意，违反安全操作规程，作业前没有将光电保护装置放在正确使用位置，作业中又将右手伸入模腔内取工件，从而导致事故。

造成事故的间接原因，一是冲床的光电保护装置不完好，当光电保护装置不在正确使用位置时，不能发出警告提示。二是该厂对定人定机制度执行不严，杨某某所操作的冲床属于临时安排，作业人员对所操作的冲床不熟悉。

事故教训：

事故单位应加强对员工的安全教育，增强员工的安全意识和自我保护意识；在技术培训中，要认真讲解各种安全防护装置的原理和操作方法。对冲工和相关人员要严格执行设备安全管理制度、安全操作规程，在操作前一定要进行认真的检查，操作中杜绝违章作业。对事故冲床要采取技术措施，完善安全防护装置，提高设备本质安全度。

第三节 机械制造企业班组事故隐患排查治理做法

机械制造企业在生产过程，由于大量机械设备的使用和人员的高度密集，不可避免地会发生各种各样的事故，如冲压事故、物体打击事故、触电事故等。在各种人员伤害事故中，以机械伤害事故为主，据统计，机械性伤害事故占全部事故总数的70%左右。在事故预防上，要充分发挥班组的作用，通过强化班组安全管理，加强对员工的安全教育，提高员工安全意识和安全技能，在班组生产作业前、作业中，积极排查事故隐患，夯实安全管理基础，从而保证安全生产。在此介绍一些机械制造企业班组安全管理、排查事故隐患的做法。

一、杨进聪起重班实施“三前”隐患识别作业规范化的做法

山东核电设备制造有限公司由国家核电技术公司控股组建，主要生产核电钢制安全壳、结构模块、机械模块、一体化顶盖组件等设备，肩负着核电项目关键设备国产化、自主化的历史使命。

山东核电设备制造有限公司下设 9 个车间 19 个作业班组，其中杨进聪班组是生产部动力室的起重作业班组，成立于 2008 年 3 月，现有 24 名员工，主要负责生产厂区及核电安装现场的吊装作业，所吊装物件小到几百千克大到上百吨，使用的起重吊装设备设施 90 余台。该班组曾获得过优秀青年突击队、先进党支部等诸多荣誉。

杨进聪起重班在生产中，结合本班组实际，对生产作业现场的危险源进行辨识，通过辨识与分析，采取对事故隐患整改、加大安全防护等措施，强化班组成员的安全教育，加强班组安全管理，推行的“五精模型”取得了优异成绩，创造了多个“万钩无事故”业绩。

1. 强化安全基础管理，不断完善规章制度

该班组在生产中，除了具有一般起重作业的起吊、装载、运输作业外，还具有工艺制造过程中的流程作业特点。一个合格的产品需要经过加热、锻压、划线、切割、铣边、打磨、组对、焊接、喷砂、检测、包装、出厂等十几道工序，每道工序都需要起重作业吊运、

翻转，繁重的吊装任务和高难度的吊装作业配合，使得起重作业的风险大大增加，如果不加强班组安全管理，就会导致挤、压、砸、刮、碰等起重伤害及高处坠落、触电等事故的频繁发生。

该班组在安全管理上，采取以下措施：

（1）健全和完善岗位与职责。在原有班组长管理的基础上，该班组增设了安全员、群众监督员、临时负责人，本着安全与生产同步“一岗双责”原则，完善了各岗位职责。推行组长轮班制，让所有人都参与班组管理，让员工能站在别人的角度去看待问题，解决问题。这个方法取得了良好的效果，大家都能以班组大局为重考虑问题，时时、事事、处处有人管。

（2）以“两本账”为抓手，规范班组基础管理。该班组建立了班组动静态“两本账”，把班组岗位职责、规章制度、操作规程、作业规范、应急预案、风险管理等相对固定的资料纳入静态账中，员工能够随用随查；把班组的6S检查、隐患排查、设备点检等过程记录的载体纳入动态账中，班组各项工作的痕迹在动态账中可以得到追索，同时员工的改善提案、分享和“吓一跳”分享等资料作为知识管理的内容被纳入动态账中，定期收集、整理、归纳。到目前为止，已收集OPL120篇、改善98篇、吓一跳20篇。这些隐性知识显性化，为班组活动和学习提供了素材，为防止类似事件频繁发生奠定了基础。

（3）结合作业实际，不断完善安全操作规程。为了促进班组员工操作规范化，保证作业安全，该班组先后完善了《行车操作规程》《电磁式起重机操作规程》等设备和工机具操作规程。结合岗位实践，员工提出操作规程修改建议，并经审查后进行补充修改。例如：行车操作规程补充“行车司机，上下楼梯时，不允许拿东西行走”；起重指挥规程补充“上班时间必须穿着荧光背心”等。再如：电磁式起重机的操作规程补充“电磁吊在‘吸料’状态时，观察电压、电流指示是否正常，若直流（励磁）电流低于30 A，直流（励磁）电压低于220 V应停止工作，并通知维修电工查看处理”；吊运弧形板前要对电磁吊具进行调整，以便磁铁能够更好地与板接触；被吊物表面不得有水、脏污及大量的铁锈；起重工要在作业前检查确认，行车司机在吊运前要再确认。

（4）建设班组“两个平台”，展示员工风采，激发班组活力。作为基层班组，没有太多的时间进行学习、培训和活动，该班组于是重点抓好班前会和安全活动两个平台的建设。起重班是个特殊工种，在法规要求持证上岗的基础上，该班组不放松日常的班组安全培训，为解决工学矛盾，班组把班前会、班后会和安全活动日作为培训阵地，针对操作设备、环境，以及规程、标准进行学习讨论，同时对一些险肇的“吓一跳”事件进行分析和分享，员工激情度逐渐被激活。从单一的班长讲、组员听，到人人争当安全培训师。这其中还有一个故事，按照计划应该由班组的一位女员工进行分享了，她紧张地话都说不成，出了一身汗，随着活动的深入，她已经是一位“演说家”了，其实，在这个阵地上，不只是简单的培训，而是一种从计划、编写、演讲、表达的全方位的体验活动。目前，该班组的开班前会，形式更加严格，以站军姿、点名、唱队歌、喊口号、分享 OPL、改善案例等形式提高大家士气；内容更加全面，上级文件和精神传递、上班工作总结和存在问题、本班工作安排和风险分析、班前三分钟安全分享等，全天工作内容全部在班前会上得以安排，使大家清晰工作思路，梳理工作方法，全身心地投入到一天的工作当中。

2. 实施“三前”隐患识别，把作业程序规范化

该班组在生产中，积极排查事故隐患，为了预防事故和人员违章行为，班组实施了“三前”隐患识别，把作业程序规范化的措施。

(1) 实施“三前”隐患识别。一是班前查，在班前会上察言观色、员工互查劳保用品配备，做好班前会记录和日志。二是开车前查，对材料、吊具索具、所用设备的安全部位进行排除隐患，并填写检查记录。三是在吊装作业前对安全措施、作业流程、吊装步骤再次确认。通过“三前”把关，保证作业安全。

(2) 预防起重伤害事故的规范化操作。起重作业对于核电设备制造工艺来说是至关重要的岗位，被融进了生产工艺流程，起重作业的安全与效率直接影响公司生产安全和效率。产品制造的每道工序都离不开起重作业，平吊、翻转、对接等，平均每月起吊钩次都在万次以上。在繁重和复杂的作业中，潜伏着众多隐患，如果不精心操作，事故会紧随其后。钟晓清是起重班的一名起重指挥人员，他创造了 25 年工作无事故记录，这样的员工在班组里起到了很好的表率作用。该班组在认真总结和分析钟晓清起重作业流程和步骤的基础上得到启发：他每次作业前，认真研究起吊方案，合理地将起吊作业次数减到最少，起吊作业前进行场地、设备和人员的确认，起吊过程中统一规范指挥，确保了作业安全。由此经过高度归纳和提炼，产生了起重作业预防事故规范化操作的“五精模型”，即“精心设计方案、精减吊装次数、精细化态度、精准化确认和精益化操作”。在全班推广学习，以“五精模型”规范岗位作业，不仅提高了起重班的各项工作效率，更保证了起重作业的安全可靠运行。

3. 推广学习“五精模型”规范岗位作业，积极预防事故的发生

该班组在起重作业中，把预防起重事故作为重点，在全班组积极推广学习“五精模型”规范岗位作业，从而保证作业安全。

该班组预防事故“五精模型”的具体内容如下：

(1) 精心设计方案。在每一个产品吊装时都要有章可循，每一个产品吊装前要有技术方案，并对技术方面进行交底。对每一个产品的结构、吊点都要与技术人员梳理清楚，确保产品吊装顺利进行。

（2）精减吊装次数。产品制造吊装中，在满足产品制造工艺、不破坏结构形状情况下，做好吊装方案，尽量减少吊装次数，避免重复吊运，提高设备利用率，这样既可节约时间，提高工作效率，又可降低吊装作业的危险系数。

（3）精细化态度。良好的精神状态，平和、静心、严谨、认真的态度，全身心投入工作，是起重班作业安全的前提。在产品制造吊装中，生产车间往往为了赶进度督促起重班吊装人员尽快吊装或翻转，但起重班吊装人员严格遵守吊装规则，拒绝急躁的工作心态，慢中求稳，稳中求快，始终把“安全”放在首位，不能图一时之快而酿成大错，造成安全事故。

（4）精准化确认。吊装作业中，严格执行吊装方案，从人、机、料、法、环等多方面进行严格、精准的确认，确保可能发生事故的各种危险因素处于受控状态。

（5）精益化操作。吊装作业过程中，无论是司机、指挥、协吊等人员，都应严格执行安全操作规程，实行标准作业流程，精益求精，细心操作，确保作业中无多余的动作，操作无失误，这是预防起重伤害事故的关键环节。

因此，“五精模型”是起重标准化作业关键步骤的具体体现，它不仅明确了作业流程和操作步骤，更从员工作业心理方面对作业安全的影响提出了明确的要求。

起重作业预防事故“五精模型”的推行和实践，对起重班的安全作业发挥了很大的作用，由以前个人经验上升为班组的管理模型，隐性知识显性化，全班人员得到益处。该班组自推行“五精模型”以来，全班作业实现无伤害事故，自 2013 年 7 月至今实现了 14 万钩无事故，钟晓清依然是“起重之星”，他及他的“五精模型”带领全班实现了安全生产“零事故”目标。

该班组创新提出的“五精模型”，通过各种会议、论坛和微信的发布，得到了全国同行的一致认可和赞同。在推行“五精模型”的同时，该班组在班组园地设置了“吊装明星擂台”，以月为计算单位，统计员工吊装数量、工时和工效，根据吊装次数、质量和工效进行奖励，促使员工精心高效完成“每一钩”作业，确保“钩钩”安全，把岗位作业零事故目标量化落实到每个员工的具体工作中。

二、模压班全面治理事故隐患使班组安全基础更牢固的做法

中通客车控股股份有限公司具有近四十年专业生产大中型客车的历史，主要从事客车、挂车、汽车底盘及专用配件的开发、制造，现有员工 3 000 多人，占地面积 68 万 m^2，主要生产设备 350 台（套），具有年产万台以上中高档豪华大客车的生产能力。

中通客车公司模压班现有员工 30 人，主要承担公司油压件生产和产品工装胎具制作、修校等工作。近年来，在班长展衍辉的带领下，该班组全面加强班组安全建设，形成了具

有自身特色的班组管理文化、制度文化和精神文化，得到了领导和职工群众的广泛认可，曾获得“山东省安全生产十佳班组”荣誉称号。

1. 创建安全管理标准化，提升班组安全管理水平

事故致因理论告诉我们，事故的发生大都是“人、机、环、管”四个方面中的一个或者几个原因综合造成的。即人的不安全行为、物的不安全状态、环境的不良和管理的缺陷造成的。所以只有从这四个方面入手，使人、机、环、管按照标准加以规范，就能最大限度地避免事故发生。因此，该班组在创建安全管理标准化、提升班组安全管理水平上狠下功夫。

(1) 人的生产作业行为标准化。主要包括三个方面的内容：一是要制定完善的标准化的各种操作规程，并使员工学懂、学会，全面系统掌握、灵活方便应用。二是员工要对本岗位的生产工艺，生产设备、设施，工具、用具等，按照标准进行全面的危害识别，在危害识别的基础上制定出岗位风险提示卡。通过危害识别，使员工全面掌握本岗位存在的风险及防范风险的措施，且能熟练应用这些防范措施，防止事故发生。三是制定《员工安全手册》，用安全理念、安全价值观等安全文化教育员工，提高员工安全意识。通过以上三个方面的标准化建设，避免人的各种不安全行为，使员工成为“本质安全型”员工。

(2) 物的状态标准化。主要包括两个方面的内容：一是硬件标准化。生产区和生活区要严格区分，保持安全距离，安全通道要畅通无阻，同样性质的岗位、工种作业环境要做到同一标准；生产作业现场的各种设备、设施要符合标准要求且完好率达100%，其中，特种设备更要符合标准，且每年都要经检验部门检验合格。二是这些设备、设施还要按照规范标准，合理地布置、安装；生产作业使用的各种设备、设施的安全防护装置、联锁装置齐全且符合标准要求，各种安全监控装置，仪器、仪表等合理布局、合法使用，电器的接零接地符合标准要求且每年进行检测；生产中使用的各种工具用具都要归类摆放，方便拿放，使用得心应手，做到人适机、机宜人，通过以上两方面的建设，使员工所在的生产作业场所不能有各种物的不安全状态，提高物的“本质安全”化程度。

(3) 安全管理标准化。主要包括四个方面的内容：第一，该班组按标准建立健全安全管理组织网络，形成安全工作事事有人管、时时有人抓的格局。第二，建立以安全生产责任制为核心的各项安全生产管理制度。第三，建立健全安全生产标准化管理的各种保障体系，主要是按照标准要求对各种风险进行评估，进行保险投入等。第四，创建基层安全生产文化，包括安全生产价值观、员工安全生产理念、员工安全生产行为准则等，用安全文化武装员工头脑。通过标准规范基层安全管理，形成全员、全过程、全方位、全天候的安全管理格局，实现“管理无漏洞”。

该班组通过人的生产作业行为标准化、物的状态标准化、安全管理标准化，夯实班组

安全管理工作基础。班组还特意将各类安全管理制度汇编成册，方便班组员工的日常学习。

2. 全面治理事故隐患，使班组安全基础更加牢固

该班组在生产中，通过全面治理事故隐患，使班组安全基础更加牢固。

（1）积极开展活动，全面治理事故隐患。该班组充分借助“安全生产月”“安全生产年”活动，组织班组动员会，学习其他班组好的管理经验和管理模式，在学习活动中充分利用板报、标语、横幅等形式进行宣传教育，营造了安全生产的氛围，推进安全生产长效机制建设，有效防范和坚决遏制事故发生，确保了模压班连续多年实现安全生产零事故。

（2）强化基层基础工作，规范安全管理。该班组规范安全记录、台账，统一印制班组安全活动记录表、安全培训记录表、安全培训计划报表、安全员安全检查表、变更申请及验收表、应急救援演练及评审记录表、安全培训台账、安全设施台账、安全奖惩台账等。同时加强监督执行力度，把执行规范标准变为一种习惯，有效防范和避免了事故的发生。

（3）形成“持续改进，不断创新”的班组文化。该班组动员员工积极参与合理化建议活动，对生产瓶颈和技术难点，主动进行立项攻关。像首席技师张则强、高级技师李军、张振强、徐广省等，不仅是技能拔尖人才，而且在工作上还是解决疑难杂症的点子大王，他们都有一手出精品、增效率、解难题的绝活，更重要的是他们有植根于头脑里的创新发明作业工具、优化设备模具，创新效果十分明显。如首席技师张则强主持的合装胎改造项目，通过改进提高合装效率近 3 倍；改良修复两侧蒙皮辊边机组设备，为企业节约资金 40 余万元。高级技师张振强制作的客车前风窗模具，大大降低了劳动强度，提高生产效率 3 倍以上，制作的世纪车型底架格栅反变形胎具，提高了制作质量，每辆车节约成本 3 000 元。该班组通过开展合理化建议征集活动，近 5 年间共有 120 余项小发明、小创造成果得到应用；收集合理化建议 900 多项，753 项得到推广应用。

3. 推行“安全吓一跳”工程，让大家习惯安全回头看

企业安全的基础在班组，班组的安全在于人。为了促进班组员工安全意识的增强，该班组还在班组内推行了“安全吓一跳”工程，对存有安全隐患的事例进行了全面收集，对行业内的事故案例开展警示教育，提高全员的安全隐患意识。对存有安全隐患的地方，找出源头，进行全面整改，杜绝类似事件再次发生。此项工程对班组内员工不仅是吓一跳的问题，而是一次心灵的震撼，起到了安全的警示效果，2013 年共完成安全方面的成果改善 45 项，形成工作法和操作法 30 项。

为了不断总结提高，取得更好的效果，该班组还编写了《工伤事故案例分析》和《安全吓一跳警示录》，让新进班组的员工更直观地感受安全生产的重要性。班组还成立了现场安全检查小组，每天多次对现场进行抽查，对发现的问题给予及时的通报考核，并明确整

改措施，落实责任人。

目前，该班组的班前会，已经成为班组作业安全的第一道防线，在班前会上“说安全、说工作、说问题”已经成为班组的惯例，将以往“领导说、员工听”的模式改变为“我说、你说、大家议”的形式，让班组成员成为安全会的主体，从被动倾听者变成主动思考、主动发现问题者，收效很大。

三、高凤林班组实施精细化管理消除现场事故隐患的做法

中国航天科技集团公司是国有特大型高科技企业，承担着我国全部的运载火箭、应用卫星、载人飞船、空间站、深空探测飞行器等宇航产品及全部战略导弹和部分战术导弹等武器系统的研制、生产和发射试验任务。目前集团公司下辖 8 个大型科研生产联合体（研究院）、13 家专业公司、9 家上市公司和若干直属单位，从业人员 17 万人。

中国航天科技集团公司一院 211 厂是我国规模最大的运载火箭和导弹武器总装集成企业，该厂十四车间高凤林班组由 19 名成员组成，主要从事火箭发动机特种熔融焊接工作。近年来，该班组在生产中坚持“安全第一”的理念，在具有多种高危因素的生产环境中，从技术、组织、管理方面采取有力的措施，保证生产安全，取得了优异的成绩，荣获国资委中央国有企业学习型红旗班组“标杆”“全国工人先锋号”“全国学习型优秀班组”、集团公司“航天金牌班组”等多项荣誉称号。

1. 夯实班组安全管理基础，不断完善班组安全机制

高凤林班组把班组安全管理与班组安全文化建设相结合，坚持以安全文化为引领，积极开展安全建设活动。

该班组成立了以组长、工会小组长、安全员、安全巡视员为核心成员的班组安全执行保障机构，分片督导和落实，制定了零安全事故的责任目标和工作计划，每个月都开展相应的安全培训和考试，建立安全考核机制，制定月考核积分表，实行安全事故一票否决制，并与上级部门和安全部门沟通实行联合监督和考评。

为了夯实班组安全基础，该班组从学习入手，在进行岗位职责、制度、规程和标准的学习中，不断消化和吸收的同时，着重完善、改进和提升其内容，把国家和企业推行的安全建设的相关要求和内容，即健康安全、环境安全、生产安全以及安全标准化的相关内容，通过消化吸收、整理完善，固化下来，制定了较为完善的班组人员安全职责和安全制度标准，进一步确立了组长、组内安全员、组内安全巡视员、组员应遵从的岗位安全要求和岗位职责要求。

在班组责任体系的保障下，该班组进行了以下工作：一是制定了 38 项安全规章制度，

并分门别类进行档案化管理。二是制作了6块班组安全生产文化和现场管理看板，使安全生产文化、考核要求和现场跟踪记录与生产紧密结合。三是制作6模块13项考核内容的班组安全量化考核表，把教育计划和培训计划进程实时公示，并进行签字确认，缺勤进行补课。四是实行“两单一志控制分析法”，即建立组员安全资质确认单、安全管理台账单和班组成员安全日志，做到人人参与，人人掌控，并把每个班组成员的安全运行情况进行统计和分析，做到实时跟踪。五是设立“一台三表”设备管控机制，即每台设备都建立了日运行点检表和设备利用率记录表以及设备安全使用自查表，每日对设备安全使用情况进行跟踪考核。六是组内严格执行和遵守各类安全制度、操作规程和作业标准，每月定期进行安全演练和预防，对高、中、低作业现场，人、物、环风险因素，全方位预防和管控。七是组内考核领导小组成员每月进行统计汇总分析，并把分析结果上报给上级主管部门进行统一考核，系统控制。八是班组员工在消化安全条例的基础上，都制定了自己的安全座右铭，张贴在班组管理看板上，实时铭记。九是班组实行全员安全管理，每位班组成员都负责组内的一项安全工作，做到了人人懂安全，知安全，会安全，做安全。

2. 实施班组精细化管理，消除生产现场事故隐患

在生产中，该班组注重安全全过程控制，指定安全员和安全巡视员共同执行和监督生产过程中不安全隐患的排查和预防工作。2013年，该班组在坚持以往良好传统的基础上，更是在工作现场把所有能引起潜在安全风险或危险源（包括照明灯和电源开关）都进行标识或标记共计267处，逐点提醒，工作现场中，只要有任何危险因素存在，就设立警示标识，进行视觉与自身把控，这样的外部和自身的全过程遵守，使得班组未出现一例安全事件，甚至是平时易出现的飞溅烫伤、弧光灼伤和登高扭伤也基本未出现。

该班组在安全管理上推行精细化，从班前准备过程控制到危险源辨识，排查和治理事故隐患；从作业行为规范到生产过程安全危险点的提示，现场管理的标准化流程的考核，都紧贴实际需求，完善治理结构，做到零安全目标、责任和任务落实到生产的各个环节中，有的放矢，积极杜绝短板和死角。

在班组生产现场安全管理中，主要进行了以下工作：

（1）以人为本，每日班前会强调补短板，目的是把安全责任和当日工作中可能出现的安全隐患及预防措施进行班前再培训。

（2）每日班中或班后由组长进行巡视检查，实时提醒，实时纠正，并利用班后会进行总结和记录当日安全情况，员工个人撰写安全工作日志。

（3）班组所有危险点和危险源都张贴警示标识，关键区域用安全围栏遮挡，避免可能出现的意外。

（4）积极开展对生产环境的隐患排查和特定生产产品的安全因素的隐患排查和治理工

作，做到实时对应防护，在复杂情况下，做到安全第一，杜绝隐患。

（5）坚决执行作业行为规范要求，利用班组的传承模式，进行培训、辅导、纠正和监督，做到不带问题上岗，不带问题操作，并在开工前对照操作要求进行预备和检查。

（6）在生产作业过程中实行个人预防、班组成员互防和团队联防机制，达到相互协同，群策群力，控制生产作业过程中可能出现的突发事件，确保安全生产全过程平稳有效。

（7）在作业现场实行安全闭环管理，做到安全条件不具备决不进行作业生产，并建立上下协调机制，积极调动一切资源，解决现场安全问题，共同遵守和管理。

（8）针对作业环境和每件产品对象，班组制定标准作业规程，经反复讨论，形成具有约束力的操作规范，并进行考核监督。

3. 结合班组自身特点开展活动，不断促进班组安全

该班组在日常工作中，结合班组自身特点开展活动，不断促进班组安全。主要做好以下几个方面的工作：

（1）制定了一系列安全操作规程和规范，并纳入到安全制度的考核和企业标准管理活动中，确保安全管理活动贯彻到每一项生产作业中。

（2）班组坚持每日班前后会进行警示教育，每月进行安全统计和分析，每季度参加企业安全培训，实时掌握安全活动要求并自觉配合安全考核和监督。

（3）积极开展安全岗位达标活动，制定了员工安全考核明细表，利用班组建设基金进行安全活动考核，将行为安全管控纳入到日常管理中。

（4）梳理了现场所有安全隐患并标识警示，进一步提升了对安全风险的预知和预防。对存在重大安全隐患的生产作业制作了规范操作流程，把安全生产隐患控制在可控范围内。

（5）班组开展了每位员工制作操作规程活动，经广泛讨论和认可，结合行为安全标准，确认为操作指导规程。做到自知、自省、自控，发挥了员工的主观能动性。

（6）自主活动方面，积极开展安全操作示范安全知识考核和竞赛活动，结合厂安全月开展安全知识演讲等活动，使班组成员在参与活动中得到能力的提升和掌握。

四、数控班组开展危险源辨识积极排查治理事故隐患的做法

中航工业北京航空制造工程研究所创建于 1957 年，现有职工 1 300 余人，主要从事航空制造技术和专用设备开发的综合性工艺研究。

北京航空制造工程研究所 105 室工程三部数控班组，成立于 2007 年，现有 22 人，年龄 35 岁，主要从事数控加工工艺、数控机床操作、钳工、机械检查等工作。该班组作为一线生产班组，危险隐患时刻存在，班组高度重视生产作业中的各种不安全因素，不断补充

完善危险源辨识，并有针对性地采取安全措施，对安全工作长抓不懈，取得了优异成绩。

1. 完善班组安全基础，把控生产中的细节

该班组在生产中，积极完善班组“5 个安全基础”，把控生产中的细节，预防各种事故的发生。

(1) 明确岗位与职责，明确制度、规程和标准，夯实班组安全管理基础。该班组对班组长、安全员和员工安全职责清晰，要求明确，并在现场通过展板进行展示。该班组对现场和各工种分别制定了安全管理制度、安全作业指导书和安全操作规程，利用每次班前会时间开展学习讨论，并通过答卷形式考察掌握情况，时刻提醒员工注意安全生产，同时利用板报宣传。

(2) 做好班组的教育培训工作。该班组积极组织班组成员参加各项安全教育与培训，并制定班组计划，认真落实。特别重视对新员工进行岗前三级安全教育培训，指导员工做到“四个不”：不伤害自己，不伤害他人，不被他人伤害，不看着他人受伤害。贯彻“三防”机制：个人自防，相互协防和检查督防。通过以上措施，严控人的不安全行为。

(3) 做好班组安全管理台账。该班组设立安全管理台账，及时准确记载“班组安全生产管理制度及操作规程清单”“设备设施台账”“危险源辨识风险评价清单”“班组人员劳动防护用品配备标准”“班组人员劳动防护用品领用记录”“班组安全目标管理计划及措施”“新入厂复工及调岗人员安全教育记录”“班组每周安全会议记录”“班组安全活动记录”“工伤事故四不放过记录”“班组安全生产检查记录”“隐患整改记录”等各项安全活动、信息和相关资料等内容。

(4) 做好设备设施维护保养。该班组编制了“设备日常检查表”“通用非标设备设施台账”和“压力表、安全阀送检记录”及“消防设施、消防器材管理台账”等档案，做到定期维护保养生产设备，检查安全设施情况，及时维修设备，排除故障。制定“安全检查、隐患整改制度”，发现隐患，立即上报解决，或制定相应维修、改造方案。在作业前，该班组还按照“班组安全生产检查记录表”中规定的 8 项内容和“消防安全日巡查记录表”中规定的 15 项内容进行巡检，掌握现场安全状况，及时发现并解决问题。

2. 开展危险源辨识，排查与治理事故隐患

该班组在生产中，有各种数控设备，如标桥式高速数控铣床、五坐标数控龙门铣床、五坐标（三联动）数控仿形龙门铣床、数控立式车床、三坐标数控测量机等。在生产中要面对起重机吊索具缺陷、吊物超重、卷扬系统损坏、空压机安全装置失灵、调压阀失灵和冷却系统故障等危险。因此，开展危险源辨识，排查与治理事故隐患十分重要。

(1) 做好作业前准备。作业前，该班组按照“班组安全生产检查记录表”中规定的 8

项内容和“消防安全日巡记录表”中规定的15项内容进行巡检，掌握现场安全状况，及时发现并解决问题。该班组还编制了“学习型班组建设班前会记录本”，充分利用班前会时间，总结前一天生产、安全工作内容和问题，同时，布置当天生产工作和安全注意事项，学习相关资料，并做好记录。

（2）做好危险辨识工作。该班组根据本班生产特点，认真开展危险源辨识工作，梳理班组作业活动26项、危险源99个。其中属于一级危险源15个、二级危险源44个、三级危险源40个，并细化到铣工、车工、钳工和机械检查工，使员工明确各自工作中存在的安全隐患和风险，并按照相应防范措施做好预防。现场以板报形式长期张贴展示。

（3）做好隐患排查与治理工作。该班组在每日巡检过程中或工作期间，如发现安全问题、隐患，及时分析原因并上报主管部门，积极配合参与排查治理事故隐患工作，提出设备维修改造建议和计划。两年来累计排除各类设备故障90余次，提出改造需求8项。

（4）做好作业行为管理。该班组利用班前会时间，在布置生产工作的同时布置安全工作，并通过安全事故案例学习，使员工吸取经验教训，举一反三，防止类似事故发生。在作业现场，以设备或工序为单位，采取机长、组长负责制，管理、监督员工工作行为是否符合安全要求。同时员工间相互提醒，认真执行操作规程和安全作业指导书要求，实现安全生产。

（5）做好作业过程控制。该班组设备员工每天按照“设备日常检查表”内容要求，逐项检查、记录设备状态，做好设备日常维护、保养工作。按要求做好消防设施检查，保证设施无故障运行。在作业现场，按照6S标准完成了物品定置、标识、区域划分；重新油漆了标识线；制作了设备、定置区标识牌；更换、新增了洗手墩布池等整理整顿工作。安全警示标志及标识规范完好。

（6）做好标准化作业工作。该班组对各岗位安全作业标准进行张贴和目视化管理，使员工明确要求，并执行相关规定。编制危险化学品“安全使用说明书”，介绍其理化特性、主要用途、操作规范、储存使用注意事项，明确其造成的健康、环境危害和有害燃烧产物。制定了防护急救和消防措施。实际工作中，该班组采用专用容器存储化学品，做好标识，并存放于危险品储物柜中，设立专人管理。做到要求明确，产生的危害、危险、隐患清晰，使用消防、防护措施具体，可操作性强。

3. 开展安全管理活动，做好应急演练方案并组织演练活动

该班组在生产中，积极开展安全管理活动，做好应急演练方案并组织演练活动。

（1）做好安全管理活动。该班组每年按照安全月主题要求开展学习、宣传、教育和各项安全活动，还开展员工安全承诺活动，制定班组安全目标和实施举措，员工签名承诺，确保目标的有效落实。

（2）做好职业健康工作。该班组通过持续的岗位安全培训，让员工明确本岗位职业危害及后果知识，掌握防护措施，正确佩戴和使用劳动防护用品和器具。班组还严格按照劳动防护用品使用标准和规定，定期为员工配发劳保鞋、防护服、护目镜、耳塞和口罩，员工普遍养成了自觉防护意识。每年做好有害工种员工体检和疗养工作，保障员工的身心健康。

（3）做好应急预案与事故处理。该班组认真组织员工学习安全“应急作业指导书”的内容，掌握发生安全意外事故或紧急情况时的应急准备和响应程序及各种伤害的判断与简单处理方法，如制定班组消防应急演练方案并组织演练活动。检验火灾发生时班组在保护人身、国家财产安全方面组织、报警、防控及应急疏散逃生方面的能力。通过演练，使员工树立消防安全意识，提高自救互救和应对突发事件的能力，掌握正确的消防、逃生方法，有效减低事故危害和事故损失。同时通过演练暴露不足与问题，及时总结，改进班组消防安全工作。

该班组作为一线生产班组，多年来始终坚持贯彻“安全第一、预防为主”的方针，建立健全班组各项安全规章制度，如现场管理制度三项、安全作业指导书六项、安全操作规程五项。积极组织参加各项安全学习培训，提高员工安全理论水平和意识，掌握正确的防控方法。通过在现场张贴宣传画、设备安全操作规程，悬挂横幅，在板报撰写宣传稿件等多种形式营造班组安全文化氛围。同时建立了每周学习安全、天天检查安全。安全月突出主题、强化安全工作的长效机制，做到及时发现安全隐患和问题，立即采取有效措施解决和预防。员工自主安全意识增强，实现了由“要我安全”到“我要安全”的转变，形成了安全促生产、生产保安全的良性循环。

五、装配车间一班组增强员工发现整改隐患主动性的做法

中国一拖集团有限公司是中国特大型机械制造企业，始建于1955年，目前已经发展为能够生产系列拖拉机、推土机、收割机、压路机、柴油机、汽车、路面摊铺机械等多系列产品的现代化企业。

中国一拖柴油机有限公司装配车间装配一班成立于1980年，现有职工68人，年龄分布在18～45周岁，是一支年轻化、业务素质高的职业化队伍，担负着柴油机缸体、缸盖、曲轴等重要零部件的装配任务以及所有零部件的清洗任务。该班组曾荣获河南省安康杯优胜班组、全国机械工业优秀质量管理小组一等奖，河南省信得过班组等荣誉称号。

1. 规范现场安全管理，规范操作岗位安全作业

装配一班具有工作范围大、人员多、设备多、设备分布广等特点，仅工作面积就占车

间面积的2/3，设备有清洗机9台、压床3台、缸体翻转架4台、加热炉2台、限压阀试验台2台、地下输送带2台、天车5台、平衡吊12台等。班组安全管理工作难度和重点，主要是各种可能发生的人身伤害事故。该班组针对生产现场存在的问题，以规范现场安全生产管理为重点，以班组生产操作岗位安全作业达标为核心，全面开展安全管理标准化活动。

(1) 制定标准化操作规范，纠正人员违章。该班组作为一线生产班组，成员主要由青年工人组成，人员流动性非常大，不断补充的新职工为班组安全管理带来了难度。新职工安全教育的好坏对其在工作中是否安全有着非常重要的影响。于是，班组总结多年来的经验，对职工进行安全操作规范教育，保证每一位新职工在上岗前都能受到全面细致的安全教育，为上岗后的操作打好坚实的基础。新职工分配到工位后，由班组长指定师傅，签订师徒合同，合同期为三个月，合同期内不允许师傅与徒弟脱离岗位或班次，合同期内徒弟的安全、质量各项工作由师傅负责，合同期满后，由个人向班组申请考评上岗。

(2) 班组结合安全警示卡及三不伤害、一不失误的要求，制定出班组各个工位的标准化流程，统一了操作动作，避免因操作失误造成安全事故。装配标准化作业流程是将十几年来优秀的职工操作经验总结并固化下来，整理成册，使其标准化、一致性，侧重于职工的每一个动作。它是工艺文件的有益补充，也是对装配车间《职业化员工行为规范》的补充和完善，更是装配职工知识的传承与共享。班组新人多并且流动频繁，给班组安全工作带来了难度，根据起重设备的特点和吊钩吊具的使用需要，该班组制作了吊钩吊具具体的使用方法，并且以图文并茂的形式对职工进行吊钩吊具正确的操作方法进行指导。

2. 完善班组安全管理活动，强化职工安全意识

该班组在安全管理中，注意完善班组安全管理活动，强化职工安全意识。

(1) 每天坚持班前会活动。班组坚持每天早上的安全学习，分析总结布置安全生产工作，及时贯彻传达上级安全生产会以及文件精神。班组每天利用班前会向职工宣传安全生产方针政策，分析当前安全生产形势，了解安全生产状况，班组安全管理情况等；在班前会上布置的安全生产工作提出具体要求，针对具体工作强调安全注意事项，提醒职工加强安全责任，确保生产安全。

(2) 加强班中安全巡检，及时发现问题。该班组每天班前会的计划布置认真细致，检查更是从未放松，有人说过“布置＋不检查＝零”，安全工作不能总是希望职工去做什么，而是需要制订详细的检查计划，按照计划认真去检查，这样才能提高职工的执行能力，职工才会按照布置的内容认真去做。该班组正是紧紧围绕这个主题，制定了详细的每日检查计划，按照计划的内容认真检查。

(3) 每周全面检查评价。该班组每逢节假日做好节前检查，发现问题及时整改，每周对当月的安全情况进行小结，对安全工作突出的个人进行评比和奖励，充分调动职工参与

安全管理的积极性。

（4）定期组织班组安全活动。开展班组安全活动是安全管理的重要内容之一，是保证安全生产的一项重要措施，是提高员工的安全文化素质的手段之一，该班组通过开展“反违章、提素质、保安全”“安全警示教育”等丰富多样的安全活动，努力提高员工的安全素质，让“我要安全”渗透到职工日常工作习惯之中。真正做到“三不伤害，一不失误”。坚持每周一的安全学习，从年初的安全宣誓与责任书签订，到安全月活动的开展，班组紧紧围绕企业经营发展目标，坚持“安全第一，预防为主，综合治理”的方针，扎实开展各项安全活动。

（5）全员参与危害辨识。危害辨识作为事故预防的重要手段，该班组一直作为一项重要安全工作非常重视，班组还成立了以班组长、安全员、工会组长为成员的评价小组，并制定了开展危害辨识活动的具体要求，确实把各工位的不安全因素辨识出来，供新进厂职工学习。对于辨识出来的危害及时整理后上报车间，由车间审核通过后及时加入各工位“三不伤害一不失误防护卡”中，并组织职工学习。

（6）组织班组成员开展应急演练。预防事故发生是安全工作的重点，但是也不能怕出事故，出了事故不能慌乱，需要有条不紊地开展救援工作，降低事故的危害，减少造成的损失，这就需要进行事故应急演练。

3. 提高员工安全意识，增强员工发现整改隐患的主动性

该班组在安全管理中，认真完善各类管理台账和记录，不断提高班组安全管理的有效性，提高班组安全活动及安全学习的实效，增强员工风险辨识与防范能力，加强员工安全意识和操作技能的教育，提高员工“三不伤害、一不失误”的意识，增强员工自觉发现隐患、整改隐患的主动性，减少了生产安全事故的发生。

（1）建立健全完善的安全管理制度，落实规章制度。该班组制定并实施班组安全教育与培训计划，开展新入职、转岗或离岗人员的岗前三级安全教育和“四新”安全教育培训；日常采用“师带徒”活动，强化员工安全操作技能。

（2）坚持班组长每天现场巡检，及时解决现场问题。该班组采用“设备设施自评表”记录设备设施每天的运行状况，真实记载动态原始记录台账，做到记录及时、准确、清楚，寻找设备出现故障的规律，以便在现场巡检中有重点的关注，保障作业过程中的各类安全要素处于在控可控状态。对班组相对的危险作业，如吊钩吊具，建立班组管理台账，班组长根据管理台账每天进行抽检，岗位员工按照吊钩吊具的检查标准进行班前自检，使危险作业得到全方位有效监控。

（3）班组每周一开展班组安全管理活动，主要议题包括班组长对班组安全问题点评，让组员清晰班组安全管理状况。鼓励组员对班组安全管理和岗位安全问题进行提案或改善

建议，提高员工安全参与积极性和安全素质，对采纳的合理化建议纳入班组奖励。

（4）根据新发布的事故案例和现场作业的改变及时对岗位危险因素进行识别，对有可能造成重大危险或引起重大危害的事件，制定“班组应急措施”，并确保组员应知应会，确保作业岗位安全提醒、危险预知、行为观察等方法，对员工不安全行为及时采取纠正和控制措施。鼓励职工参与班组安全管理的积极性，将所有人员的主观能动性调动起来。

（5）开展安全隐患自查自报活动，立足本岗位寻找安全隐患，由组员上报班组岗位安全隐患，班组整理后由班组长组织开展力所能及的隐患治理整改，对班组未能解决的隐患，以文本形式上报车间。在整个班组内部营造一种自下而上的安全隐患排查、整改、上报，全员参与的安全文化。

俗话说：基础不牢，地动山摇。装配一班在人员多、设备多、工作范围大等不利的条件下，通过强化管理措施，有效地提升了安全水平，促进了班组安全工作。

第七章　建筑施工企业班组事故隐患排查治理做法

建筑施工具有生产周期长、施工多在露天和高处进行、受到自然气候条件的影响大等不利因素。因此，建筑施工企业要预防事故的发生，就要充分认识到搞好安全防范的重要性，重视安全防护设施的投入，加强现场安全管理，做好事故隐患排查治理工作，努力创造安全的生产环境。同时，要加强安全管理，加强对人员的技术培训，完善安全生产管理规范、技术规范、人员行为规范，积极预防事故的发生。

第一节　建筑施工企业生产风险与事故特点

建筑施工是指各类房屋建筑及其附属设施的建造和与其配套的线路、管道、设备的安装等。建筑业是一个危险性较高、易发生事故的行业。建筑施工需要根据建筑结构情况进行多工种配合作业，多单位（土石方、土建、吊装、安装、运输等）交叉配合施工，所用的物资和设备种类繁多，因而施工组织、施工技术管理和安全管理的要求较高。在建筑施工中，哪个环节管理不到位，出现隐患没有及时排查治理，就有可能导致事故的发生。

一、建筑施工企业生产特点与风险

1. 建筑施工的主要特点

建筑行业的生产特点、产品特点，与其他行业有很大的不同，具体有以下几个特点：

（1）建筑产品的多样性。由于各种建筑物或构筑物都有特定的使用功能，因而建筑产品的种类繁多。不同的建筑物建造不仅需要制定一套适应于生产对象的工艺方案，而且还需要针对工程特点编制切实可行并行之有效的施工安全技术措施，才可能确保施工顺利进行和安全生产。

（2）建筑施工的流动性。建筑产品都必须固定在一定的地点建造，而建筑施工却具有流动性，主要表现在三个方面：一是各工种的施工人员在某建筑物的部位上流动；二是施工人员在一个工地范围内的各栋建筑物上流动；三是建筑施工队伍在不同地区、不同工地的流动。这些都给安全生产带来了许多可变因素，稍有不慎，容易导致伤亡事故的发生。

（3）建筑施工的综合性。建筑物的建造是多工种在不同空间、不同时间劳动并相互配合协调的过程，同一时间的垂直交叉作业不可避免，由于隔离防护措施不当，容易造成伤亡事故，各工种间的交叉作业由于安排不当，也可能导致伤亡事故的发生。

(4) 作业条件的多变性。建筑施工大多是露天作业，日晒雨淋、严寒酷暑以及大风影响等形成的恶劣环境，不仅影响施工人员的健康，还易诱发安全事故。此外建筑施工高处作业多，据统计建筑施工中的高处作业约占总工程量的90%，而且高处作业的等级越来越高，有不少高度超过100 m的高处作业。高处作业除了不安全因素多外，还会影响人的生理和心理，建筑施工伤亡事故中，近六成与高处作业有关。另外还有不少作业在未完成安装的结构上或搭设的临时设施（如脚手架等）上进行，使得高处作业的危险程度严重加剧。

(5) 施工人员劳动强度的繁重性。建筑施工中不少工种仍以手工操作为主，加上组织管理不善，无限制地加班加点，施工人员在高强度劳动和超长时间作业中，体力消耗过大，容易造成过度疲劳，由此引起的注意力不集中或作业中的力不从心等易导致事故的发生。

(6) 施工现场设施的临时性。随着社会发展，建筑物体量和高度不断增加，工程的施工周期也随之延长，一年以上工期的工程比比皆是。为了保证工程建造正常和顺利进行，施工中必须使用各种临时设施，如临时建筑、临时供电系统以及施工现场安全防护设施，这些临时设施经过长时间的风吹、日晒、雨淋、冰冻和种种人为因素，其安全可靠性往往明显降低，特别是由于这些设施的临时性，容易导致施工管理人员忽视这些设施的质量，因而安全隐患和防护漏洞时常出现。

建筑施工的上述特点，客观上造成了安全管理和安全生产的难度，所以建筑施工企业对安全生产问题需要更加重视。从建筑施工的特点中，可以明显地看出每一个特点都包含着多种不安全因素，建筑施工的安全管理工作，正是针对这些不安全因素展开的。

2. 建筑施工存在的风险

在建筑施工中，由于作业环境复杂，工种多、工序多、投入使用的机械设备多，而且随着新工艺、新技术、新材料、新设备的不断应用，在施工生产活动过程中危险和危害因素也相应多而繁杂，加上我国建筑施工安全生产基础薄弱，安全科学技术比较落后，安全保障体系和机制不健全等原因，建筑领域伤亡事故多发的状况依然存在。

建筑施工存在的风险，主要体现为各类事故。事故类型以“五大伤害”为主，即高处坠落事故、触电伤害事故、施工坍塌伤害事故、物体打击伤害事故、机具伤害事故。“五大伤害”事故起数约占事故总数的90%。

“五大伤害”事故还是最容易造成群死群伤的事故类型，是建筑工程施工现场存在的常见重大危险，其他重大危险还有中毒、爆炸、火灾等。因此，在建筑工程施工过程中需要及时、全面、准确地系统辨识各种危险，及时排查治理事故隐患，采取积极的安全措施进行有效控制，从而减少事故发生率，保证施工人员的生命安全。

建筑施工存在的风险主要有两大类：一是自然原因形成的风险，二是人为因素（包括管理因素）形成的风险。在这两类风险中，有些因素是可以通过风险控制加以避免或者减少损失的，有些则是不可避免的。一个建设项目，从立项到投入使用，各种各样的风险是必然存在的。

建筑施工存在的风险主要有：

（1）深基坑工程的风险。建筑工程深基坑是指挖掘深度超过 1.5 m 的沟槽和开挖深度超过 5m 的基坑，或深度虽未超过 5 m，但在基坑开挖影响范围内有重要建（构）筑物、住宅或有需要严加保护的管线的基坑。包括施工方案、临边防护、坑壁支护、排水措施、坑边荷载、上下通道、土方开挖、基坑支护变形监测和作业环境等。主要危害有坍塌、高处坠落。

（2）超高跨模板支撑工程的风险。超高、超重、大跨度模板支撑工程是指高度超过8 m 或跨度超过 18 m 或施工总荷载大于 10 kN/m^2 或集中线荷载大于 15 kN/m 的模板支撑工程。包括施工方案、支撑系统、立柱稳定、施工荷载、模板存放、支拆模板、模板验收、混凝土强度、运输道路和作业环境等。主要危害有坍塌、高处坠落。

（3）脚手架工程的风险。脚手架工程包括：搭设高度在 20 m 以上的落地式脚手架；悬挑脚手架；高度在 6.5 m 以上、均布荷载大于 3 kN/m^2 的满堂脚手架；附着式整体提升脚手架。主要危害有坍塌、高处坠落。

（4）起重机械装拆工程的风险。起重机械主要指物料提升机、人货两用施工电梯和塔式起重机。包括安装、顶升、吊装、拆除作业。主要危害有坍塌、高处坠落、起重伤害。

（5）施工临时用电的风险。施工临时用电包括外电防护、接地与接零保护系统、配电线路、配电箱、开关箱、现场照明、电气设备、变配电装置等安全保护（如漏电、绝缘、接地保护、一机一闸）。主要危害有触电、火灾。

（6）“四口”“五临边”的风险。“四口”指通道口、预留洞口、楼梯口和电梯井口。“五临边”指基坑周边、尚未安装栏杆或栏板的阳台、料台与挑平台周边、雨篷与挑檐边、无外脚手架的屋面及楼层周边及水箱和水塔周边。高度大于 2 m 的“四口”“五临边”作业面，因安全防护设施不符合或无防护设施、人员未配系防护绳（带）等造成人员踏空、滑倒、失稳等意外。主要危害是高处坠落。

（7）悬挂作业的风险。悬挂作业主要指吊篮外墙涂料作业。主要危害有高处坠落、物体打击。

（8）人工挖孔桩的风险。人工挖孔桩因孔内通风排气不畅，造成人员窒息或气体中毒，或孔壁坍塌掩埋施工人员等。主要危害有坍塌、中毒。

(9) 仓库、食堂的风险。施工用易燃易爆化学物品临时存放或使用不当、防护不到位，造成火灾或人员中毒意外；工地饮食因卫生不符合，造成集体中毒或疾病。主要危害有火灾、爆炸、中毒。

(10) 临时民工宿舍、围墙的风险。工地临时民工宿舍和围墙失稳，造成坍塌、倒塌意外以及临时民工宿舍发生重大火灾。主要危害有坍塌、火灾。

二、建筑施工风险控制原则与措施

1. 建筑施工风险控制基本原则

面对建筑施工存在的各种风险，需要在重大危险源辨识和风险评价的基础上，编制科学的危险源管理方案，未雨绸缪、预先控制，及时消除施工过程中存在的不安全因素，达到实施风险控制的目的。建筑施工风险控制基本原则主要是有以下几项。

(1) 消除优先原则。首先考虑通过合理设计和科学管理，尽可能从根本上消除危险源，实现本质安全。如采用无害工艺技术、生产中以无害物质代替有害物质、实现自动化、遥控技术等。

(2) 降低风险原则。如果无法从根本上消除危险源，就要考虑降低风险。采取技术和管理措施，努力降低伤害或损坏发生的概率或潜在的严重程度。

(3) 个体防护原则。在采取消除或降低风险措施后，还不能完全保证作业人员的安全健康时，就需要考虑个体防护设备作为补充对策，如穿戴特种劳动防护用品等。

2. 建筑施工风险控制管理措施

(1) 建立健全危险源管理的规章制度。危险源确定后，在对危险源进行系统危险性分析的基础上建立健全各项规章制度，包括岗位安全生产责任制、危险源重点控制实施细则、安全操作规程、操作人员培训考核制度、日常管理制度、交接班制度、检查制度、信息反馈制度、危险作业审批制度、异常情况应急措施和考核奖惩制度等。

(2) 明确安全责任、定期检查。应根据各危险源的等级，分别确定各级负责人，并明确其应负的具体责任。特别是要明确各级危险源的定期检查责任，除了作业人员必须每天自查外还要规定各级领导定期参加检查。对危险源的检查要制定检查表，对照规定的方法和标准逐条逐项进行检查，并作记录。如发现隐患则应及时反馈，及时消除。

(3) 加强危险源的日常管理。要严格要求作业人员贯彻执行有关危险源日常管理的规章制度；按专项施工方案安全操作规程进行操作；按安全检查表进行日常安全检查；危险作业经过审批等。所有活动均应按要求认真做好记录，领导和安检部门定期进行严格检查考核，发现问题，及时给予指导教育，根据检查考核情况进行奖惩。

(4) 抓好信息反馈，及时整改隐患。要建立健全危险源信息反馈系统，制定信息反馈制度并严格贯彻实施。对信息反馈和隐患整改的情况，各级领导和安检部门要进行定期考核和奖惩。安检部门要定期收集、处理信息，及时提供给各级领导研究决策，改进危险源的控制管理工作。

(5) 搞好危险源控制管理的基础建设工作。建立健全危险源的安全档案和设置安全标志牌。应按安全档案管理的有关内容要求建立危险源档案，并指定专人保管，定期整理。在危险源的显著位置悬挂安全标志牌，标明危险等级，注明负责人员，标明主要危险，并扼要注明防范措施。

(6) 搞好危险源控制管理的考核评价和奖惩。对危险源控制管理的各方面工作制定考核标准，并力求量化，划分等级。定期严格考核评价，促使危险源控制管理的水平不断提高。

3. 建筑施工风险控制的技术措施

建筑施工风险控制的技术措施主要有如下几项。

(1) 消除的技术措施。消除系统中的危险源，可以从根本上防止事故的发生，但是按照现代安全工程的观点，彻底消除所有危险源是不可能的。因此，人们往往首先选择危险性较大、在现有技术条件下可以消除的危险源，作为优先考虑的对象。可以通过选择合适的工艺、技术、设备、设施，合理结构形式，选择无害、无毒或不能致人伤害的物料来彻底消除某种危险源，如淘汰毛竹脚手架、钢管扣件式物料提升机等。

(2) 预防的技术措施。当消除危险源有困难时，可采取预防危险因素的措施，如使用安全阀、安全屏护、漏电保护装置、安全电压、熔断器、排风装置等。

(3) 减弱的技术措施。在无法消除危险源和难以预防的情况下，可采取减轻危险因素的措施，如降温措施、避雷装置、消除静电装置、减振装置等。

(4) 隔离的技术措施。在无法消除、预防和减轻危险源的情况下，应将人员与危险源隔开并将不能共存的物质分开，如遥控作业、安全罩、防护屏、隔离操作室、安全距离等。

(5) 联锁的技术措施。当操作者失误或设备运行达到危险状态时，应通过联锁装置终止危险、危害的发生。

(6) 警告的技术措施。在易发生故障和危险性较大的地方，配置醒目的安全色、安全标志，必要时，设置声、光或声光组合报警装置。

(7) 应急救援的技术措施。制定重大危险源应急救援预案，当事故不可避免发生时，应立即启动应急救援预案，组织有效的应急救援力量，实施迅速的救护，是减少事故人员伤亡和财产损失的有效措施。

三、建筑施工事故特点与原因

1. 建筑施工中常见伤亡事故类别

建筑施工中常见伤亡事故类别有：物体打击、车辆伤害、机具伤害、起重伤害、触电、高处坠落、坍塌、中毒和窒息、火灾和爆炸以及其他伤害。根据历年来伤亡事故统计分析，建筑施工中最主要、最常见、死亡人数最多的事故有五类，即高处坠落、触电、物体打击、机械伤害、坍塌事故。

建筑施工伤亡事故常见形式有以下 33 种，见表 7—1。

表 7—1　　建筑施工伤亡事故的常见形式

事故类别	序号	常见形式
高处坠落	1	从脚手架坠落
	2	从垂直运输设施坠落
	3	从预留洞口、楼梯口、电梯井口、通道口坠落
	4	从安装中的结构上坠落
	5	从楼面、屋顶、高台等临边坠落
	6	从机械设备上坠落
	7	其他：滑跌、踩空、拖带、碰撞等引起坠落
触电	8	带电电线、电缆破口、断头
	9	电动设备漏电
	10	起重机部件等触碰高压电线
	11	挖掘机损坏地下电缆
	12	移动电线、机具以及电线拉断、破皮
	13	电闸箱、控制箱漏电或误触碰
	14	强力自然因素导致电线断裂
	15	雷击
物体打击	16	空中落物、崩块和滚动物体的砸伤
	17	硬物、反弹物碰伤、撞击
	18	器具飞击
	19	碎屑、破片飞溅

续表

事故类别	序号	常见形式
机械伤害	20	机械转动部分的绞、碾和拖带
	21	机械工作部分的钻、刨、削、锯、砸、轧、撞、挤等
	22	滑入或误入机械容器和运转部分
	23	机械部件飞出
	24	机械失稳、倾覆
	25	其他：机况不良，违章操作，机械安全保护措施欠缺
坍塌事故	26	基槽或基坑壁、边坡、洞室等土石方坍塌
	27	地基基础悬空、失稳、滑移等导致上部结构坍塌
	28	施工质量极度低劣造成建筑物倒塌
	29	施工失稳倒塌
	30	脚手架、井架等设施倒塌
	31	施工用临时建筑物倒塌
	32	堆置物坍塌
	33	大风等强力自然因素造成倒塌

2. 建筑施工伤亡事故基本特点

根据某建筑施工企业对大量人员伤亡事故案例所进行的统计分析，施工企业伤亡事故有如下特点：

（1）高概率、高危害、高损失事故较集中。需要注意的是，容易形成群伤群亡的事故，主要集中在：坍塌、放炮、提升及车辆伤害、冒顶片帮等四类。这四类事故的平均事故死亡严重度为1.54人/次，比统计平均事故死亡严重度高30.5%。其中放炮和冒顶片帮事故属低概率事故。易形成物毁人亡、造成较大经济损失的事故类别主要有：坍塌、火灾、起重伤害、提升及车辆伤害。

归纳起来，高概率、高危害、高损失事故主要有四类，即高处坠落事故、提升及车辆伤害事故、坍塌事故、起重伤害事故，这四类事故是安全管理的重点。

（2）违章事故多。统计资料表明，大多数事故都涉及人和物两个方面的原因，从人的方面来看，主要是人的不安全行为，如安全意识差、忽视安全操作规程、技术水平低、临危应变能力差等。其中违章作业导致的伤亡事故占事故统计数的63.1%，而习惯性违章则占41.8%。

在建筑施工生产过程中，人员违章行为十分严重，既有习惯性违章、侥幸心理支配下的冒险违章，也有未理解安全操作规程内容而导致的盲目违章，还有领导的违章指挥及施工负责人带头形成的群体违章。一些事故案例表明，有些违章作业是操作者明知是违章，但为了赶时间或者为了图省事，而冒风险；有些习惯性违章作业，甚至于被人们视为正常的作业程序，操作者每天这样干，管理者也熟视无睹。这说明规章制度的执行和落实情况并不理想，不严格照章办事的现象依然十分严重。违章作业之所以屡禁不止，屡教不改，究其原因，一方面是因为多数违章行为并没有导致伤亡事故，导致伤亡事故的违章作业往往是多次违章作业中的一次，这样就使得许多职工存在侥幸心理，存在临时凑合一下的习气，放松了对违章作业可能导致伤害的警惕；另一方面，违章事故多与管理上的缺陷有直接联系，有章不循、违章不究、不严格照章办事，管理上缺乏新办法，没有约束力是违章作业的重要原因。

（3）特种作业人员事故概率高。特种作业是指对操作者本人，尤其对他人和周围设施的安全有重大危害因素的作业。在建筑施工过程中，特种作业主要有：电工作业、起重机械作业、爆破作业、金属焊接（气割）作业、机动车辆驾驶、建筑登高架设作业、压力容器操作等。在特种作业人员中，机动车辆驾驶员、电工、电焊工、起重工及炮工，事故死亡人数比较集中。这说明在建筑施工生产中，特种作业危险性大，特种作业人员死亡概率高。

（4）重大伤亡事故发生于年轻工人的居多，文化程度低者居多。根据某建筑施工企业的统计，在该企业事故伤害人员中，初中文化程度者、小学文化程度者及不识字者分别占统计人数的35.27%、30.92%、16.18%，三项之和为82.37%。同时，在死亡人员中，35岁以下的事故伤亡人员占伤亡总人数的66.14%。当然，这也与建筑施工人员年龄较轻有直接的关系。

3. 建筑施工伤亡事故原因分析

建筑施工伤亡事故涉及因素较多，主要有外部原因、内部原因、客观原因三个方面。

（1）事故的外部原因。从事故的外部原因分析，目前建筑市场尚不规范，有些业主片面压工期、压价，拖欠工程款，给施工企业增加负担，从而造成施工企业安全生产上的投入资金严重不足；有的业主随意肢解工程，总包单位无权对工程进行综合管理，施工现场杂乱无章。

（2）事故的内部原因。从事故的内部原因分析，一些施工企业在当前市场经济条件下，片面追求经济效益，减少安全设施上的必要投入；有的企业以包代管现象严重，一包了之，缺乏必要的管理；有的企业在改革改制中，削弱安全管理机构，减少安全管理人员，造成企业的安全生产管理力量不足，力度不够；有的企业不重视安全培训教育，对所聘用的人员缺乏最基本的安全教育，违章指挥、违章操作、违反劳动纪律现象普遍存在。由此种种原因，造成建筑伤亡事故时有发生，给国家和人民生命财产造成损失，同时影响了社会稳定、家庭幸福，影响了建筑业的社会形象。

（3）事故的客观原因。建筑施工伤亡事故多还有其客观原因，这些客观原因主要有以下几个方面：

1）高处作业多。按照国家标准《高处作业分级》规定划分，建筑施工中有90%以上是高处作业。

2）露天作业多。一栋建筑物的露天作业约占整个工作量的70%，它受到春、夏、秋、冬不同气候以及阳光、风、雨、冰雪、雷电等自然条件的影响和危害。

3）手工劳动及繁重体力劳动多。建筑业大多数工种至今仍是手工操作，由于手工操作容易使人疲劳、注意力分散、误操作多，所以容易导致事故的发生。

4）立体交叉作业多。建筑产品结构复杂、工期较紧，必须多单位、多工种互相配合、立体交叉施工。如果管理不好、衔接不当、防护不严，就有可能造成互相伤害。

5）临时员工多。目前，在工地第一线作业的工人中，农民工占50%～70%，有的工地甚至高达95%。

造成建筑施工伤亡事故的原因，决定了建筑工程的施工是一个危险性大、突发性强、容易发生伤亡事故的生产过程，因此，必须加强施工过程的安全管理，并严格按照安全技术措施的要求进行作业。

四、建筑施工事故发生规律分析

1. 事故发生的时间规律

在建筑施工事故发生的时间规律上有以下一些特点。

（1）事故逐月分布规律。事故次数密集的月份是4月、5月、6月三个月，年底的几个月发生事故也比较集中。每年1—2月有元旦和春节两个重大节日，多数单位的施工现场放假，事故处于低潮。每年开春后，各施工现场开始进入施工期，而人员的思想尚未完全进入施工状态。随着工程进入施工旺季，任务增加，节气发生变换，发生事故的可能性相对增加。到了年底，工程的施工要告一个段落，任务紧，作业人员也想早点完工及早回家“探亲”，加之低气温影响，工作条件差，也常有事故发生。另外，中秋节及秋收后也是一个危险期。总之，事故逐月分布规律显示，一年的节假日前后是危险阶段，在施工高峰期尤为明显。

（2）事故逐日分布规律。事故次数密集的日期是发工资和发奖金日期间。对各施工现场检查的统计结果表明，在发工资和发奖金日前后，是未遂事故的高峰期。其原因：经济收入分配对职工来讲是事关重要的，在此期间职工的思想不稳定，常常分心走神，分散了施工中的安全注意力，导致事故的发生。

（3）事故逐时分布规律。事故次数密集的时间是上午10时与下午2时左右，主要原因是施工人员此时体力消耗增大，身体疲乏，注意力不集中。现在，许多施工现场在上述两个时间敲响安全警钟、播放安全广播，向施工人员提示注意事项，同时播放音乐以减缓施工人员的紧张与疲劳。

2. 事故发生的人员规律

在建筑施工事故发生的人员规律上有以下一些特点。

（1）事故者工龄分析。建筑施工队伍的特点是更新换代快，工龄短者占伤亡事故比例最大。新进来的员工来自不同的地方（例如有刚从学校毕业的学生、来自乡村务农的农民等），大多补充到施工第一线。这部分人员年龄较轻，精力旺盛，但施工工龄短，缺乏现场作业经验，是违章作业的主要人群。

（2）事故者年龄分析。从事故者年龄分析可以看出发生伤亡事故最多的人员是30岁以下的青年人，最小的仅18岁。突出地说明大部分青年工人及新进不久的新员工，因安全施工知识和经验比较缺乏，对施工现场危险的辨识能力较差，容易发生事故。因此加强安全教育和安全培训工作具有特别重要的意义。

3. 事故发生的环境规律

在建筑施工事故发生的环境规律上有以下一些特点。

（1）地点因素。主体工程虽然工作量大，施工人员众多，施工环境恶劣，但由于加强了安全施工管理，事故发生频率反而比辅助、附属的工程要低，而对于忽视安全管理、不重视安全的偏远、临时的作业面（现场），常常容易形成“小河翻船”。由此，可以看到加强安全管理对保障安全施工的作用。

（2）专业分布。施工现场发生事故最多的是装潢、安装专业，其中电气专业为第一位；吊装、起架、木工专业事故发生频率也很高，这与其工作性质有关。装潢、安装专业人员，机械高度密集，水平、垂直立体交叉施工，所以发生事故的概率最高；其次是土建专业。

（3）用工形式因素。农村来的包工队，对安全施工认识不足，安全意识薄弱，安全知识贫乏，不知对自身进行安全保护是发生事故的主要原因。这部分人员也是安全教育工作的重点和安全防范的重点。

4. 事故发生的建筑部位规律

从事故发生的建筑部位来看，以建筑高楼房为例，大多在搁置悬挑结构、雨篷阳台部位和二层以上楼板的部位，屋顶转角处、墙面转角处也为事故多发部位。因建筑人员在操作时容易忽略建筑荷载重心部位，使荷载重力失衡，出现悬挑结构、雨篷阳台倾覆，而使建筑人员跌落伤亡。二层以上高空吊装楼板时往往需要较多的人力和机械动力，人们的注意力都集中在吊装楼板上，且楼板等水泥制品因目前各方面对质量管理不严，劣质产品充斥市场，在吊装时断裂变形，可能压伤建筑人员。各部位的转角处也是发生事故的危险部位，因无去路，稍有不慎就会跌落而亡。在屋面装修时，由于主体工程基本结束，人们的安全意识开始淡化，也容易引发事故。这些部位是建筑事故的并发部位。资料证明，在悬挑结构、雨篷阳台处发生的事故占总数的 20%，在屋面转角、墙面转角处发生的事故占总数的 25%，二层以上吊装楼板发生事故占总数的 35%。

5. 事故发生的自然环境规律

建筑伤亡事故的发生与自然环境有着密不可分的关系，并有一定的规律性，一般发生在大风暴雨后和严寒酷暑的天气里，以及周围电线星罗棋布和闹市区的环境中。大风暴雨后，其安全设施经风吹雨打发生质的变化，安全稳定性差。严寒酷暑天气使安全设施物体伸缩变形，物件的安全性、稳定性受到破坏，再加上严寒天气人的手脚麻木，站立不稳，酷暑天气使人流汗不止、视力模糊，易发生事故。

6. 事故类别和原因的规律

（1）事故类别。从事故类别分析，发生事故中高处坠落占第一位，其次是机具伤害及物体打击。高处坠落事故的主要原因是防护设施和个人防护不当。这与建筑施工高处作业多的特点直接相关，在高处作业过程中，如果不注意个人防护，就会导致高处坠落事故的发生。

（2）事故原因。从事故统计分析可以看出，属于个人原因的违章作业占事故原因的第一位。属于管理原因的占第二位，主要指劳动组织不合理，对现场缺乏指导，设施存在缺陷，不懂得操作技术知识等。属于物质原因的占第三位，主要指防护、保险信号、设备器具、附件等有缺陷，光线不足、工作地点及通道条件不良等原因。其他原因属第四位。

在建筑施工中发生的事故，大多是由于人员的违章操作和违章指挥造成的，而违章行为又是由于人员的安全意识淡薄、安全知识贫乏、安全技能低下等引起。从安全教育上，要采取各种形式，引导施工作业人员学习有关安全文明施工知识，提高安全知识和技能，以及对事故的防范意识、防范行为和防范能力。在技术措施上，要求在预算、编制年度施工计划的同时，必须组织编制安全技术措施计划，做到与施工计划同时下达，同等考核。

确保安全技术措施计划经费的开支，做到专款专用。安全施工措施必须结合每项作业的实际情况编写，要针对性强，可操作性强，按建筑施工相关安全技术规程规范的要求，明确指出危险点、危险源，没有达到上述要求的一律不予审批。措施交底要全员签字，执行中不得走样。在安全管理工作中，实行横向到边、纵向到底的全员动态管理；实行从立项、组织设计、准备、施工到试运行和投资移交的全过程管理；实行各职能部门的全方位管理；实行对危险作业、人员变化、违章行为、事故和未遂事故、事故隐患、整改反馈等信息管理；实行凡是施工的地方，凡是有人作业的时候，就必须有人管理安全。

第二节 建筑施工企业典型事故案例分析

建筑施工中危险因素多，事故发生率高，生产安全问题一直比较突出。如果从事故隐患排查治理的角度来看，建筑施工事故主要可以分为两类，一类是设备设施隐患未能及时消除引发的事故，另一类是人员作业隐患未能及时消除引发的事故。对于事故的预防，需要做好事故隐患排查治理工作，及时发现和消除事故隐患，同时加强日常的安全管理，要严格要求作业人员贯彻执行有关危险作业管理的规章制度，按安全操作规程进行操作，按安全检查表进行日常安全检查，危险作业经过审批等。

一、设备设施隐患未能及时消除引发的事故

1. 楼梯口临边防护栏杆拆除未能及时复原导致的高处坠落事故

2002 年 1 月 14 日，在上海某高层工地上，因将复式室内楼梯口临边防护栏杆拆除，未能及时复原，一名作业人员不慎从高处坠落，经抢救无效死亡。

事故经过：

2002 年 1 月 14 日，在上海某高层工地上，因 1 月 11 日 4 号房做混凝土地坪，将复式室内楼梯口临边防护栏杆拆除，但由于混凝土地坪尚未干透，强度不足，故而无法恢复临边防护设施。项目部准备在地坪干透后，再重新设置临边防护栏杆，因此安排瓦工封闭4 号房 13 层施工墙面过人洞。施工现场负责人王某，未经项目部同意，擅自安排两位职工到 4 号房 13 层封闭施工墙面过人洞，普工李某负责用小推车运送砌筑砖块。上午 7 时左右，李某在运砖时，由于通道狭窄，小推车不能直接穿过墙面过人洞，李某在转向后退时，不慎从 4 号房 13 层室内楼梯口坠落至 12 层楼面（坠落高度 2.8 m）。事故发生后，现场人员立即将其送往医院，经抢救无效于次日凌晨 2 时死亡。

事故原因分析：

造成事故的直接原因，是因做地坪将楼梯口防护栏杆拆除，混凝土尚未干透，临边防护栏杆未能复原，从而导致事故的发生。

造成事故的间接原因，是违反施工顺序、违章指挥，施工现场负责人擅自安排工人进行砌筑作业。

事故教训：

事故单位应在公司范围内，组织全面安全生产大检查，做好整改工作。要加强对现场施工队伍的管理，管理措施一定要落到实处。安排工作前首先要对工作环境认真检查，确认无安全隐患后，再安排工作。对危险作业必须进行有针对性的、全面的安全技术交底。要重点加强临边、洞口安全防护设施的管理，并在施工中派专人进行监护。

2. 操作平台搭设不规范木搁栅突然断裂导致的高处坠落事故

2002 年 1 月 16 日，在上海某安装工地，一名作业人员在用小推车运送混凝土时，因搭设不规范的操作平台的木搁栅突然断裂，导致人员从高处坠落，因伤势过重，经抢救无效死亡。

事故经过：

2002 年 1 月 16 日，在上海某安装工地，分包单位瓦工班长王某，安排组员李某在 3 号房 4 层在操作平台上，用小推车运送混凝土浇筑圈梁。下午 15 时 20 分左右，在浇筑卫生间北侧圈梁混凝土时，因搭设不规范的操作平台的木搁栅突然断裂，李某连人带车从标高 11.6 m 的操作平台上坠落至标高 8.4 m 的楼面，坠落高度 3.2 m。事故发生后，项目部立即将李某送往医院，但因伤势过重，经抢救无效死亡。

事故原因分析：

造成事故的直接原因，是李某在 4 层楼面浇筑圈梁时，由于操作平台搭设不够规范，木搁栅突然断裂。

造成事故的间接原因，是分包单位对危险部位的施工安全防护设施没有编制专项方案，对搭设人员的安全技术交底针对性不强。搭设后检查、验收不到位，致使操作平台存在安全隐患没有及时消除。

事故教训：

事故单位应组织全体人员学习安全生产有关法律、法规及建筑施工安全规范和公司规章制度以及操作规程，以此吸取血的教训，举一反三，切实加强安全防护设施方案编制以及搭设、验收工作，确保操作工人的人身安全。按“四不放过”的原则，对施工现场进行一次全面彻底的安全专项检查，对查出的事故隐患按要求整改，并进一步完善安全防护设施。

3. 焊接作业时因焊钳漏电作业人员触电导致的高空坠落事故

2002年9月18日，在上海某联合厂房、办公楼工地上，一名作业人员在焊接作业时，因焊钳漏电，被电击后从2.7 m的高空坠落到基坑内，因伤势过重，经抢救无效死亡。

事故经过：

2002年9月18日，在上海某联合厂房、办公楼工地上，分包单位正在进行水电安装和钢筋电渣压力焊接工程的施工。下午18时，安装公司工地负责人施某安排电焊工宋某、李某以及辅助工张某加夜班焊接竖向钢筋。19时30分左右，辅助工张某在焊接作业时，因焊钳漏电，被电击后从2.7 m高空坠落到基坑内不省人事。事故发生后，项目部立即将张某送到医院抢救，因伤势过重，经抢救无效死亡。

事故原因分析：

造成事故的直接原因，是设备附件有缺陷，焊钳破损漏电，作业人员在进行焊接作业时，因焊钳漏电遭电击后坠地身亡。

造成事故的间接原因，是安全生产管理不严，电焊机未按规定配备二次侧触电保护器。同时施工现场安全防护措施不落实，作业区域未搭设操作平台，辅助工张某坐在排架钢管上操作，遭电击后，因无防护措施，从2.7 m高处坠落到基坑内。

事故教训：

事故单位应加强机械设备管理，特别是电焊机要按照规定配备二次侧触电保护器，并经常检查电焊机运转情况、焊钳完好情况，发现破损要及时更换，防止漏电，严防事故重复发生。认真落实安全生产各项防护措施，施工现场要有安全通道，作业区域要搭设操作平台，“洞口”“临边”防护措施必须保证落实，加强施工现场临时用电管理，电器设备的配置、用电线路的设置要按规范要求实施，确保临时施工用电安全。

4. 工程挖土施工作业没有及时发现事故隐患造成的坍塌事故

2002年12月29日，在上海某旧区改造工程的工地上，正在进行基础工程的挖土施工作业，一名作业人员被突然坍塌下来的土体压住，经抢救无效死亡。

事故经过：

2002年12月29日，在上海某旧区改造工程的工地上，正在进行基础工程的挖土施工作业。其中6号房位于施工现场道路东侧，基础开挖后为防止基坑边坡塌方，瓦工班长邱某安排瓦工张某等砌筑边坡挡土墙。晚8时30分左右，正在6号房基坑西北角砌筑挡土墙的张某，被突然坍塌下来的部分土体压住。事故发生后，现场立即组织人员将其救出，并随即送往医院紧急抢救，但因张某脑部挫裂伤势过重，经抢救无效于当晚死亡。

事故原因分析：

造成事故的直接原因，是张某等人在6号房基础内，砌筑边坡挡土墙的过程中，偏西北角部分松弛的土体突然坍塌，将正在低头砌墙的张某压住，头部碰到挡土墙。

造成事故的间接原因，是夜间施工作业场所照明不足，张某等人在施工时，未对现场周围土体松弛脱落现象引起重视，没有及时发现和消除事故隐患。

事故教训：

事故单位要吸取本次伤亡事故的惨痛教训，举一反三，开展安全生产责任制教育，明确各级管理人员、施工人员的安全责任，提高全员的安全意识。要对危险作业部位和过程编制专项施工方案，严格审批程序，并在施工过程中予以严格执行。要加大施工现场的安全检查监督力度，加强对危险源和不安全因素的监控，对安全缺陷和事故隐患进行及时彻底的整改。

5. 作业时楼板内预先敷设的电源线路没有断电导致的触电事故

2006年7月18日，北京市某施工单位一名水电工，在卫生间利用水钻开孔作业时，因照明电源线被钻破，芯线外露，导致水钻外壳带电，不幸触电死亡。

事故经过：

2006年7月18日，北京市某施工单位水电班长王某，安排本班组职工赵某和吕某在工程二楼206房间的卫生间施工，利用水钻开孔作业。当时地面存有积水，赵某脚穿拖鞋作业，手上没戴绝缘手套。作业时将楼板内预先敷设的照明电源线钻破，芯线外露，导致水钻外壳带电，赵某触电倒地死亡。

事故原因分析：

造成事故的直接原因，一是作业时楼板内预先敷设的照明电源线路没有及时断电，给施工作业留下了安全隐患。二是操作工人脚穿拖鞋，属于违章作业。

造成事故的间接原因，一是漏电保护器失灵，当设备外壳带电时，没有起到保护作用。二是手持电动工具的金属外壳未做可靠的接零保护。三是施工单位没有给工人配发劳动防护用品。

事故教训：

事故单位要吸取教训，按照《施工现场临时用电安全技术规范》对现场配电箱进行全面检查，确保所有器件灵敏有效。要对手持电动工具进行全面检查，确保用电设备的金属外壳有可靠的接零保护。加大施工现场管理力度，落实安全生产规章制度，保证施工现场安全、有序。切实做好施工人员的安全教育，把施工前的安全技术交底工作落实到各施工班组及每一位施工人员，深化安全意识。加强对用电人员的安全教育，在潮湿的环境下施工，要正确使用、佩戴劳动防护用品。

二、人员违章作业隐患未能及时消除引发的事故

1. 人员严重违章作业操作致使作业平台倾覆高处坠落事故

2014 年 4 月 29 日，唐山市天鸿建筑安装工程有限公司在唐山钢铁集团高强汽车板有限公司 2 区建设工地施工时，在进行屋面系统点焊偶撑螺钉时发生一起高处坠落事故，造成 1 人死亡，直接经济损失 180 万元。

事故经过：

2014 年 4 月 29 日 7 时 30 分，唐山市天鸿建筑安装工程有限公司唐山钢铁集团高强汽车板技术改造项目部带班班长赵某，安排姜某某和陈某某 2 人，乘坐自制高空吊筐点焊建设工地屋面系统（距地面高度 20 m）的偶撑螺钉，其中姜某某为普工，未取得焊工特种作业证。姜某某认为用吊筐作业又累又慢，便要求使用高空作业平台点焊偶撑螺钉，赵某于是安排姜某某独自使用高空作业平台进行作业，安排陈某某去拼装屋面檩条。16 时 30 分，姜某某站在高空作业平台大臂前端平台上（距地面约 18 m，高空作业平台大臂伸出约 26 m）作业时，违反高空作业平台作业规程，在高空作业平台大臂未收臂的情况下，擅自操纵操作杆移动高空作业平台，致使作业平台重量失衡发生倾覆，姜某某随大臂前端平台一起坠落至地面受伤。事故发生后，现场人员把姜某某送往医院抢救，经抢救无效死亡。

事故原因分析：

造成事故的直接原因，是姜某某未取得焊工特种作业证，擅自进行焊接作业，违反高空作业平台作业规程，在高空作业平台大臂未收臂的情况下，擅自操纵操作杆移动高空作业平台，致使作业平台重量失衡发生倾覆，姜某某随大臂前端平台一起坠落至地面受伤死亡。

造成事故的间接原因，是现场安全管理人员安全意识淡薄，未尽到安全管理职责，安全检查走过场，隐患排查不力，未能及时发现并制止施工人员的违章行为。

事故教训：

事故单位要认真吸取事故教训，立即开展安全生产大检查，全面排查和消除各类事故隐患，杜绝各类事故的发生。要加强对施工作业现场的安全管理，认真落实安全生产责任制，提高安全管理水平，加强对危险区域作业现场的安全检查，杜绝违章作业，要指派专人进行安全监护，并确保监护可靠、有效，覆盖作业的全过程。要教育和督促从业人员严格执行本岗位的规章制度和安全操作规程，充分认识危险危害因素，坚决杜绝违章作业，从本质上提升职工的安全意识及安全素质。

2. 装修人员没有采取任何防护措施登高作业导致的高处坠落事故

2013年11月13日上午7时20分左右，江苏荣翔建设工程有限公司在河北省某工程9号楼内装修，发生高处坠落事故，造成1人死亡，直接经济损失69.5万元。

事故经过：

河北省某工程9号楼于2012年4月开工建设，现已主体封顶，进入最后室内装修环节。11月13日上午7时20分，室内装修工人汤某某和闫某某在某工程9号楼三单元8楼一房间内的南面落地窗（未安装窗框）内侧开始干活，负责在屋顶涂抹腻子，使屋顶平整。两人分别蹬着120 cm高的长条凳子站在窗户边上开始打墨线，然后在不平整的地方用腻子补齐。闫某某在作业中走到窗口位置，收线时重心失稳，从8楼窗口掉下去。事故发生后，现场人员立即将闫某某送往医院，经医院抢救无效于当日上午8时死亡。

事故原因分析：

造成事故的直接原因，是装修工人闫某某缺少基本安全常识，在没有采取任何防护措施、没有正确佩戴任何劳动防护用品的情况下登高作业，并导致事故发生。

造成事故的间接原因，是现场安全管理人员对事故隐患排查工作不细致，没能及时发现施工过程中存在的危险因素，没能及时纠正所存在的安全隐患，在落地窗口没有任何防护措施的情况下，允许工人登高作业。

事故教训：

事故单位应吸取事故教训，根据本公司的自身生产实际情况、危险程度、工作性质及具体工作内容的不同，完善各岗位安全生产操作规程。立即开展从业人员安全生产教育培训，使从业人员熟悉和掌握安全生产知识，增强职工安全意识，切实使每名职工能够熟悉本岗位的安全生产操作规程，掌握本岗位的安全操作技能，同时立即为从业人员配备符合国家标准或行业标准的劳动防护用品，并监督从业人员正确佩戴。立即制定安全生产隐患排查治理制度，开展全面的安全生产检查，整改安全隐患，落实企业安全生产主体责任。

3. 在电梯井内清理垃圾不慎坠落安全网失效造成的高处坠落事故

2013年5月20日，中太建设集团股份有限公司承建的某项目工地，一名工人在2号楼2单元西侧电梯井内15层清理垃圾时，不慎坠落，导致木楞穿体，经抢救无效死亡。

事故经过：

2013年5月20日6时20左右，中太集团公司秦皇岛分公司承建的某项目施工现场经理上班后，安排架子工班组清理电梯井垃圾，班长付某接受任务后，给班组4个工人分配工作，2个人一个井，董某某（男，25岁，架子工）和周某某清理2号楼15层1单元西侧电梯井，另外2人清理东侧电梯井。董某某和周某某乘坐双笼电梯直接到15层后，从电梯井门口的钢筋防护栏的中间空隙钻进去开始干活，董某某在靠近井里面的东南角位置，拿着手锤和钎子凿粘在搭设的硬防护平台上的水泥垃圾，清理到10时左右，董某某踩翻了踏板，不慎跌了下去，由于防护网固定不牢固，董某某一直下跌到地下室的电梯井里的木楞上。事故发生后，现场经理立即组织人员抢救，并拨打120急救电话求援，因伤势过重，董某某经抢救无效死亡。

事故原因分析：

造成事故的直接原因，一是作业人员在电梯井15层防护平台上清理垃圾时，由于震动，造成防护平台水平支撑滑落，平台板发生倾翻；二是在安全系数较小又处于高处作业的防护平台上作业，作业人员虽配备了安全带，但在进行清理作业时没有悬挂，平台板发生倾翻时失去了保护。

造成事故的间接原因，是事故现场的电梯井内虽按要求每三层设置了一道安全防护网，但安全防护网固定不牢固，在重物冲击下失去了防护作用，致使作业人员发生坠落后穿过4道安全防护网坠落到电梯井底部，从而导致死亡。

事故教训：

事故单位要深刻吸取这起事故血的教训，广泛开展事故警示教育，全面提升整体安全意识，严格落实国家规定的建筑施工安全防护措施，杜绝类似事故。建筑施工单位要大力加强日常安全生产教育培训，认真开展施工安全技术交底、告知工作，进一步规范教育内容、培训时间和师资配备等有关要求，使每名施工人员真正了解岗位安全操作规程、相关安全规章制度和工程施工中的各类危险源（点），全面提升全员安全素质，坚决杜绝各类“三违”现象的发生。施工单位要认真按照建设部颁布的《建筑施工安全检查标准》（JGJ 59—2011），深入开展安全生产自查自纠活动，认真排查治理各类安全生产事故隐患。定期进行安全检查，把隐患排查治理工作落到实处，大力降低隐患总量和发生频率。

4. 司机清洗泵车没有关闭电源违章冒险作业导致的伤害事故

2013年7月14日17时左右，由江苏伟恒建设集团有限公司承建的某项目发生一起机械伤害事故，造成1人死亡。直接经济损失约77万元。

事故经过：

2013年7月14日17时左右，该工地2号楼21层顶板混凝土泵送浇筑完毕，泵送混凝土出租方的地泵司机王某某在泵车空运转情况下，将料斗口防护格网移开，站在料斗口上方的东北侧，清洗泵车内剩余的混凝土浆，不慎失足滑落到旋转料斗内，运转的泵车搅拌扇叶将其卷入其中。现场人员发现后急忙关闭地泵电源，待消防官兵到来后切断搅拌轴后将王某某救出，由120将伤者送至医院进行抢救，因伤势严重抢救无效死亡。

事故原因分析：

造成事故的直接原因，是司机王某某清洗泵车进行维修保养前，没有关闭电动机及电源开关，违章冒险作业，导致事故发生。

造成事故的间接原因，是项目部未认真履行安全监理责任，监督不力，对王某某违章行为未能及时发现和制止。

事故教训：

事故企业要认真吸取事故教训，对在建工地开展安全生产大检查，彻底消除安全隐患，预防各类事故的再次发生。要加强对施工人员的安全生产教育和管理，未经安全生产教育培训合格的从业人员，不得上岗作业，严禁违规冒险作业。要进一步落实安全生产责任制度、安全生产管理制度和岗位操作规程，认真排查事故隐患，做到不安全不施工。

5. 施工人员操作切割机开槽作业不慎切破电线导致的触电事故

2002 年 7 月 21 日，在上海某建设实业发展中心承包的 4 号房工地上，一名施工人员在开凿电线管墙槽工作时，由于操作不慎，切割机切破电线导致触电，经抢救无效死亡。

事故经过：

2002 年 7 月 21 日，在上海某建设实业发展中心承包的 4 号房工地上，水电班班长朱某、副班长蔡某，安排普工朱某、郭某二人为一组到 4 号房东单元 4～5 层开凿电线管墙槽工作。下午 1 时上班后，普工朱某、郭某二人分别随身携带手提切割机、锤子、凿头、开关箱等作业工具进行作业。普工朱某去了 4 层，郭某去了 5 层。当郭某在东单元西套卫生间开凿墙槽时，由于操作不慎，切割机切破电线，使郭某触电。下午 4 时 20 分左右，木工陈某路过东单元西套卫生间，发现郭某躺在地坪上，不省人事。事故发生后，项目部立即派人将郭某送往医院，但经抢救无效死亡。

事故原因分析：

造成事故的直接原因，是郭某在工作时，使用手提切割机操作不当，以致割破电线造成触电。

造成事故的间接原因，一是项目部对职工安全教育不够严格，缺乏强有力的监督。二是工地对施工班组安全操作交底不细，现场安全生产检查监督不力。三是职工缺乏相互保护和自我保护意识。

造成事故的主要原因，是施工现场用电设备、设施缺乏定期维护和保养，开关箱漏电保护器失灵造成触电事故。

事故教训：

事故单位要认真吸取教训，立即组织安全部门、施工部门、技术部门以及现场维修电工等对施工现场进行全面的安全检查，不留死角。对查出的机械设备、电器装置等各种事

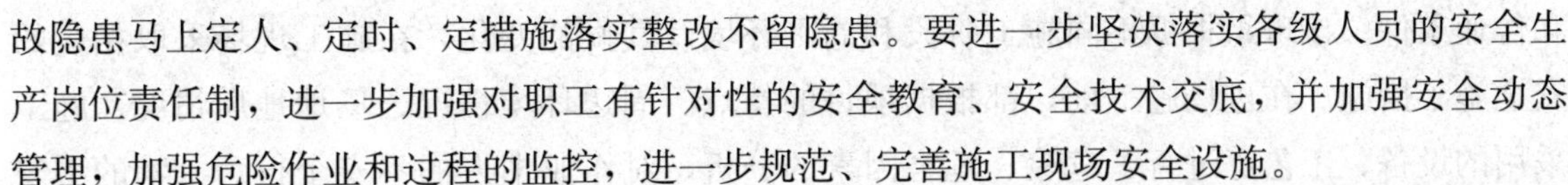

故隐患马上定人、定时、定措施落实整改不留隐患。要进一步坚决落实各级人员的安全生产岗位责任制，进一步加强对职工有针对性的安全教育、安全技术交底，并加强安全动态管理，加强危险作业和过程的监控，进一步规范、完善施工现场安全设施。

第三节　建筑施工企业班组事故隐患排查治理做法

建筑施工现场是安全管理的重点，而施工现场的安全工作要靠现场所有人员共同重视才能做好。施工现场项目管理人员，应结合本工地的实际，开展经常性的安全警示教育，增强作业人员的安全意识，提高人员的技术技能水平，促进作业人员由被动受控到主动参与的转变，变管理对象为管理动力，从而通过管理人员与作业人员的共同努力，实现安全生产。从大量事故案例来看，80%以上的事故都是由于人的不安全行为引起的，因此，加强班组的作业控制，强化员工的安全意识，全面提升班组安全管理的有效性，对于控制事故的发生有重要的作用。

一、朱静涛基础施工班组做好现场安全管理排除隐患的做法

中国冶金地质总局中南局始建于1952年，是集固体矿产地质勘查、研究、开发及相关技术服务、机械装备加工制造等为一体的大型综合性国有地质勘查单位，现有职工近8 000人。

中国冶金地质总局中南局湖北中南勘察基础工程有限公司朱静涛基础施工班组，成立于2010年6月，主要承担钻孔灌注桩、地下连续墙、钢筋混凝土内支撑、立柱桩、高压旋喷桩、三轴搅拌桩、土方开挖以及其他辅助作业。该班组自成立以来，由于切实加强安全生产基础建设，不断提升安全管理水平，做到不安全不生产，所以从未发生人身伤害、重大设备事故、重大生产事故，连续四年荣获“中南勘基安全生产先进班组”称号。

1. 做好现场安全管理，根据规范、标准排除各类隐患

该班组在施工中，特别注意做好现场安全管理，根据《建筑机械使用安全技术规程》《施工现场临时用电安全技术规范》《建筑施工安全检查标准》等规范、标准，进行安全检查，排除各类隐患，做好施工的各项工作。

（1）该班组在施工作业安全防护方面达标，为施工人员提供符合安全标准的生活环境

和作业条件。该班组根据不同施工阶段和周围环境及气候的变化，在施工现场采取相应的安全施工措施。在进场施工前，都根据项目的特点、周边环境情况、场地地质情况、施工采用的设备、工艺等进行了危险、危害因素的分析，对作业中人的不安全行为、物的不安全状态和作业环境进行了辨识、评价，将识别出来的危险因素以清单的形式告知班组全体成员。组织技术人员、安全管理人员针对不同的危险因素制定了相应的防范控制措施，并在施工现场主要危险部位设置明显的安全警示牌、岗位危险告知牌等。对班组全体成员进行有针对性的安全技术交底、安全教育培训，特别是对危险因素的预防措施重点进行交底。

（2）安全设施及条件必须符合标准化要求。该班组要求临时便道的宽度、坡度、路面硬化、排水功能等应满足要求；与既有道路交叉或重要进出口连接部位路面需硬化；在交叉道口、危险部位的安全标牌、指路标识、安全防护措施要齐全有效。

（3）临时设施不能有临时意识。该班组要求拌合站（泥浆搅拌）、钢筋制作区域等集中规划盖建，选址安全，建筑面积、功能区划合理，安全警示警告标牌等设置齐全有效。临时用电的布设，采用三相五线制保护接零系统；设备设施临时用电符合要求；相应安全标识牌齐全。

（4）现场防护、施工作业安全防护必须达标。该班组针对项目的具体情况，制定了班组安全制度、操作规程及作业标准，实施过程中进行了完善、补充，为班组的安全生产提供了有效的技术保障。班组在深基坑、泥浆池周边、爬梯等高处作业临边现场，按照规范设置防护设施，设置警示警告标牌，特别注意高空作业、桩基、深基坑施工作业，各种防坠落设施、消防设施等按有关规定设置。

（5）严格安全技术交底制度和施工安全专项费用保障制度。该班组认真组织安全生产应急演练，强化安全生产检查。班组根据不同时期的安全生产工作重点、难点和面临的特殊困难及问题，制定好安全生产应急预案，有针对性地组织开展安全生产应急演练。建立安全检查制度，制定安全检查目标，以查隐患找问题为出发点，坚持日常检查和定期或不定期安全大检查相结合，专职检查和群众检查相结合，自查和外查相结合。

2. 强化班组安全基础工作，积极开展安全活动

该班组在施工中，注意强化班组安全基础工作，积极开展安全活动，提高班组成员的安全意识，增强责任感。

（1）夯实安全基础，落实安全责任。该班组制定班组内各岗位、人员的安全职责，层层签订安全目标责任书，严格落实“一岗双责”，在完成生产任务的同时切实履行安全责任。班组长与班组全部成员（包括特种作业人员、炊事员、聘用人员）签订安全目标责任书，分解目标，明确责任。班组安全员协助班组长开展班组安全管理工作，在岗期间发放安全岗位津贴，调动了工作的主动性、积极性，增强了责任感。

（2）健全安全管理制度、规程和标准。该班组除了执行公司制度规程外，还根据班组自身情况制定了16项制度，主要有《班组安全生产责任制》《班组会议制度》《班组安全生产检查制度》《班组安全生产培训教育制度》《班组安全生产确认制度》《班组安全生产联保互保制度》《班组安全生产奖惩制度》等，以及五项标准（《现场管理标准》《员工行为标准》《岗位作业标准》《设备检验标准》《质量控制标准》）等。管理制度再好，如果不宣贯、不培训、不落实，也等于一纸空文。安全管理重在落实。无论是在日常安全管理还是在专项教育培训时，该班组强调只有把公司的各项制度不折不扣地执行下去，才能实现企业的安全、班组的安全。所以，班组通过教育培训、安全检查、事故警示教育、“强三基、反三违”等活动，让班组成员知晓规章制度，遵守操作规程。此外，该班组还编制了《员工安全手册》，让大家熟练掌握本岗位安全规程和作业标准化，随时随地翻看学习。真正做到人人学习制度、人人掌握制度，做事有标准、工作有考核，使各生产环节符合有关安全生产法律法规和标准规范的要求，使人、机、物处于良好的安全状态。此外，该班组还每月对制度、操作规程的执行情况进行一次检查，每年进行一次综合评估，根据评估情况对制度进行修订，确保其有效和适用。同时鼓励大家对规章制度、操作标准中不适用的部分提出修改意见，为制度的修订工作添砖加瓦，并根据可行性、合理性给予奖励。

（3）重视教育和培训。安全教育培训是从根本上杜绝人的不安全行为的重要措施，也是预防和控制事故的重要手段之一。该班组根据项目人员教育需求制定安全教育与培训计划，积极开展员工三级教育、日常安全教育、岗前安全教育、安全警示教育等活动，落实员工先培训后上岗制度，让员工充分了解自己所在岗位的危险因素、危害程度、预防措施及紧急避险、应急处置方法等相关知识。使员工从心底真真切切感受到严格遵守操作规程、正确使用劳动防护用品等的重要性，不断强化员工的安全意识，使员工在生产过程中时时刻刻绷紧安全生产这根弦不放松，在日常工作中自觉规范安全行为，牢记“安全第一”的工作原则，坚决杜绝“三违”，杜绝有令不行、有禁不止现象的发生，不断提高员工安全素质。该班组还开办了职工夜校。让职工认识企业，了解安全，增强了与企业的凝聚力，从而理解安全的意义，支持企业，努力为企业完成各项生产任务。随着工人的技术水平不断提高，工程质量也大大提升，优良工程不断涌现。

（4）完善安全管理台账。安全管理台账是规范安全管理、夯实安全基础的重要手段。该班组按照《中国冶金地质总局中南局项目安全管理手册》规范要求，建立健全了36项安全管理台账。在施工过程中，该班组及时收集整理施工一线安全生产信息，掌握安全动态，对排查出的隐患，无论大小都认真登记、及时处理，将最原始、最真实的安全生产情况记录在安全检查记录本中，并及时将安全生产工作的各类资料有序地归纳、记录、整理，为班组安全生产工作的持续开展奠定了基础。

（5）加强设备和设施安全管理。该班组进场前对所有设备进行详细登记，使用过程中严格执行公司《机械设备、安全设施检修维护制度》和项目部《特种设备安全管理制度》，设备设施的运行、检修和维护实行“专人负责，共同管理”。在使用前对设备及其安全防护设施进行全面的检查、检验，确认其符合安全技术要求，配有安全操作规程，特种设备制定了应急预案。设备操作人员掌握操作方法、安全注意事项、维护保养知识等，均持证上岗。

3. 开好班前班后会，做好事故隐患排查工作

在现场施工中，该班组开好班前班后会，做好事故隐患排查工作，预防各类事故的发生。

（1）做好作业前的准备。该班组在施工前，认真查阅施工图样，做深入细致的研究，提前分析确定施工中的难点及重点，做到目标明确，重点突出。召开项目会议，准备工器具和作业文件。根据施工方案，成立专项作业小组（如吊装小组），严格执行《安全专项施工方案》。对照《项目开工基础管理检查表》和《项目开工安全检查记录表》中相关规定，对施工现场的劳动防护、安全防护、施工用电、电气焊连接、现场文明施工、安全技术交底、应急管理等逐项进行检查，对查处的隐患整改完成后方可开始作业。

（2）开好班前班后会。该班组在作业前要开好班前会，就当天班组生产任务，开展安全技术交底，讲解当班存在的安全生产风险，告知风险防控的具体措施，并进行作业风险防控措施与劳保用品正确穿戴的安全确认。该班组实行三级交底制，即技术部对项目部有关人员、分包技术人员进行安全技术交底；工程部对分包工长、班组长进行安全技术交底；分包工长对班组进行安全技术交底。开工前公司的技术负责人将工程概况、施工方法、安全技术措施等情况向项目负责人及施工员进行详细交底。分部分项工种由施工员向各工种分包工长、班组长进行安全交底。各分项施工前，由分包工长、班组长对操作人员进行安全技术交底，交底内容全面，结合本工种及施工环境，与操作人员办理签字手续。无安全技术交底严禁施工。安全技术交底的签字手续必须由交底者和接受交底者本人进行签字，严禁代签。班后会的要求是：班组长在本班结束后及时针对本班工作完成情况以及设备安全运行情况进行评估并记录，告知下一班。对于工作中违章行为、工作怠慢、组织失误、责任心不强等现象及时提出批评，必要时向上一级领导提出处罚建议。

（3）做好危险源辨识工作。该班组项目开工之前，成立由项目副经理、项目总工牵头，组织安全员、施工员、技术员、施工队长、班组长及机械操作手组成的危险源辨识小组，对施工场所危险源进行辨识。按照工程量清单，列出所有分项工程内容，并列出每一分项工程中包含的所有施工工序及每工序内的施工活动内容及活动场所。对每个施工活动内容及活动场所存在的危害危险因素（包括人的不安全行为、物的不安全状态、安全管理缺陷）进行详细列举，并将危害因素一一列出，编制详细的《危险源辨识清单及控制措施》，并在

施工现场公示。

(4) 做好隐患排查和治理工作。该班组根据公司安全检查制度要求，对照《危险源清单》及相关法规和技术标准，严格执行“项目部每月开展一次安全生产综合检查；机台每周进行一次检查；班组天天自查，坚持班前、班后检查”。在日常生产中以安全员、生产管理人员和岗位工人为主进行日常安全检查（巡回检查、岗位检查、发动全员自查自纠）。针对钢筋制作区及大型吊装设备作业开展专项检查，由项目技术负责人主持，安全管理人员及有关人员参加。对查出的隐患，按照定措施、定预案、定资金、定时限、定责任人的“五定”原则，切实整改，落实到位。对查出的重大安全隐患，提出整改建议上报公司安全生产部，由公司挂牌督办、动态监控；对严重危及安全生产的下发停工令。确保施工现场安全生产有序、规范，符合安全生产条件。

近三年来，朱静涛基础施工班组全面完成了各项指标，实现了班组安全生产零事故的目标。该班组创建的安全制度、操作规程、作业标准已被纳入公司的安全制度汇编、操作规程汇编及作业标准中，给公司下属所有班组的安全生产提供了借鉴。

二、旺苍项目经理部针对现场危险因素做好隐患治理的做法

中国建筑材料工业建设西安工程有限公司成立于1979年，主要从事矿山工程建设和机电设备安装，现有各类施工人员1 000多人，拥有多台（套）大中型施工机械装备以及完善的检测设备。

旺苍项目经理部现有员工46人，平均年龄40岁，主要承担爆破作业和运输作业，拥有潜孔钻、液压挖掘机、自卸汽车等设备。

1. 针对危险加强安全管理，全面提升安全管理水平

旺苍项目经理部生产工艺采用“穿孔—爆破—铲装—运输—破碎”方式，爆破采用中深孔毫秒微差爆破，因此在生产作业中存在着大量危险因素。针对危险，该项目部加强安全管理，全面提升安全管理水平。

(1) 项目部组织全体员工对公司编制的《现场安全标准化管理手册》进行了学习和研究，分析标准要求怎样做、存在什么差距、该如何改进，在此基础上，制定了安全标准化工作方案，并多次开会，分解任务、落实责任，分步骤有序实施。项目部领导除在生产例会、安全例会上安排安全标准化工作并不定期检查进展情况外，还多次召开安全标准化工作专题会议，对照安全标准化工作进展情况，研究落实方案。将安全标准化工作与奖金方案挂钩，并纳入安全责任制考核，调动了员工的积极性和责任感。特别是管理人员积极推动安全标准化管理和作业，起到了模范带头作用，并发动项目部全体职工积极参与，使这

项工作全面地开展起来。

（2）对照《现场安全标准化管理手册》及公司安全生产管理体系的要求，调整了安全生产领导小组成员，明确了每一位员工的安全职责，项目部和每一位员工签订了《安全生产责任书》。

（3）对项目部的安全管理制度进行了修订、完善。补充完善了《安全生产责任制》《旺苍项目部安全生产管理办法》《安全生产教育培训制度》《安全生产会议制度》《重大危险源管理制度》《安全生产检查制度》《安全生产检查及事故隐患排查与整改制度》《安全投入管理办法》《特种作业人员管理制度》《生产安全事故报告制度》《事故报告、调查和处理控制程序》《外来施工队伍、人员安全管理制度》《职业危害预防与劳动保护制度》《特种作业管理办法》，共计修订完善安全规章制度 14 个。

（4）对项目部的安全教育培训记录、班组安全活动记录、安全会议记录、安全检查记录、隐患整改记录及台账进行了清理规范。以集中脱产培训和现场教育培训相结合的形式，广泛开展安全教育培训活动，使全体员工的安全意识、标准化意识不断提高。安全管理人员结合现场实际情况和安全操作规程，分别定期对各工序作业人员进行安全培训并考核。

项目部还积极组织对员工的安全教育、培训。对爆破员、挖机工、汽车驾驶员、钻工进行了一次岗位安全操作规程模拟考试。组织进行了“安全月有奖竞猜”活动。定期对涉爆人员进行安全操作规程教育。有针对性地对驾驶员进行了雨季、冬季安全操作规程教育培训。对破碎站进行“机械事故应急预案”“触电事故应急预案”和安全用电教育培训。对安全作业隐患较大的运输作业人员每月至少进行二次以上的安全教育、培训。

在日常安全生产管理中，加强了对一线员工的安全教育，特别是操作规程的教育。向每个班组发放班前教育记录簿，要求班组安全员按时召开班组安全会，项目部定期检查，有效提高了员工的安全意识。

2. 针对现场作业危险因素，积极做好隐患排查治理

该项目部针对现场作业危险因素，积极做好隐患排查治理工作。

（1）项目部对所存在的危险源进行了辨识，结合实际情况制定完善了《职业健康安全管理方案》和《质量、环境、职业健康安全管理目标》，并对目标进行了细化，分解至每个施工队。在此基础上，又修订完善了《库房安全管理规定》《防尘控制规定》《高处作业管理规定》《驾驶员管理规定》《用电安全管理规定》《消除火险隐患管理规定》等安全管理制度，从而使安全更加明确规范，起到了保证安全的作用。

（2）该项目部把事故的预防和应急相结合，不断提高安全保障能力，成立了应急救援领导小组，并和专业矿山救护队签订了矿山救护协议。按照《生产经营单位安全生产事故应急预案编制导则》的要求，结合公司的《生产安全事故应急管理体系》和项目实际情况，

对《生产安全事故应急救援预案》进行了修订和完善，共制定综合预案1个、专项预案7个、现场处置方案7个。针对项目所处位置的地理环境和季节特点，该项目部还专门制定了《雨季地质灾害应急预案》，并制定现场处置方案，配备安全绳、钢丝绳、铁锹、应急灯、灭火器、急救箱等应急物资，并定期进行应急演练。

(3) 按照公司《现场安全标准化管理手册》的要求，该项目部共投入了11万元，结合现场实际情况制作了道路安全标志标识、现场安全标志标识、制度牌、项目部大门、六牌一图、旗帜、横幅、胸卡等，并根据《现场安全标准化管理手册》要求的位置进行安装，切实起到了安全警示、警告的作用。

3. 积极做好安全警示宣传，保障作业人员身体健康

该项目部在生产中由于大量使用炸药进行爆破作业，这一特点决定了现场不仅危险因素多，而且还存在着飞沙走石的现象。为此，项目部在爆破作业过程中，严格按照《爆破安全规程》作业，采用中深孔毫秒微差爆破法减少震动，杜绝飞石。在运输作业过程中，采用定期对设备进行检查保养、在运矿道路修筑车挡等措施。为了预防粉尘危害，在作业过程中严格要求员工正确使用防尘口罩，使用洒水降尘等措施，并定期对员工进行职业健康检查。

该项目部还积极做好安全警示宣传，保障作业人员身体健康。主要措施是：

(1) 设置分区标识牌和警示牌。该项目部在各平台分别设置了分区标识牌和警示牌，在矿山施工现场入口处，根据标准设置了项目部大门；在项目部办公楼（矿山入口处）设置六牌一图，宣传栏、办公室内各项制度牌上墙；在通往矿山的各路口设置爆破警示牌、告知牌；按照标准统一制作了安全帽、胸卡；设置材料库房，制作了材料架；对办公楼周围进行了绿化，设置了乒乓球台、羽毛球场等娱乐场地，丰富了员工的业余生活；按照标准要求为员工统一购买了床、衣柜等生活用品，在食堂配置了餐桌、消毒柜、电视等物品，优化了就餐环境；在办公楼每层配置消防灭火器，为洒水车配置消防水管。

(2) 该项目部在运矿道路外侧设置路挡，沿路在外侧按照标准设置彩旗；按照道路安全标志设置要求全线设置了道路安全标志、标识；在较陡路段设置避险车道，在每个转弯处设置凸镜、鸣笛、限速标志；在道路边坡上种植刺槐，绿化边坡，保持水土，并在天气晴朗时进行洒水降尘；在破碎站和第一回头弯两处修建涵洞，砌筑毛石挡土墙，并在运矿道路内侧疏通、修筑排水沟，避免夏季洪水冲毁道路，目前效果明显。

(3) 该项目部在各平台边坡处设置车挡和警示标牌，禁止行人和车辆靠近边坡；制定了炸药库房各项管理制度，并在炸药库值班室上墙；在炸药库区按照标准要求设置各种安全警示标志和设施。在破碎站，按照标准要求设置了各种安全警示标牌，把各项目安全操作规程上墙，并设置宣传栏，张贴安全贴图，对员工进行安全教育；对破碎站周围的护栏

进行加固。

（4）该项目部的穿孔作业，主要的安全控制点在预防机械伤害事故和职业安全健康预防中的粉尘污染伤害。项目部对新到作业人员进行三级安全教育，钻机安全操作培训。粉尘污染治理中更换了防护效果更好的防护口罩，加大对不使用和不正确使用防护用品人员的处罚力度。铲装作业安全控制点主要是高边坡和高爆堆下作业，危石和大块石对挖机作业安全的影响。项目部采取的措施是每次爆破作业后先用挖机处理危石，爆堆过高时先挖掘降低爆堆高度，有效防止了危石和高爆堆对挖机作业的影响。为了确保设备安全运转，项目部对车队制定了严格的安全管理制度。对车辆的维修保养严格监控，每月发放车辆维修保养记录表，要求司机认真如实填写，项目部每月组织一次车辆设备安全检查并记录在案。

旺苍项目部成立以来，没有发生一起人员伤害事故、重大设备事故和重大生产事故。通过提高安全管理水平，安全设施和生产环境得到完善，员工安全意识有了较大提高，2013年连续被旺苍县人民政府、旺苍县社会治安综合治理委员会评为“安全生产先进单位”和“民爆物品安全管理先进集体”。

三、戚肇刚班组实施“七预”工作法预知危险防范事故的做法

中国建筑第八工程局有限公司始建于1952年，1966年整编为基建工程兵部队，1983年整体改编为企业，总部现位于上海市。该公司是具有建筑工程施工总承包特级资质的企业，下设20多个分支机构，现有员工2万多人。

中建八局三公司青奥会议中心戚肇刚班组是生产一线班组，主要从事现场施工任务，面对的危险因素主要有：物体打击、机械伤害、高空作业、电气作业等。该班组在生产施工中，加强班组安全管理，做细致的思想工作，采取安全面对面一线工作法，没有发生重大安全事故及质量事故，多次被评为优秀班组，被授予“江苏省建设系统工人先锋号”。

1. 加强作业行为管理，做好安全教育工作

该班组在施工中，加强人员作业行为的安全管理，采取多种形式，积极做好员工的安全教育工作。

（1）加强人员的作业行为管理。该班组对全部作业人员进行对应岗位的生产安全技术交底，如实告知作业场所和工作岗位存在的危险因素、防范措施以及事故应急措施，有交底人和被交底人的亲自签名并存档备查。该班组还认真学习作业安全分析和行为安全观察两个生产工具，并在员工中发展安全观察员，每周开展一次安全行为观察与沟通活动，表扬员工的安全行为、纠正员工的不安全行为，引导其认识到不安全行为产生的后果，同时

启发员工对安全工作提出建议。记录观察结果，对发现不安全行为进行统计和分析，在班前会上给予提醒和告知。

(2) 采取多种形式，积极做好员工的安全教育工作。该班组将课堂设在一线，采取“教员送课到基层”的新形式，结合现场实际，有针对性地安排授课内容。通过在生产现场身临其境的指导培训，直接把理论嫁接到生产实践中，有效地避免纯粹的为学习而学习的枯燥感，使员工既动脑又动手，激发员工的学习兴趣。在班组成员中选取安全意识高、操作技能强的员工，对新来的员工和转岗员工，采取“贴身式培训”，通过专职师傅的言传身教，跟踪新员工对安全技能掌握程度，有的放矢地突出学习重点，随时解决学员的问题，帮助新员工尽快上岗。

(3) 建立设备技术档案和设备保养卡片，定期维修保养、定期检验。对班组所负责的设备，在使用过程中由操作人员随时观察和掌握设备转运状况，设备管理人员和工程技术人员经常开展监督巡检检查，在检查中发现设备设施存在不安全因素及时反馈到技术部门，提出技术改造和现场改善提案，保持设备良好的工作状况，保证设备在工作中不发生故障。同时做好设备的运行、维护、养护记录。

(4) 做好作业现场的管理。该班组在施工现场大力推行“三定”管理方法，即管理人员的定向管理，操作人员的定位管理，设备、材料、工具的定置管理。按照 6S（整理、整顿、清扫、清洁、素养、安全）现场管理标准要求，深入开展“现场管理标准化、工程质量优良化、安全操作规范化、施工现场整洁化、员工行为文明化”等“五化”活动。使施工现场呈现“环境清洁、物料堆放有序、设备整洁完好、安全设施齐全、安全标志醒目、道路平整畅通、制度标准健全、劳动纪律严格、劳动服装统一、防护用品统一、施工秩序井然”的面貌，推进施工现场文明施工。

2. 利用工作之外的感情，实施“安全面对面一线”工作法

该班组实施的“安全面对面一线”工作法中的“面对面”，指的是抛弃了流于形式的烦琐处罚过程，与职工面对面，现场整改并说服教育职工。“一线”指根据作业区与班组不同的一线特点和不同危险源采取针对性的应对措施。

以往处理“三违”的过程为：发现“三违”行为，直接向施工队开出整改通知单，若不整改或整改不到位开罚款通知单，如此反复直到整改完毕。运用“安全面对面一线”工作法，班组管理者深入施工现场，发现违章当即要求作业人员停止作业，并就违章行为对职工进行说明教育，直到职工认识到错误；发现有危险源的区域未进行防护，班组管理者会拉起警戒绳并一直到防护做好，危险解除，并对企图穿越危险区域的职工进行教育。

“安全面对面一线”工作法成功的重要保证，是利用工作之外的感情保障工作中的安全管理深入人心。班组管理者利用晚间的空余时间，到一线职工宿舍，与职工进行座谈，对

安全方面的问题互相进行探讨，让职工自己说出现场安全管理薄弱环节，班组管理者充分利用业余时间召集职工进行安全文化的学习、分析事故案例、讲解安全措施，以情感人，取得职工的信任、认同与配合。

该班组实施“安全面对面一线”工作法后，职工养成了进入现场的第一件事就是检查自己的安全设备和安全设施的好习惯，在作业中及时对现场安全环境进行检查，积极举报安全隐患，制止不安全行为。在实施此工作法后，班组的整改单及罚款单比以往减少了近70%，现场的不安全行为、安全隐患减少了近60%，取得了良好的效果。

3. 实施“七预”工作法，处处预知危险防范事故

该班组在施工中，还实施了“七预”工作法。“七预”工作法的主要内容是：班前预知预想、现场危险预报预警、安全隐患预防预查、事故预控。

“七预”工作法主要针对班组及班组人员因思想麻痹、管理不严、工作失职、违反纪律，不按规章制度和操作规程办事而造成的人员伤亡和财产的损失，是应当预见而没有预见，可能避免而没有避免，已经预见但轻信可以避免，导致危及国家、社会、群众及个人安全的事件。

“七预”工作法实施前，少数班组骨干总把安全预防工作当成一种“务虚”的东西，甚至认为是在唱高调、说大话、吓唬人，远不如抓生产来得实在。一些班组员工在思想上总认为安全工作是领导、干部的事，与自己关系不大，自己只要不违反纪律就行了，领导说怎么办就怎么办。行动上存在“头痛医头，脚痛医脚”的作风和“好人主义”行为，松懈了对安全的重视。

“七预”工作法实施后，班组员工全员参与，人人都成为安全员，逐渐实现了班组抓安全，再到全员抓安全的班组安全管理新模式，不仅提升了班组员工安全技能和素养，而且实现了班组员工的自我警示、自我教育，通过对每一个风险点的集思广益，最大限度地激发班组职工自主安全生产的潜能，自觉变推卸责任为主动担当，变被动执行为创新思考，变消极等待为积极参与，变漠视问题为解决问题，通过预知预想、预报预警、预防预备和预控，提高职工时时、事事、处处预知危险和防范事故的意识，真正实现安全生产的全员、全方位、全过程管理。

四、扬中三桥工程混凝土搅拌站运用“三三三”安全管理的做法

中交第三航务工程局有限公司是一个以港口工程施工为主，全土木多元化发展、国际化经营的国有大型骨干施工企业。具有港口与航道工程施工总承包特级资质，多次被评为“全国优秀施工企业”，公司总部设在上海，下设30个全资子公司。

中交第三航务工程局第三工程有限公司扬中三桥工程混凝土搅拌站有员工 27 人，主要负责为工程供应各类混凝土。

1. 创建安全管理标准化，让施工现场安全管理发生变化

该班组对先进经验及办法进行总结和交流，逐渐形成一整套班组标准化的管理流程和思路，逐渐在实践的基础上完善班组标准化管理。

（1）制定和完善安全管理基本制度。该班组根据公司、项目部的安全管理基本制度，制定了班组紧急管理办法、班组新工人师带徒培训办法、班组生产设备和安全设施定人定机管理规定、班组互保联保协议、班组安全标准化责任区域划分及管理规定，并要求员工知晓安全规章制度的基本要求，熟练掌握岗位应知应会的安全操作规程和安全作业标准。

（2）制订并实施班组安全教育与培训计划。该班组针对本班组的实际情况和作业特点，制订并实施班组安全教育与培训计划，开展新员工、转岗或离岗人员的岗前三级安全教育和“四新”安全教育培训；日常采用“师带徒”“安全指导”等活动、方法，强化员工安全操作技能。

（3）制定生产设备和安全设施定人定机管理规定。该班组在所辖区域定期维护保养生产设备和安全设施方面，根据项目部定人定机承包管理办法，制定了本班组生产设备和安全设施定人定机管理规定。并要求相关人员严格执行。

2. 做好作业前的准备，及时排查治理事故隐患

该班组在作业中，做好作业前的准备，及时排查治理事故隐患，预防各类事故的发生。

（1）每天定时召开班前会，交代各作业过程的重点管控对象、作业的工艺要求、设备操作规范要求等，以及作业过程的安全注意事项，在保证安全的基础上强化成本控制意识和节能降耗，从员工意识形态上提高员工作业效率和安全环保意识。

（2）在作业之前，开展班前的安全确认工作，制作标准的安全确认牌挂在作业区域，由当班作业人员现场确认安全后，再填写到安全确认牌上，最后由班组长进行把关确认，并在安全确认牌上签名。

（3）班组建立隐患排查治理台账，由班组长牵头进行安全隐患自查，开展力所能及的隐患治理整改，并做到痕迹管理，做到对每条隐患记录在案，由专人负责对隐患进行整改，并由班组长最后把关验证，对班组不能解决的隐患，提出相应整改建议上报有关部门，并在隐患未处理完成前停止相关作业活动。

（4）根据班组安全标准化责任区域划分及管理规定，开展作业现场的整理、整顿、清扫和清洁活动，做到工完料尽场地清，保持作业现场整洁有序、文明卫生，保证现场安全警示标志及安全标识规范和完好。

（5）根据班组互保联保协议，班员均有义务对同班人员进行安全提醒、互保联保，比如一些相对危险的作业，需安排专人进行监护，首先进行安全确认后方可作业，班组成员均有权对同班作业员工的不安全行为及时采取纠正和控制措施。

（6）在危险辨识方面，该班组开展作业之前，由班组长组织班员对每个作业中的危险因素辨识，并针对作业进行风险分析，采取有效措施，确保作业安全。

3. 运用“三三三”安全管理工作法，促进班组安全水平的提高

该班组在作业中，为将安全工作落到实处，根据搅拌站的实际情况，制定了“三三三”安全管理工作法，即三上岗一讲评、三例会一落实、三检查一考核。

（1）三上岗一讲评，即每班要做好上岗交底、上岗检查、上岗记录，每周对班组内部的安全管理进行一次讲评，针对不安全因素，发动员工提出改进措施，从中吸取经验教训，举一反三，做到警钟长鸣。

（2）三例会一落实，即认真召开工前会、周例会、月度工作例会，认真落实责任区域的巡查、站长带队的周检以及月度专项检查，同时对存在的问题认真进行整改。

（3）三检查一考核，即操作人员坚持每天点检、设备员牵头周检、站长每月巡检的要求，并按照考核标准进行奖罚兑现，确保设备技术性能符合生产需求。

随着“三三三”安全管理工作法的实施，班组员工安全生产的意识得以进一步提高，安全生产责任制、危险源管理、自我保护和应急处理的能力伴着管理工作的规范和细化得以进一步提升，习惯性违章得以控制。通过技能考评，由有经验的操作人员示范，在心理疏导的同时，对班组成员提出的问题不断采纳和改进，变“不太安全不能干”为“我要安全设法干”。